FASZINATION

Mercedes-Benz

Entwurf und Realisation: Stonecastle Graphics Ltd
Layout: Paul Turner und Sue Pressley
Redaktion: Philip de Ste. Croix

Parragon Books Ltd
Queen Street House
4 Queen Street
Bath BA1 1HE, UK

Produktion und Satz: THEMA media GmbH, München
Fachübersetzung: Horst D. Wilhelm und Tom Kraft
Redaktion: Angelika Lang
Koordination: trans texas GmbH, Köln

Abbildungsnachweis:

Fotos © Neill Bruce's Automobile Photolibrary, Neill Bruce u. a.: Seiten 8–9, 13 (o.), 14, 18, 20 (o.), 21 (u.), 23, 24–25, 30, 32 (u.), 33 (o.l.), 34 (u.r.), 37 (o.), 56–57, 60 (u.), 61 (o.), 65, 69 (o.), 70 (u.), 72, 73 (o.), 73 (M.), 75 (u.), 78 (u.), 88 (u.), 94, 98–99, 100, 105, 113 (o.), 115 (M.), 119, 120, 122–123, 134 (u.), 140, 142–143, 155 (u.), 161 (o.), 162 (o.), 163 (u.), 176, 177 (u.), 178 (o.).

Toni Bader: Seiten 177 (o.), 179 (o.).
Geoffrey Goddard: Seiten 35 (o.), 36 (o.), 73 (u.).
Christof Gonzenbach: Seiten 172, 178 (u.).
Stefan Lüscher: Seiten 101, 102 (o.), 165, 166 (o.), 167, 170, 171, 180 (u.), 182 (o.).
Richard Meinert: Seiten 80–81, 89, 91 (u.), 181 (o.).

Die übrigen Fotos hat freundlicherweise das Mercedes-Benz Media Archiv zur Verfügung gestellt.

ISBN 1-40545-516-0
Printed in Indonesia

FASZINATION

Mercedes-Benz

TREVOR LEGATE

p

Unten: *Seit 2004 schmückt der weltberühmte Dreizackstern ein neues Erscheinungsbild mit der Formel 1 entlehnten Linien. Abgebildet ist die markante Kühlernase der neuen SKL-Klasse.*

Inhalt

Einleitung

Wer die Geschichte von Daimler-Benz dokumentiert, beschreibt auch die Geburt des Automobils. Dank eines bemerkenswerten Zufalls beschäftigten sich die Begründer der Marke, Gottlieb Daimler und Carl Benz, in den 1880er-Jahren mit Fragen der automobilen Fortbewegung, ohne vom Anderen zu wissen.

Schließlich fusionierten ihre Firmen. Ihre Automobile trugen durch eine Laune des Schicksals den Namen eines Mädchens: Mercedes. Die Qualitäts- und Sicherheitsstandards sowie die technische Perfektion ihrer Produkte waren so überzeugend, dass das neue Unternehmen Finanzkrisen, rapide technische Fortschritte sowie zwei Weltkriege überstand und der Mercedes-Stern zum berühmtesten automobilen Symbol wurde.

Grundlage der Daimler-Benz-Philosophie blieb bis auf den heutigen Tag Gottlieb Daimlers Credo: „Das Beste oder Nichts!" Darauf basierend, entwickelte sich Daimler-Benz zu einem weltweit respektierten Unternehmen der Automobilindustrie. Beispielhaft umgesetzt wurde diese Philosophie beim Eintritt von Daimler-Benz in die Welt des Motorsports. Es gab nur ein Ziel: Erfolg. In den 1930er-Jahren eilten die berühmten „Silberpfeile" von Sieg zu Sieg, diese Erfolgsstory setzten sie dann in den 1950ern fort. Dank perfekter Technik und eines effizienten Teamworks behaupten sich die Rennwagen von Mercedes-Benz auch heute noch auf den vorderen Plätzen.

Als sich die Automobilwelt in den 1960er-Jahren wandelte, modifizierte Daimler-Benz seine Angebotspalette und brachte sowohl elegante Limousinen als auch die attraktivsten Sportwagen auf den Markt. Gestalterisch und technisch stets auf dem neuesten Stand, hat sich Daimler-Benz gegenüber allen Konkurrenten behauptet und gilt heute als eines der erfolgreichsten Automobilunternehmen weltweit. Längst ist der Stern eine echt „globale" Marke, bekannt und bewundert auf allen Kontinenten und der Inbegriff für Tradition, Innovation und technische Höchstleistungen. Heute bildet Daimler-Benz einen Konzern mit Unternehmensbereichen für Personen- und Nutzfahrzeuge und sogar für Luft- und Raumfahrt.

Im Rahmen der globalen Entwicklung in den 1990er-Jahren blieb Daimler-Benz dem Beispiel seiner Gründerväter Daimler und Benz treu und fusionierte mit einem seiner größten Konkurrenten, der amerikanischen Chrysler Company, zum Weltunternehmen DaimlerChrysler AG.

So wie die Erbauer der frühen gasgetriebenen Motorwagen des 19. Jahrhunderts den modernen Fahrzeugen mit dem Mercedes-Stern hinterherschauen würden, können auch wir nur über zukünftige Entwicklungen spekulieren. Eines scheint jedoch gewiss: Der Dreizackstern wird stets hochwertige Automobile schmücken.

Dies ist die Geschichte einer mehr als einhundertjährigen Entwicklung. Einer Entwicklung, die einige der besten Automobile aller Zeiten hervorgebracht und den Namen Mercedes-Benz rund um den Globus berühmt gemacht hat.

Gegenüber: *Der Prototyp des SLR mit Flügeltüren, Carbon-Monocoque und Keramikbremsscheiben demonstrierte das Konzept von Mercedes-Benz für einen Gran Tourismo des 21. Jahrhunderts.*

Geburt des Automobils
1834–1899

Oben: *Gottlieb Daimler (1834–1900) entwickelte und fuhr das erste vierrädrige Automobil.*

Vorige Seite: *Der 1,5-Liter-Motor eines Benz „Velociped" von 1894. Es war ein Einzylinder-Viertakter mit senkrecht angeordnetem Schwungrad.*

Rechts: *Gottlieb Daimlers Versuchswerkstatt in Cannstatt. Hier wurde 1882/83 der erste schnell laufende Verbrennungsmotor gebaut.*

Bei der Erfindung umwälzender Technologien, wie beispielsweise des Motorflugs oder der Fotografie, kann der entscheidende Augenblick der „Geburt" nur selten präzise bestimmt werden. Unter den weltbewegenden Ereignissen gibt es allerdings einige wenige, deren Geburtsstunde sich exakt datieren lässt. So reicht die Erfindung des Automobils zurück bis zur „Kutsche ohne Pferde" in Leonardo da Vincis Codice Atlantico. Dem Franzosen Joseph Cugnot gelang jedoch 1769 als Erstem der Bau eines dampfgetriebenen Fahrzeugs. Tatsächlich war Cugnots dreirädriger Wagen aber ein riesiges, zweisitziges Ungetüm, dessen Kessel ständig mit Holz beheizt werden musste. Als praktisches Fortbewegungsmittel war dieses Fahrzeug gänzlich ungeeignet.

Auch die Erfindung des Automobils beanspruchen die Franzosen für sich. Als Konstrukteur gilt Édouard Delamare-Debutteville, der 1884 ein Patent für einen einfachen Motor erhielt. Delamare-Debutteville hatte nachweislich eine Pferdekutsche umrüsten lassen, es ist aber nicht zweifellos belegt, ob sich dieses Fahrzeug jemals aus eigener Kraft bewegt hatte. Angeblich soll der Motor bei einem Unfall beschädigt worden und Delamare-Debutteville gezwungen gewesen sein, seinen Lebensunterhalt als Austernzüchter zu verdienen. Rechte am ersten Automobil erhebt auch Italien. Dort ließ Professor Enrico Bernardi 1882 einen kleinen Motor patentieren und baute ihn zwei Jahre später in ein großes, dreirädriges Fahrzeug ein. Bei einer Leistung von knapp 0,25 PS ist allerdings sehr zweifelhaft, ob sich seine Schöpfung überhaupt von der Stelle rühren konnte. Dennoch waren es diese glücklosen Denker, deren Wagen und Dreiräder letztendlich zur Entwicklung eines Fahrzeugs beitrugen, das den Namen „Automobil" verdiente.

Das Automobil erschien am Ende einer rund 200-jährigen Ära, bekannt als Industrielle Revolution. Es war eine Zeit ununterbrochener technischer Fortschritte und einer grundlegenden Umgestaltung der Wirtschafts- und Gesellschaftsordnung. Den Übergang zur maschinellen Erzeugung in Großbetrieben eröffnete 1711 die Dampfmaschine des Thomas Newcomen. Dadurch wurde menschliche Arbeitskraft immer stärker verdrängt. Wie die Französische Revolution, so veränderte auch die Industrielle Revolution die Welt, und nichts war mehr so wie vorher …

Nachdem ein anderer geschickter Ingenieur, der Schotte James Watt, rund 50 Jahre nach Newcomen leistungsstärkere Dampfmaschinen entwickelt und George Stephenson 1814 seine erste

Lokomotive gebaut hatte, trat die Dampfmaschine ihren Siegeszug rund um die Welt an. Dampfschiffe befuhren die Meere und Lokomotiven fauchten auf Schienen über Land. Der Menschheit eröffnete sich eine völlig neue Art der Fortbewegung. Für den Individualreisenden änderte sich allerdings nur wenig. Wollte er sich nicht der Eisenbahn anvertrauen, musste er weiterhin zu Fuß oder per Kutsche reisen. Aber der Fortschritt – auch bezüglich neuer Antriebsmöglichkeiten – war nicht aufzuhalten. So wurde 1859 in Pennsylvania die erste Ölquelle gebohrt, und mit Hilfe von Erdöl entstanden immer neue, bessere Materialien. Beispielsweise schuf Wilhelm Siemens gemeinsam mit den Brüdern Martin 1866 den Siemens-Martin-Ofen und ermöglichte in der Stahlproduktion höhere Qualitätsstandards.

Im folgenden Jahr – 1867 – wurde dann eine neue Maschine enthüllt, die das Tor zu einer revolutionären Fortbewegungstechnik öffnete: der Verbrennungsmotor. Er war die Sensation der Pariser Weltausstellung und wurde mit einer Goldmedaille ausgezeichnet.

Frühe Verbrennungsmotoren wurden mit brennbaren gasförmigen Stoffen betrieben und besaßen einige offensichtliche Vorzüge: Ihre thermische Energie wurde in mechanische Energie umgewandelt, sie brauchten folglich keine Dampfkessel und konnten verhältnismäßig einfach gestartet werden. Befürworter der Dampfmaschine bemängelten allerdings, dass Verbrennungsmotoren ohne Kühlsystem unmöglich längere Zeit arbeiten konnten. So war zwar das Prinzip des Verbrennungsmotors theoretisch erkannt, um ihn als Antriebsmaschine praktisch nutzen zu können, bedurfte es allerdings noch zahlreicher Verbesserungen.

Führende Verfechter des Gasmotors waren Jean Joseph Étienne Lenoir und Alphonse-Eugène Beau de Rochas. Erst dem Deutschen Nikolaus August Otto, von Beruf Handlungsreisender, gelang es jedoch, einen ruhig und schnell laufenden, mit Leuchtgas betriebenen Verbrennungsmotor zu schaffen. Was Otto bewog, sich mit der Motorenentwicklung zu befassen, ist nicht bekannt. Seit 1860 war er bei einer Kölner Colonialwarenhandlung als Reisender tätig. Er ließ einen Lenoir-Motor bauen, erkannte dessen Schwachstellen und entwickelte einen Motor mit

Oben: *Die ersten Automobile im Mercedes-Benz-Museum. Im Vordergrund der von Daimler 1885 patentierte „Reitwagen" mit Gas- beziehungsweise Petroleum-Kraftmaschine. Im Grund war dieses Fahrzeug ein frühes Motorrad.*

Unten: *Wilhelm Maybach (1846–1929), ein begnadeter Ingenieur und Daimlers Freund und Kollege. Deutsche Luxus-Automobile trugen bis Anfang der 1940er-Jahre und heute wieder seinen Namen.*

Oben: *Gottlieb Daimlers Geburtshaus in Schorndorf, wo er am 17. März 1834 das Licht der Welt erblickte. 1979 von Daimler-Benz erworben, ist es seit 1981 dem Andenken an Daimler gewidmet.*

elektrischer Zündung, verdichteter Ladung (Gas-Luft-Gemisch), Viertakt-Arbeitsablauf und vier Zylindern. 1863 erhielt er einige ausländische Patente und gründete ein Jahr darauf gemeinsam mit Eugen Langen in Köln die Firma N. A. Otto & Co. Es war das erste Unternehmen weltweit, das sich ausschließlich mit dem Bau von Verbrennungsmotoren befasste.

Auf der Weltausstellung in Paris präsentierten Otto und Langen ihre „Atmosphärische Gaskraftmaschine" erstmals einer großen Öffentlichkeit. Ihr Motor erwies sich allen Konkurrenzmodellen überlegen und wurde mit einer Goldmedaille für die „wirtschaftlichste Antriebsmaschine für das Kleingewerbe" ausgezeichnet. Damit war der internationale Durchbruch gelungen, die „Atmosphärische Gaskraftmaschine" ging in die Serienfertigung. Seit 1872 firmierte das Unternehmen als Gasmotoren-Fabrik Deutz AG. Otto und Langen waren sich bewusst, dass ihr unternehmerischer Erfolg nur dann langfristig gesichert war, wenn ihr Produkt gemäß den Anforderungen des Marktes beständig weiterentwickelt wurde. Dafür waren qualifizierte Ingenieure nötig, die die technische Entwicklung steuerten. Und so kam es, dass das expandierende Unternehmen am 1. August 1872 einen Mann namens Gottlieb Daimler als technischen Leiter einstellte.

Daimler war ein sehr erfahrener Ingenieur mit einer großen Portion Selbstbewusstsein. Am 17. März 1834 in Schorndorf als Sohn eines Bäckers geboren, sollte auch er dieses Handwerk erlernen. Hinsichtlich der unruhigen politischen Lage begann er 1848 aber eine vierjährige Lehre als Büchsenmacher. Sein Gesellenstück war eine doppelläufige Pistole. Praktische Erfahrungen im Maschinenbau sammelte er im Elsass, wo er Französisch lernte. Wieder in Deutschland, besuchte er von 1857–1859 die Polytechnische Schule in Stuttgart. Nach erfolgreichem Abschluss arbeitete Gottlieb Daimler für kurze Zeit erneut in Frankreich, dann in England. In Leeds, Manchester und Coventry sammelte er fast zwei Jahre berufliche Erfahrungen und lernte Land und Leute und die Sprache kennen. 1862 nach Deutschland zurückgekehrt, arbeitete er bei drei verschiedenen Unternehmen als Zeichner, Werkstätteninspektor und -vorsteher, bevor er im Jahr 1872 von Otto und Langen angestellt wurde.

Wilhelm Maybach kommt

Während seiner Tätigkeit seit 1863 als Werkstätteninspektor der Maschinenfabrik des „Bruderhauses" Reutlingen lernte Gottlieb Daimler einen genialen Techniker kennen: Wilhelm Maybach. Am 9. Februar 1846 in Heilbronn geboren, war Wilhelm Maybach schon als Zehnjähriger Vollwaise und wuchs im Reutlinger „Bruderhaus" auf. Zur Ausbildung der Jugendlichen war diesem

Rechts: *Daimler nutzte jede Gelegenheit zum Verkauf seiner Motoren. Egal, ob zu Land, zu Wasser oder in der Luft – ihm war jedes Fahrzeug recht.*

fortschrittlichen Waisenhaus eine Maschinenfabrik angeschlossen. Der Leiter des „Bruderhauses" erkannte und förderte die technische Begabung des Knaben. Von 1861 bis 1865 zum technischen Zeichner ausgebildet, trat er 1865 als Detailkonstrukteur in die Maschinenfabrik ein. Auch Daimler erkannte Maybachs Talent, und von nun an blieben ihre beruflichen Wege verbunden. Im Jahr 1869 folgte Maybach Daimler zur Maschinenbau-Gesellschaft Karlsruhe und 1872 zur Gasmotoren-Fabrik Deutz, wo er die Leitung des Konstruktionsbüros übernahm. Bei Deutz machten sich beide Männer an die Verbesserung der „Atmosphärischen Gaskraftmaschine". Obwohl deutliche Leistungssteigerungen gelangen, mussten Daimler und Maybach 1875 endgültig erkennen, dass Ottos Konstruktion nicht weiter ausbaufähig war.

Otto, der sich auf die Leitung seiner Fabrik konzentriert hatte, reagierte betroffen, krempelte die Ärmel hoch und widmete sich wieder ganz „seiner" Gaskraftmaschine. Er überarbeitete das Konzept seiner 1862 gescheiterten vierzylindrigen Maschine, stellte neue Überlegungen über eine gezielte und beherrschbare Verbrennung unter Benutzung eines Kurbeltriebes an und konnte schon nach einem Jahr Versuche mit einem „Hochdruckmotor" aufnehmen, der seine Energie aus Kraftstoff durch Verbrennung zunächst in Wärme und dann in Bewegung umwandelte. Ein am 9. Mai 1876 aufgenommenes Arbeitsdiagramm dieses Motors gilt als die Geburtsurkunde des Ottomotors. Dieser neue, kleine und leichte Motor eröffnete ungeahnte Nutzungsmöglichkeiten.

Bald kam es zwischen Otto und Daimler zu Differenzen über die Zukunft des Ottomotors. Otto sah sein Lebenswerk gefährdet, weil der neue Motor in der Öffentlichkeit allzu sehr mit Daimler in Verbindung gebracht wurde. Darüber hinaus war Otto und Daimler natürlich wohl bewusst, welch

Oben: *Der Motor des ersten Benz-Automobils von 1886, DRP37435, mit waagerecht montiertem Schwungrad.*

Unten: *In den 1880er-Jahren erhielten Daimler und Benz für ihre Motoren zahlreiche Patente. Hier das Patent für Daimlers Einzylinder-Viertaktmotor.*

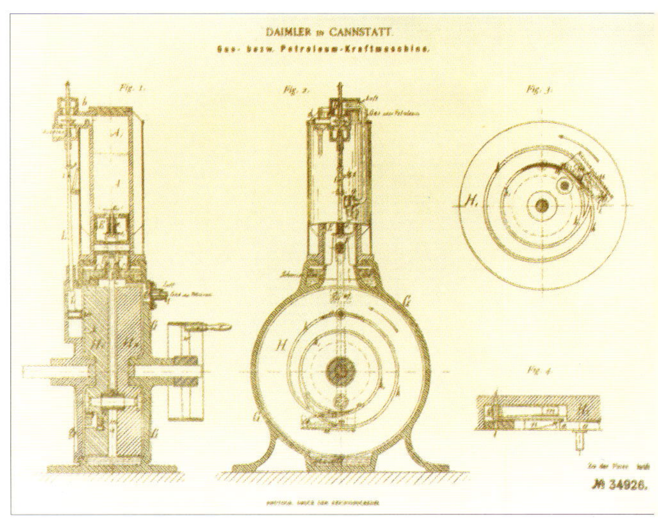

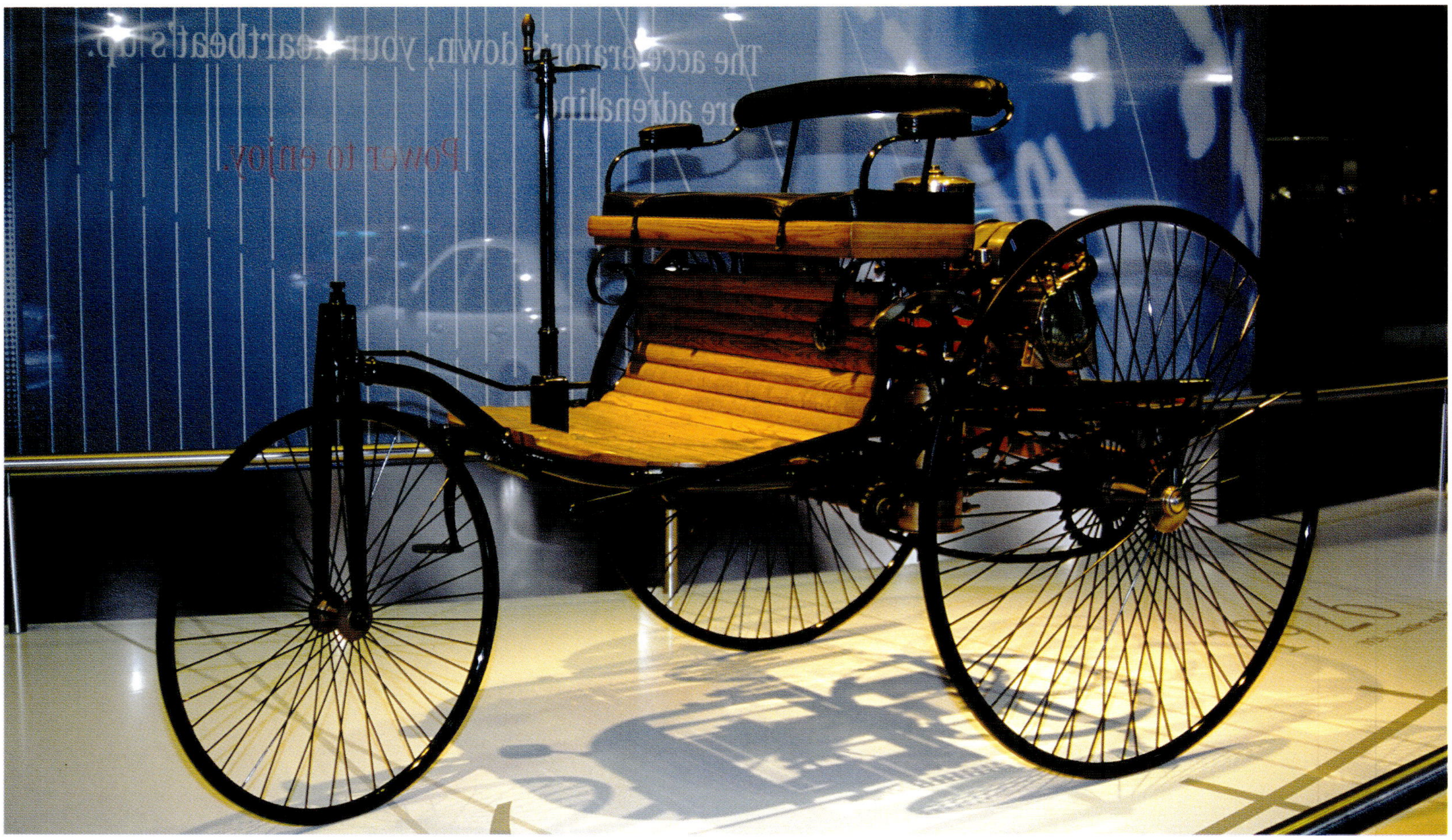

***Oben:** Mit diesem Fahrzeug begann die „automobile" Revolution. Benz' dreirädriger „Patent-Motorwagen" von 1886 basierte nicht auf einer umgebauten Pferdekutsche, sondern war das erste ganzheitlich konzipierte Automobil und ein Beispiel für zweckmäßige Technik.*

entscheidenden Anteil der bescheidenere Maybach an dem neuen Viertakter hatte. Zur Wiederherstellung der Harmonie wurde Daimler mit der Einrichtung einer neuen ausländischen Zweigstelle beauftragt und reiste im September 1881 nach Russland. An der Schwelle zur Industrialisierung stehend, erschien dieses Riesenreich Daimler als der ideale Markt für Ottos Motoren. Offensichtlich konnte trotz räumlicher Trennung das Verhältnis zwischen Otto und Daimler nicht gekittet werden, und Daimler verließ Deutz zum Jahresende.

Dieses Ereignis bot dem ehrgeizigen Daimler die Gelegenheit, endlich eigene Motoren zu bauen. Finanzieren konnte er diese Arbeiten durch eine reichhaltige Abfindung der Gasmotoren-Fabrik Deutz. Auch Maybach kündigte und folgte Daimler nach Bad Cannstatt. Als Versuchswerkstatt für einen schnell laufenden Verbrennungsmotor diente ihnen ein im Garten von Daimlers Villa gelegenes, durch einen Backsteinbau vergrößertes Gewächshaus. Im Oktober 1882 begannen die beiden Männer mit der Arbeit und konnten schon im folgenden Jahr einen schnell laufenden Viertaktmotor patentieren lassen. Mit nur 45 kg war er nicht nur bedeutend leichter als Ottos plumpe Konstruktionen, sondern mit 650 1/min – verglichen mit deren maximal 180 1/min – auch sehr viel schneller. Anfangs schufen sie einen Motor mit liegendem, dann einen mit stehendem Zylinder und einer Leistung von weniger als 1 PS. Daimler entwarf das Nockenwellen-Antriebsrad sowie die ungesteuerte Glührohrzündung und Maybach den Spritzdüsenvergaser.

Der kompakte Einzylindermotor bot viele Verwendungsmöglichkeiten, etwa den Antrieb für ein einfaches Zweirad, das als Reitrad oder Reitwagen bekannt wurde. Ein Patent für dieses Gefährt wurde im August 1885 beantragt, und am 10. November 1885 „ritt" Daimlers 14-jähriger Sohn Adolf auf diesem primitiven Motorrad stolz nach Untertürkheim und zurück – eine Strecke von ungefähr 5 km. Das erste, sich aus eigener Kraft fortbewegende Vehikel war demnach ein simples „Motorrad". Aus Daimlers Sicht war das Motorrad allerdings eine Sackgasse. Er verfolgte ganz andere Pläne und hatte längst erkannt, dass sein schnell laufender Motor der ideale Bootsantrieb war. Das DRP 39367 (Patent) von 1886 lautete denn auch auf „Einrichtung zum Betrieb der Schraubwelle eines Schiffes mittels Gas- oder Petroleum-Kraftmaschine". Im Herbst desselben Jahres rüstete er eine umgestaltete Pferdekutsche zum Motorwagen um und schuf damit den Vorläufer seines ersten Automobils. Als Schöpfer des ersten Automobils ging jedoch ein anderer Deutscher in die Geschichte ein: Carl Benz. Er hatte den ganzheitlich konzipierten, im Januar 1886 patentierten dreirädrigen „Patent-Motorwagen" mit integriertem Viertakt-Benzinmotor konstruiert.

In der Zwischenzeit bewährte sich Daimlers Motor in Schienenfahrzeugen, Luftschiffen und einem Feuerwehrwagen sowie in einer Vielzahl kleiner Räderfahrzeuge, mit denen Daimler Besucher zu erfreuen und zu verblüffen pflegte. 1888 präsentierte er einen Zweizylinder-V-Motor, dessen Verhältnis von Leistung zu Masse jeder anderen Konstruktion überlegen war. Im selben Jahr waren neue Fabrikationsräume bezogen und 23 ausgewählte Handwerker eingestellt worden. Kaufmännisch betrachtet war Daimlers Betrieb unrentabel, und er war gezwungen, neue Märkte zu erschließen. Auf der Pariser Weltausstellung 1889 war sein Stahlradwagen und dessen Zweizylinder-V-Motor die Attraktion. Noch im November schloss Daimler mit Louise Sarazin einen Lizenzvertrag über die Nutzung seiner Erfindungen in Frankreich. Sie war die Witwe von Daimlers Rechtsanwalt Édouard Sarazin. Louise verkaufte Daimlers Lizenzen an Panhard & Levassor. Als sie dann auch noch Émile Levassor heiratete, betrachtete Daimler dies als zusätzliche Sicherheit. Später schloss Daimler auch eine Vereinbarung mit Peugeot, der fortan bis 1896 Daimler-Motoren baute. In England gründete Daimler in Coventry die Daimler Motor Company Ltd.

Der von Wilhelm Maybach geschaffene Stahlradwagen von 1889 war Daimlers modernstes Produkt. Es war ein zweisitziges Gefährt mit einem unter der Sitzbank angeordneten Zweizylinder-V-Motor mit 565 ccm. Wirklich bedeutsam war jedoch sein von Wilhelm Maybach erfundenes Zahnradgetriebe, das auf der Fahrt (Höchstgeschwindigkeit 22 km/h) nach Paris bewiesen hatte, dass Maybachs Konzept funktionierte. (Das Chassis hatte die Neckarsulmer Strickmaschinen-Fabrik AG gebaut, die später als NSU weltbekannt wurde.)

Daimler Motorwagen

Fertigung:	1886
Motor:	1-Zylinder
Bohrung x Hub:	70 mm x 120 mm
Hubraum:	462 ccm
Leistung:	1,1 PS bei 600 1/min
Gemisch-aufbereitung:	Oberflächenvergaser
Getriebe:	2 Übersetzungen durch verschieden große Riemenscheiben
Kupplung:	ausrückbarer Holzkegel
Chassis:	Holz, mit Eisen verstärkt
Handbremse:	Klotzbremse, auf Hinterräder wirkend
Höchstge-schwindigkeit:	18 km/h

***Unten links:** Juni 1887. Daimler bezieht neue Fabrikationsräume auf dem Seelberg und startet mit 23 sorgfältig ausgewählten Arbeitern die Motoren- und Automobilfertigung.*

***Unten:** Gottlieb Daimler auf dem Rücksitz seines Motorwagens von 1886 (am Steuer sein Sohn Adolf). Seit Einsatz der Motoren hatten die Pferde als Zugtiere der Wagen ausgedient.*

Oben: *Carl Benz (1844–1929). Er beantragte als Erster ein Patent für ein ganzheitlich konzipiertes Fahrzeug mit integriertem Motor und gilt deshalb allgemein als Vater des Automobils.*

Unten: *Benz' Tochter Clara am Steuer eines „Velocipeds". Von 1894 bis 1902 gebaut, war es das erste Serienauto der Welt. Es kostete 2000 Goldmark und erreichte 20 km/h Höchstgeschwindigkeit.*

Inzwischen beschäftigte Daimler 34 Arbeiter und expandierte schnell. Seine Kapitallage zwang ihn jedoch, mit Max Duttenhofer und Wilhelm Lorenz am 28. November 1890 die Aktiengesellschaft „Daimler-Motoren-Gesellschaft" (DMG) zu konstituieren. Unternehmensziel war die Nutzung und Verwertung der von Gottlieb Daimler erfundenen Motoren. Die Zahl der Beschäftigten stieg im Lauf des Jahres 1890 auf 123.

Daimler geht

Eines der erfolgreichsten DMG-Produkte war das Motorboot. Häufig verkaufte es sich sogar besser als Automobile, vor allem in den USA, wo ein schlechtes Straßennetz den Automobilabsatz behinderte. Als Importeur aller für den US-Markt bestimmten DMG-Produkte arbeitete der New Yorker Klavierbauer und Unternehmer William Steinway. 1893 reiste Daimler in die USA, um sich ein eigenes Bild von den dortigen Möglichkeiten zu machen. (Nach Steinways Tod 1896 wurde sein Unternehmen als Daimler Motor Company in Long Island für den Bau von Motoren, Motorbooten und Nutzfahrzeugen umorganisiert. Ab 1905 wurden auch Automobile gebaut, die exakt dem in Deutschland gefertigten Mercedes entsprachen. Leider vernichtete ein Großfeuer 1907 das gesamte Werk und beendete die nur zweijährige amerikanische Daimler-Produktion.)

Durch die Gründung der „Daimler-Motoren-Gesellschaft" hatte sich Daimlers finanzielle Lage zwar entspannt, es waren aber auch neue Probleme aufgetreten. Als Kaufleute waren seine Partner Duttenhofer und Lorenz überzeugt, dass man nur genügend Geld in ein Unternehmen stecken müsste, um Produktionserhöhungen zu erzielen. Aber Daimlers Motoren waren weder reif für eine Massenproduktion noch universell nutzbar. Erschwerend kam hinzu, dass Maybach wegen unzumutbaren Vertragsbedingungen seinen Posten als Chefkonstrukteur aufgegeben und das Unternehmen verlassen hatte. Dies alles belastete das Verhältnis Daimlers zu Duttenhofer und Lorenz. Die Situation verschärfte sich noch, als auch Kilian Steiner, Inspirator und Motor des württembergischen Finanz- und Wirtschaftswesens, sich zwecks solider Finanzierung beratend einschaltete. Während sich seine Konsolidierungsmaßnahmen für das Unternehmen rückblickend als Glücksfall erwiesen, schwand Daimlers Einfluss zusehends.

Persönliche Fehleinschätzungen und Differenzen mit seinen Partnern ließen Gottlieb Daimler schließlich keine andere Wahl, als der DMG den Rücken zu kehren. Er beschloss, mit Maybach, seinem kaufmännischen Berater Carl Linck und zwölf vertrauenswürdigen Mitarbeitern ein eigenes Entwicklungszentrum zu gründen, und mietete den Gartensaal des Cannstatter Hotels Hermann. 1892 begannen die Konstruktionsarbeiten. Befreit von der alltäglichen Bürokratie ging Daimlers „Dream Team" an die Arbeit, und schon bald glückten so sensationelle Konstruktionen wie der Spritzdüsenvergaser und der Phoenix-Motor mit zwei in Linie angeordneten Zylindern. Ursprünglich als Bootsantrieb gedacht, eilten Rennwagen mit Phoenix-Motoren bei Langstreckenfahrten in Frankreich von Erfolg zu Erfolg.

Während Daimlers und Maybachs Namen in aller Munde waren, ging es mit der DMG weiter bergab. Maybachs Nachfolger, Max Schrödter, versagte bei der Weiterentwicklung von Maybachs Automobilen und Motoren kläglich. In zwei Jahren konnten nur zwölf Stahlradwagen verkauft werden, die Bilanzen wurden zusehends schlechter, und 1895 war die DMG praktisch bankrott. Bedrängt von ihren Aktionären blieb Duttenhofer und Lorenz nichts anderes übrig, als den „Tüftlern" im Hotel Hermann einen formellen Versöhnungsbesuch abzustatten. Auslöser dieses Sinneswandels war die Tatsache, dass einige englische Industrielle die Lizenzrechte des Phoenix-Motors erwerben wollten. Die Engländer, deren Sprecher Frederick R. Simms ein alter Bekannter Daim-

***Links:** Seit 1888 war Daimler als „Daimler Motor Co." auch in den USA vertreten. Daimlers Repräsentant war der New Yorker Klavierbauer und Unternehmer William Steinway.*

lers war, erklärten sich zur Zahlung einer riesigen Summe bereit. Sie machten allerdings zur Auflage, dass Daimler und Maybach auf ihre früheren Positionen zurückkehrten. Der DMG-Vorstand hatte keine Wahl und akzeptierte. Ende 1895 war der Vertrag unter Dach und Fach. Daimler erhielt seinen Aktienanteil von 200000 Mark zurück sowie einen Genussschein von 100000 Mark.

Die Rückkehr von Daimler und Maybach sowie ihre im Hotel Hermann entwickelten neuen Konstruktionen verbesserten die Auftragslage der DMG sofort. Hatte man während ihrer dreijährigen Abwesenheit nur insgesamt 15 Automobile gebaut, so waren es 1896 schon 24 und 1899 108. Die Mitarbeiterzahl stieg auf 344, und das kleine Unternehmen konnte die Nachfragen kaum noch bewältigen. Daimler hatte diese Entwicklung vorausgesehen und erwarb am 15. August 1900 in Untertürkheim 185000 m² Bauland für ein neues Werk. Während DMG für Außenstehende wieder Tritt gefasst hatte, brodelte es unter der Oberfläche. Der Waffenstillstand war nur von kurzer Dauer gewesen. Dieselben Männer, die das Unternehmen fast ruiniert hatten, planten eine neuerliche Übernahme. Unter der Leitung des Kilian von Steiner (seit 1895 geadelt) wurde 1897 die Allgemeine Motorwagen GmbH gegründet. Offiziell ein Tochterunternehmen der DMG, war sie in Wirklichkeit ein direkter Konkurrent. Sie brachte Billigmodelle der DMG-Automobile auf den Markt, zahlte jedoch keine Tantiemen. Das Ergebnis waren qualitativ sehr schlechte Fahrzeuge. Dennoch wurde das Unternehmen finanziell stark unterstützt und sollte offensichtlich die DMG schlucken, sobald die Zeit reif schien.

Gottlieb Daimler litt seit längerem unter Herzbeschwerden. Dennoch schonte er sich nicht, sondern engagierte sich weiterhin für das Unternehmen. Die ständigen Auseinandersetzungen mit seinen so genannten Geschäftspartnern verschlimmerten allerdings seinen Zustand, und 1899 brach er bei einer Probefahrt mit einem neuen Automobil zusammen und starb am 6. März 1900. Nun war die Tür offen für Banken und andere Interessenten. Nur zwei Jahre später hatte die Daimler-Familie die Kontrolle über das Unternehmen verloren, ihr Aktienanteil betrug nur noch magere 3%.

Als Gottlieb Daimler starb, rollten bereits Fahrzeuge aus dem DMG-Werk, die der Welt einen Eindruck vom Personenkraftwagen der Zukunft vermitteln konnten. Sie zeigten typische Merkmale dessen, was man auch heute noch unter einem Auto versteht: Frontmotor, handgearbeitete Karosserie und vier gleich große Räder. Damit war der Durchbruch zum modernen Automobil

***Oben:** Der Stahlradwagen von 1889 war Daimlers zweites Modell. Er wurde von einem Zweizylinder-V-Motor angetrieben und hatte einen Stahlrohrrahmen. Er war das erste Fahrzeug mit unmittelbar auf die Hinterachse wirkendem Wechselschaltgetriebe.*

***Unten und unten rechts:** Carl Benz wandte sich schließlich vom Dreiradkonzept dem Vierrad-Motorwagen zu. Von seinem Velociped wurden von 1894 bis 1902 rund 1200 Stück verkauft.*

gelungen. Es waren nicht mehr die altgewohnten umgebauten Kutschen mit kleinen Vorder- und großen Hinterrädern. Nun wurden die Passagiere bequemer befördert. Der Fahrer lenkte mittels eines Steuerrads und regulierte die Geschwindigkeit über ein Vierganggetriebe. Unebenheiten in der Straße wurden durch Blattfedern „abgefedert". Die Blattfederung war schon bei den Kutschen altbewährt und kam noch 70 Jahre später in seriengefertigten Automobilen zum Einsatz. Der Vater dieser herausragenden Automobile war Wilhelm Maybach. Er hatte allerdings nur mühsam den konservativer denkenden Daimler für seine modernen Konstruktionen gewinnen können. Wäre es nach Daimler gegangen, dann hätte die DMG weiterhin Motoren an die Industrie verkauft und Motorwagen entwickelt.

Mit seinem Tod ging Gottlieb Daimler in die Geschichte ein. Gewiss würde er als Erfinder des Automobils gelten, wenn da nicht noch jemand anderes gewesen wäre: Carl Benz. Wer von beiden als Erster den Gedanken fasste, einen Motorwagen zu entwerfen, lässt sich nicht sagen. Bemerkenswert ist allerdings, dass beide gleichzeitig auf verschiedenen Wegen zum Ziel gelangten. Keiner wusste vom Anderen, obschon sie nur rund 100 km voneinander entfernt lebten und arbeiteten. Selbst später lernten sie sich nur flüchtig kennen.

Wie die Geschichte berichtet, war es Carl Benz, der mit knappem Vorsprung als Erster ein motorgetriebenes Fahrzeug zum Patent anmeldete. Benz wurde am 25. November 1844 als Sohn eines Schmieds in einem Schwarzwalddorf nahe bei Karlsruhe geboren. Sein Vater verstarb, als Carl erst zwei Jahre alt war. Vielleicht ließ ihn der Gedanke an den Vater, der die Schmiede verlassen hatte und Lokomotivführer geworden war, die Ingenieurlaufbahn einschlagen. Nach dem Besuch des Gymnasiums studierte Carl an der Polytechnischen Hochschule in Karlsruhe. Die Tätigkeiten als Zeichner und Konstrukteur befriedigten ihn jedoch nicht. Schließlich gründete er im Jahr 1871 in Mannheim seine erste Firma. Obschon Benz ein klar sehender, nüchtern denkender, zielstrebiger und fleißiger Mann war, liefen seine Geschäfte anfangs sehr schlecht. Auf der Suche nach einer neuen Existenzgrundlage beschäftigte er sich mit Zweitaktmotoren und Formen eines motorisierten Fortbewegungsmittels.

Benz Velociped

Fertigung:	1894–1902
Motor:	1-Zylinder, liegend
Bohrung x Hub:	110 mm x 110 mm
Hubraum:	1050 ccm
Leistung:	1,5 PS bei 450 1/min
Gemisch-aufbereitung:	Schwimmer-Vergaser
Getriebe:	Zweistufen-Flachriemen-Getriebe
Kupplung:	keine
Chassis:	Holzrahmen, mit Eisen verstärkt
Bremsen (ab 1896):	Außenbandbremse, auf Hinterräder wirkend
Handbremse:	Holzklotzbremse auf Hinterreifen
Höchstge-schwindigkeit:	20 km/h

***Links:** Theodor Baron von Liebig am Steuer eines „Viktoria". Von Reichenberg (Nordböhmen) starteten er und sein Freund Franz Stransky am 16. Juli 1894 zur ersten „Fernfahrt". Sie erreichten nach sieben Tagen Gondorf (Mosel). Für die Gesamtstrecke von 939 km benötigten sie 69 Fahrstunden.*

Ohne finanzielle Sicherheiten wagte Carl Benz schließlich 1877 den Sprung und begann mit der Konstruktion eines eigenen Zweitaktmotors. (Benz wählte das Zweitaktprinzip, weil Nikolaus A. Otto bereits im Vorjahr ein deutsches Patent für den Viertaktmotor erhalten hatte und ihm die Mittel für den Kauf einer Lizenz fehlten.)

Beim Entwurf seines Motorwagens konzentrierte sich Carl Benz auf eine eigenständige, ganzheitliche Konstruktion, während Daimler nur Kutschen mit Motoren ausstattete.

Für Benz war besonders problematisch, dass er ein Produkt entwickelte, für das es – wenn überhaupt – nur eine sehr begrenzte Nachfrage gab. Straßen, wie man sie heute kennt, gab es nicht, sie waren durch die Benutzung mit Pferden, Wagen und Kutschen in einem äußerst schlechten Zustand. Dennoch ließ sich Benz nicht beirren. Er fand Geldgeber für seinen Motor, der Silvester 1879 (ein echter Knalleffekt!) zum ersten Mal zufrieden stellend lief, und gründete die Aktiengesellschaft „Gasmotoren-Fabrik Mannheim". Sehr schnell musste Benz allerdings erkennen, dass seine Teilhaber nur schnelle Gewinne machen und Einfluss auf seine Konstruktionen nehmen wollten. Trotz erheblicher finanzieller Verluste verließ er daraufhin die Fabrik nach nur drei Monaten. Noch im selben Jahr fand er in Max Rose und Friedrich Wilhelm Esslinger neue Finanziers, und mit ihnen gründete er im Oktober 1883 die „Benz & Co. Rheinische Gasmotoren-Fabrik Mannheim". Nun konnte er sich wieder ungestört seinem obersten Ziel widmen: der Konstruktion eines Motorwagens.

Im folgenden Jahr wurde bekannt, dass Einspruch gegen Ottos Patentrechte am Viertaktmotor eingelegt worden war. Gemäß einem bis dahin unbekannten Dokument war das Viertaktprinzip bereits bekannt gewesen, als Otto das Patent erhielt. Nachdem die Patentrechte widerrufen waren, setzte Benz ab 1885 ganz auf das Viertaktprinzip und konstruierte einen Einzylinder-Viertaktmotor sowie ein Fahrzeug, bei dem Motor, Antrieb und Chassis eine Einheit bildeten. Dann war es am 29. Januar 1886 so weit: Das Kaiserliche Patentamt patentierte der Firma Benz & Co. unter der

***Oben:** Erster Käufer eines Benz-Automobils war Emile Roger 1888. 1894 nahm Roger am ersten Autorennen der Welt Paris–Rouen teil. 17 Automobile erreichten nach 126 km das Ziel. Roger belegte den 14. Platz.*

***Rechts:** Ein zweisitziges Benz „Velociped" von 1898. Von 1894 bis 1899 gebaut, war es das erste seriengefertigte Kraftfahrzeug. Ein abnehmbares Halbverdeck (Aufpreis 200 Goldmark) bot nur unzureichenden Schutz gegen die Unbilden der Witterung.*

***Oben:** Das erste motorisierte Taxi der Welt, der Daimler Motor Taxameter. 1896 bestellte der Stuttgarter Fuhrunternehmer Greiner einen „Victoria" mit Taxameter zum Betrieb einer „Motor-Wagen-Kutscherei". Mit seinem 6-PS-Motor erreichte das „Taxi" eine Höchstgeschwindigkeit von 40 km/h.*

Nummer DRP 37435 im Deutschen Reich ein „Fahrzeug mit Gasmotorenantrieb", dessen Motor Triebkraft aus einem mitzuführenden Apparat erhält, „... in welchem Gas aus Ligroin oder anderen vergasenden Stoffen erzeugt wird ...". Ligroin ist auch als Leicht- oder Petroleumbenzin bekannt. Es besteht aus einer leicht entzündlichen Mischung verschiedener Kohlenwasserstoffe, die – da es damals noch keine Tankstellen gab – in kleinen Mengen in Apotheken und Drogerien gekauft werden musste.

Schnell montierte Benz ein Dreirad in Stahlrohrbauweise mit Drahtspeichenrädern und integriertem Motor und demonstrierte seine Erfindung am 5. September 1886 auf Mannheims Straßen. Sein „Wagen ohne Pferde" erntete zwar bei der Bevölkerung viel Spott, doch die Lokalpresse erkannte sehr scharfsinnig, dass „dieses Fuhrwerk eine gute Zukunft haben wird ..." und „... das billigste Beförderungsmittel für Geschäftsreisende und eventuell auch für Touristen werden wird". Seit 1906 ist Benz' Urauto im Deutschen Museum in München ausgestellt.

Das Jahrzehnt zwischen 1876 und 1886 war für die Automobilentwicklung von größter Bedeutung. Ottos Viertaktmotor hatte sich in der Industrie bewährt, Daimler entwickelte einen schnell laufenden, zum Einbau in Fahrzeuge geeigneten Motor, und Benz konstruierte den ersten „echten" Motorwagen. Abgerundet wurden diese Erfolge durch Robert Bosch, der 1886 sein Unternehmen gründete. Sein Lebenswerk wurde durch den Otto-Magnetzünder „angestoßen" und führte dazu, dass rund zehn Jahre später alle Automobilmotoren statt der weniger effizienten Glühzündung mit Magnetzündern ausgestattet waren.

Der ursprüngliche „Benz" war noch ein primitives Gefährt ohne Treibstofftank (das Schwimmergehäuse des Vergasers musste mit Ligroin gefüllt werden) und mit Hochspannungszündsystem (bei laufendem Motor war der Primärstromkreis geschlossen). Das Chassis wurde in der Fahrradfabrik Adler konstruiert. Bei Adler baute man auch die einfache, auf die Vorderräder wirkende Lenkkurbel. Noch beherrschte die natürliche Pferdekraft alle Transport- und Fortbewegungsmittel, und Benz musste erkennen, dass es für das komplexe, teure Automobil noch keinen aufnahmefähigen Markt gab. Die Testfahrten mit seinem Patent-Motorwagen auf den Landstraßen der näheren Umgebung waren zwar sehr publikumswirksam, füllten aber nicht seine Auftragsbücher.

Hinter jedem erfolgreichen Mann ...

Als sich auch fast zwei Jahre nach der Jungfernfahrt des Patent-Motorwagens die Käufer immer noch zurückhielten und die Auftragslage schlecht war, nahm Bertha Benz die Geschicke ihres Mannes selbst in die Hand. Sie wollte einer breiten Öffentlichkeit die Zuverlässigkeit des Automobils beweisen. Ohne Wissen ihres Mannes bestieg sie mit zwei Söhnen am Morgen des 5. August 1888 in Mannheim einen Motorwagen Modell 3. Ihr Ziel: Pforzheim, Berthas rund 160 km entfernte Geburtsstadt. Mit den Konstruktionen ihres Mannes war sie wohl vertraut, und so kannte sie auch die Technik des Automobils. Dabei kam ihr zugute, dass Modell 3 einen stärkeren Motor, zwei Gänge und Holzspeichenräder besaß. Der Anblick einer Frau am Steuer eines knatternden pferdelosen Wagens muss für die Zeitgenossen sensationell gewesen sein! Als sie in der Dämmerung wohl behalten in Pforzheim eingetroffen war, telegrafierte Bertha ihrem verblüfften Carl, dass ihr Wagnis geglückt war. Natürlich hatte diese inoffizielle Testfahrt über Land auch Kinderkrankheiten des Motorwagens aufgezeigt. An Steigungen mussten die Passagiere schieben, während sich bergab die hölzernen Bremsklötze als nicht unbedingt zuverlässig erwiesen. In Selbsthilfe konnten verstopfte Benzinleitungen unterwegs mit Hilfe einer Hutnadel frei gemacht werden. Wenn aber der Treibriemen riss, musste der nächste Schuster helfen.

Benz verbesserte seinen Motorwagen und präsentierte ihn einen Monat später auf der Münchner „Kraft- und Arbeitsmaschinenausstellung“ als „vollständigen Ersatz für Wagen mit Pferden“. Seine wirtschaftliche Lage besserte sich aber erst, als Esslinger und Rose 1890 ausschieden. Neue, von der Zukunft des Automobils überzeugte Gesellschafter wurden Friedrich von Fischer und Julius Ganß. Von den zwischen 1887 und 1893 gebauten 69 Benz-Dreirädern gingen viele nach

Oben: *Bertha Benz war ihrem Mann Carl nicht nur menschlich und finanziell eine Hilfe, sondern auch eine bedeutende Wegbereiterin des Automobils. Das Foto zeigt sie 1944 als muntere 94-Jährige.*

Links: *Von 1896 bis 1900 baute Benz den „Dos-à-Dos“, der vier Personen „Rücken an Rücken“ befördern konnte. Er kostete – je nach Ausführung – 4000 bis 4500 Goldmark. Der Motor leistete 5 PS, hatte 1723 ccm Hubraum und erzielte 40 km/h Höchstgeschwindigkeit.*

Was hätte sein können: Aufstieg und Fall des Elektromobils

Heute wird allgemein angenommen, dass das Elektroauto ein Phänomen neuerer Zeit ist und seine Existenz dem Streben nach einer sauberen Umwelt verdankt. Einer Umwelt, die seit mehr als einhundert Jahren durch die Emissionen des Verbrennungsmotors verschmutzt wird. Weit gefehlt! Gottlieb Daimler und Carl Benz standen bei der Entwicklung des Gasmotors an vorderster Front und gelten als die Erfinder des Automobils. Vergessen ist, dass in der Frühzeit der Automobile die Elektrofahrzeuge den Automobilen mit Verbrennungsmotor sogar überlegen waren.

Nach verschiedenen Quellen baute der Schotte Robert Anderson irgendwann zwischen 1832 und 1839 eine kleine, elektrisch angetriebene Kutsche. Dies würde bedeuten, dass das Elektromobil rund 50 Jahre älter als Benz' Motorwagen wäre.

Sicherer belegt ist das Modell eines Elektrowagens, das der niederländische Professor Sibrandus Stratingh und sein Assistent Christopher Becker 1835 bauten. Eine erste fahrbereite Elektrokutsche hatte der Amerikaner Thomas Davenport schon 1834 konstruiert. Davenport war von Beruf Schmied und verdiente seinen Lebensunterhalt durch den Verkauf von Elektromotoren. Ein weiterer Schotte, Robert Davidson, schuf 1838 einen fahrbereiten Elektrowagen. Als Kraftquellen nutzten Davenport und Davidson nicht wieder aufladbare Elektrobatterien.

Wirkliche Fortschritte waren – wie hätte es anders sein können – abhängig von den bekannten Technologien. Erst nachdem Gaston Raymond Planté 1860 den Bleiakkumulator, also eine wieder aufladbare Batterie, erfunden hatte, war der Weg frei für die elektrisch angetriebene „pferdelose Kutsche". Die Idee des Elektromobils fiel hauptsächlich in Frankreich und Großbritannien, später auch in den USA auf fruchtbaren Boden, und Ende 1880 kamen die ersten Elektrowagen auf den Markt. Zwischen 1890 und 1910 wurden zahlreiche Konstruktionen gebaut. Viele dieser Fahrzeuge erhielten einen Hybridantrieb, das heißt, sie besaßen neben ihrem Elektromotor praktisch als Reserve noch einen Benzinmotor. (Häufig bleibt unbeachtet, dass viele dieser Fahrzeuge mit Vierradantrieb und Servolenkung gebaut wurden.)

Obwohl Elektromobile teurer waren als die Konkurrenz, galten sie als zuverlässig und sicher. Ihre Motoren liefen ruhiger und leiser, es gab keine stinkenden Abgase, und ihre Fahrer brauchten nicht die Kunst der Gangschaltung zu beherrschen. Nachteilig war ihre begrenzte Reichweite von selten mehr als 30 km, träge Beschleunigung und geringe Höchstgeschwindigkeit.

Ab dem Jahr 1895 trat das Elektromobil in den USA einen wahren Siegeszug an. Nur zwei Jahre später fuhren – betrieben von der Electric Carriage and Wagon Company – in New York City ein Dutzend Elektro-Taxis, und um die Jahrhundertwende gab es in dem späteren Autoland USA mehr Elektroautos als Benziner. Schon 1899 hatte der belgische Rennfahrer Camille Jenatzy mit seinem Elektroauto „La Jamais Contente" (die niemals Zufriedene) die Weltrekordgeschwindigkeit von 105,876 km/h erreicht.

Wäre nicht das Erdöl als Kraftstoffspender entdeckt worden, würden heute vielleicht Elektroautos den Globus beherrschen. Ab 1910 war der Siegeszug des Automobils nicht mehr aufzuhalten. Die ständige Weiterentwicklung führte dazu, dass es höhere Leistungen für weniger Geld bot. Zehn Jahre später waren die Tage des Elektromobils endgültig gezählt. In vielen Ländern erlaubte ein schnell wachsendes Netz befestigter Straßen, dass man große Entfernungen nun immer schneller zurücklegen konnte. Dieser Entwicklung standen die Mängel der Elektroautos entgegen: Starke Steigungen bereiteten immer noch Schwierigkeiten, die Batterien waren schwer und neigten zu Rissbildungen, wobei giftige Dämpfe ausströmten. Auch der berühmte amerikanische Erfinder Thomas Edison konnte nicht verhindern, dass das Elektroauto von den Straßen verschwand. Der von ihm 1904 erfundene Eisen-Nickel-Akkumulator kam zu spät. Die Mängelliste war zu umfangreich und der Siegeszug des lärmenden, starken Verbrennungsmotors nicht mehr aufzuhalten.

Vielleicht wäre die Entwicklung der menschlichen „Mobilität" anders verlaufen, wenn es etwa um das Jahr 1910 stärkere und schnellere Elektroautos mit größerer Reichweite gegeben hätte …

Links: *Daimlers „Phoenix"-Rennwagen von 1899, wie 1900 von Emil Jellinek zur Rennwoche Nizza angemeldet. Der 5,5-Liter-Motor leistete 24 PS.*

Frankreich. Erst 1892 erhielt Benz nennenswerte Bestellungen. Den endgültigen Durchbruch schaffte er im folgenden Jahr mit Viktoria, dem ersten Benz-Automobil mit vier Rädern und Achsschenkellenkung. Der über der Hinterachse montierte Motor leistete 5 PS bei 700 l/min und hatte 2915 ccm Hubraum. Anfangs hatte der Viktoria nur zwei Vorwärtsgänge (ab 1896 drei Vorwärts- und einen Rückwärtsgang). Geschaltet wurde mit zwei Übersetzungen durch verschieden große Riemenscheiben des Schaltgetriebes, mit dem das Differenzial verbunden war. Die Hinterräder wurden über Ketten angetrieben. Die vier Passagiere saßen sich gegenüber. Um sie vor Schmutz und Staub zu schützen, waren ihre Sitze hoch angeordnet. Aber auch Viktoria war nicht fehlerlos. Auf 100 km schluckte er mehr als 20 Liter Treibstoff und 160 Liter Wasser. Auch dies Gründe, warum jede Überlandfahrt zum Abenteuer wurde.

Erste wirtschaftliche Erfolge erzielte Carl Benz mit seinem dritten Modell, dem zukunftweisenden und leichten Velociped – das erste seriengefertigte Automobil der Welt. Bei einem Preis von 2000 Goldmark war es ein preisgünstiges Fahrzeug und fand schon im ersten Jahr 125 Käufer. Mit seinen gummibereiften (ab 1898 luftbereiften) kleinen Vorder- und großen Hinterrädern erinnerte es zwar immer noch an eine Pferdekutsche, erfüllte jedoch die Bedürfnisse des Marktes. Bis zur Jahrhundertwende wurden davon rund 1200 Exemplare verkauft. Im Jahr 1899 wandelte Benz seine Firma in die Aktiengesellschaft „Benz & Cie. Rheinische Gasmotorenfabrik AG" um. Nun war das Eis endgültig gebrochen. Von 1890 bis 1899 war die Belegschaft im Fahrzeugbau von 50 Arbeitern auf 430 Mann gestiegen. Allein 1899 baute Benz 572 Fahrzeuge und wurde dadurch zum größten Automobilhersteller der Welt. Das beginnende neue Jahrhundert sah sowohl Gottlieb Daimlers als auch Carl Benz' erfolgreichen Eintritt in eine neue, vom Automobil als individuellem Fortbewegungsmittel geprägte Welt.

Gegenüber: *29. April 1899. Mit 105,876 km/h fuhr der belgische Rennfahrer Camille Jenatzy auf einem zigarrenförmigen, 1450 kg schweren Elektromobil Weltrekord. Damit überschritt er die 100-km/h-Schwelle und brach den im Vorjahr von de Chasseloup-Laubat – auch mit einem Elektromobil – mit 63,14 km/h aufgestellten Geschwindigkeitsrekord.*

Mercedes erscheint
1900–1913

***Oben:** Emil Jellinek, Geschäftsmann und Unternehmer, machte sich einen Namen in der Automobilgeschichte, als er Daimler ersuchte, die von ihm bestellten Wagen Mercedes zu nennen.*

***Vorige Seite:** Blick in den Rennwagen Mercedes Simplex 18/28. Sein 4-Liter-Motor leistete 18PS.*

Mit Anbruch des neuen Jahrhunderts war das Automobil den Kinderschuhen entwachsen und wurde allgemein als modernes Fortbewegungsmittel akzeptiert. Die Zukunft gehörte dem „pferdelosen" Wagen.

Für Techniker war dies eine aufregende Zeit mit Jahren eines unvorstellbaren Fortschritts. Den an der Spitze der technischen Revolution stehenden beiden Automobilbauern bescherte das Jahr 1900 den Wendepunkt: Am 6. März erlag Gottlieb Daimler im 65. Lebensjahr seinem Herzleiden, und Carl Benz verkaufte weltweit die meisten Automobile. Von den 603 Fahrzeugen wurden 341 exportiert – meistens nach Frankreich. Trotz seiner Erfolge als Konstrukteur blieb Benz aber stets ein vorsichtig abwägender Kaufmann. Lange hatte er die steigende Nachfrage nach immer schnelleren Automobilen beobachtet. Speziell in Frankreich, wo sich Rennwagen größter Popularität erfreuten und Autorennen zahlreiche Zuschauer anlockten.

Benz beeindruckte diese Entwicklung nicht sonderlich. Für ihn waren Automobile immer noch Motorkutschen. Geschwindigkeiten von mehr als 50km/h hielt er für unnötig und sogar für tollkühn. Bedenkt man den entsetzlichen Zustand der damaligen Straßen, so ist seine Einstellung irgendwie nachvollziehbar.

Während Benz bei seiner Meinung blieb, entwickelte sein Mitbewerber DMG unter dem Konstrukteur Wilhelm Maybach immer stärkere Motoren. Das hatte Folgen: Die Umsätze von Benz & Cie. sanken dramatisch. 1901 konnten nur 385 und im folgenden Jahr sogar nur 226 Wagen verkauft werden. Noch schwärzer war das Jahr 1903, in dem nur noch 172 Automobile einen Käufer fanden. Benz' Modelle hatten den Anschluss an die neue Zeit verloren, während die nach 1900 aus den Werkhallen der DMG rollenden Fahrzeuge bewiesen, dass das Kutschenzeitalter endgültig beendet war.

Die Fortschritte in der Automobilkonstruktion gingen in erster Linie auf den Wunsch mutiger Automobilisten nach immer höheren Geschwindigkeiten zurück. Endlich fuhr das Automobil schneller, als das schnellste Pferd laufen konnte. Damit wurde auch der noch Anfang des Jahrhunderts verbreitete Glaube widerlegt, bei Geschwindigkeiten von mehr als 24km/h würde der Mensch gesundheitliche Schäden, wenn nicht sogar den Tod erleiden. Zweiter „Auslöser" war der österreichisch-ungarische Generalkonsul in Monaco, Emil Jellinek. Er sah im Automobil nicht nur das Sportgerät, sondern er witterte die aus erfolgreichem Sport resultierenden Verkaufschancen. Mit immer neuen Forderungen nach leistungsfähigeren Automobilen beeinflusste er die Entwicklung der DMG-Produkte dramatisch. Dazu später mehr.

***Rechts:** 1901. Das erste als „Mercedes" verkaufte Daimler-Automobil. Der 5,9-Liter-Motor leistete 35PS und kostete 16000 Goldmark.*

Links: *Mercedes 35 PS. Mit diesem Rennwagen fuhr Werksfahrer Wilhelm Werner 1901 bei der Rennwoche in Nizza 86,5 km/h schnell.*

Es wäre unfair zu behaupten, Carl Benz hätte die Tendenz zu stärkeren, schnelleren Fahrzeugen völlig ignoriert. Er erwärmte sich nur schwer für Autorennen, brachte aber 1899 dennoch einen Rennwagen auf den Markt. Obschon ein konservativer Geschäftsmann, wollte auch er nicht auf die Werbewirksamkeit des Rennsports verzichten. Denn Siege im direkten Wettbewerb mit der Konkurrenz förderten den Verkauf stärker als jede andere Maßnahme. Noch war der Rennwagen ein primitiver Zweisitzer mit gummibereiften Holzrädern, dessen Motorenergie von einem Flachriemen zum Vierganggetriebe übertragen wurde. Bei einem Hubraum von 2827 ccm leistete sein Zweizylinder-Boxermotor 8 PS. Schon bald brachte Benz eine stärkere Version auf den Markt, die bei 2827 ccm und 1000 1/min 16 PS leistete. Gekühlt wurde der Motor mit einem Rohrschlangenkühler, dessen Effizienz jedoch sehr zu wünschen übrig ließ. Der Kühler brauchte sehr viel Wasser beziehungsweise einen sehr großen, schwergewichtigen Kühlkreislauf. Und das zur Schmierung der Kurbelwelle benötigte Lecköl tropfte auf die Straße und musste immer wieder nachgefüllt werden.

Trotz dieser Mängel gewann der Wagen das 193 km lange Rennen Frankfurt–Köln mit einer Durchschnittsgeschwindigkeit von 23 km/h. Auf der Strecke Innsbruck–München belegte er den zweiten Platz. Die 1900 erschienene 16-PS-Version erreichte sogar mit 65 km/h Höchstgeschwindigkeit und kostete den atemberaubenden Preis von 15 000 Goldmark. Nun schafften die Wagen die steilsten Steigungen, ohne dass die Fahrgäste aussteigen und schieben mussten. Ein Fortschritt, der mit einer Zweitplatzierung bei einem zermürbenden Bergrennen honoriert wurde. Ob es Benz gefiel oder nicht: Es waren die Rennerfolge, die die Vorzüge seiner Produkte demonstrierten.

Während Benz widerwillig in die Zukunft gedrängt wurde, verlief die Entwicklung bei Daimler weitaus schneller. 1897 war in Cannstatt ein anspruchsvoller Kunde erschienen: Emil Jellinek. Auf den ersten Blick erschien Jellinek nur wie ein reicher Geschäftsmann. Doch er war anders, wusste, was er wollte, und hatte ein Gespür für gute Geschäfte.

1853 in Leipzig geboren, führte ihn ein unstetes Leben über Österreich, Frankreich und Algerien schließlich 1889 wieder nach Wien. Durch den Handel mit nordafrikanischen Produkten war er reich geworden. Nachdem er seinen Wohnsitz nach Nizza verlegt hatte, knüpfte

Die Gordon-Benett-Rennen

Zu Beginn des vergangenen Jahrhunderts gab es eine Reihe internationaler Automobilrennen um die begehrte Gordon-Bennett-Trophäe. Obwohl das letzte Rennen vor mehr als 100 Jahren stattfand, hat der Name im Motorsport auch heute noch einen guten Ruf.

Das erste Rennen startete am 14. Juni 1900. Die Strecke war so gewählt, dass die Automobile nicht nur ihre Geschwindigkeit, sondern auch die Zähigkeit ihrer Konstruktion beweisen konnten. Die Rennstrecke musste 550 bis 650 km lang sein. Jeder nationale Automobilclub durfte bis zu drei, vollständig im eigenen Land hergestellte Automobile ins Rennen schicken. Als Nationalfarben für die Rennwagen wurden empfohlen: Blau für Frankreich, Weiß für Deutschland, Grün für Großbritannien und Rot für Italien. Der siegreiche Club musste das nächste Rennen im folgenden Jahr im eigenen Land veranstalten.

So wurde 1904 das erste Gordon-Bennett-Rennen in Deutschland organisiert, nachdem Camille Jenatzy im Vorjahr am Steuer eines Mercedes 60 PS gesiegt hatte. Wiederum stellte Daimler drei Mercedes, diesmal mit 90 PS sowie Vierzylindermotor und Vierganggetriebe, das über Kettenantrieb auf die Hinterachse wirkte. Am Steuer saßen Camille Jenatzy, Baron de Caters und John Warden. Die 141 km lange Rennstrecke durch den Taunus hatte Kaiser Wilhelm II. persönlich festgelegt. Sie wurde viermal über insgesamt 564 km gefahren. Zwanzig Wagen aus sieben Ländern gingen in Bad Homburg an den Start. Favorit Jenatzy auf seinem Mercedes 90 PS führte bis zur dritten Runde. Dann ereilte ihn das Pech. Vermutlich hatte er im Eifer des Rennens zweimal das Tanken schlicht vergessen. Als sein Wagen dann plötzlich liegen blieb, musste der Mechaniker im Laufschritt zurück, um Benzin zu holen. Diese Chance nutzte der Franzose Léon Théry auf einem Richard-Brasier. Vom fünften Platz gestartet, rollte er nach 5:50:11 Stunden über die Ziellinie. Zweiter wurde Jenatzy mit elf Minuten Rückstand. Sehr viel größer (fast eine Stunde) war der Abstand zum Drittplatzierten. Jenatzy wurde mit einem fabrikneuen Mercedes belohnt.

Die Gordon-Bennett-Rennen wurden vom ACF (Automobile-Club de France) ausgelobt und organisiert. Nach ihrem Sieg im Taunus mussten die Franzosen das nächste Rennen für 1905 vorbereiten. Dazu kam es aber nicht mehr. Man hielt allgemein das Reglement für nicht mehr zeitgemäß und „opferte" das Gordon-Bennett-Rennen schließlich zu Gunsten der Grand-Prix-Rennen.

Die Gordon-Bennett-Trophäe war nach ihrem Stifter James Gordon Bennett jr. benannt, der 1841 in den USA geboren wurde. Sein Vater war Verleger des New York Herald. James besaß nicht nur viel Geld, er war auch ein begeisterter Sportler und initiierte unter anderem 1886 das erste Transatlantik-Yachtrennen. Nachdem er 1872 seinen Vater beerbt hatte und seit 1887 – wegen eines Familienskandals – in Paris lebte, eröffnete er Büros seiner Zeitung in London und Paris. Gegenüber allem Technischen aufgeschlossen, ließ er die drahtlose Telegrafie zur Nachrichtenübermittlung nutzen. Der umgangssprachliche englische Ausruf „Gordon Bennett" wird auf seinen extravaganten Lebensstil zurückgeführt. Als großzügiger Wohltäter und exzentrischer Verschwender soll er zu seinen Lebzeiten rund 40 Mio. Dollar ausgegeben haben. So stattete er beispielsweise einen seiner Reporter, Henry Morton Stanley, mit unbegrenzten finanziellen Mitteln aus und schickte ihn nach Afrika, um den verschollenen Missionar Dr. David Livingstone zu suchen.

Bennett zählt zu den Gründungsmitgliedern des Automobile-Club de France, der Vorläuferorganisation der heutigen FIA (Fédération Internationale de l'Automobile). Mit der nach ihm benannten Trophäe wollte Bennett das Interesse am Motorsport wecken und die technische Weiterentwicklung des Automobils fördern. Ironischerweise hat er nie am Steuer eines Automobils gesessen und niemals eines „seiner" Rennen besucht. Nachdem es keine Gordon-Bennett-Rennen mehr gab, stiftete er den Coupe Aéronautique für Ballonfahrer, der bis auf den heutigen Tag existiert. Bennett starb 1918 nach einem recht ereignisreichen Leben.

***Links:** Im Gordon-Bennett-Rennen 1903 siegte Camille Jenatzy auf einem Mercedes 60 PS.*

***Oben:** 1904 belegte Jenatzy auf einem Mercedes 90 PS mit 12-Liter-Motor den zweiten Platz.*

er dort Beziehungen zur internationalen Finanzwelt und Aristokratie und wurde schließlich von Erzherzog Franz Ferdinand (in Sarajewo am 28. Juni 1914 ermordet, sein Tod war einer der äußeren Anlässe für den Ausbruch des Ersten Weltkrieges) zum österreichisch-ungarischen Generalkonsul in Monaco ernannt. Jellinek interessierte sich für Sport, besonders für den Automobilsport. Sein dritter Wagen – eine Benz-Motorkutsche – war ihm bald zu träge. Begeistert von den Rennsiegen der mit Daimler-Motoren fahrenden Peugeot und Panhard, kaufte er 1897 in Cannstatt seinen ersten Daimler, einen Riemenwagen. Ab Oktober 1897 erregte er auf den Straßen in und um Monaco mit seinem Neuerwerb Aufmerksamkeit. Als begnadeter Verkäufer erkannte er mit sicherem Gespür in den an der Côte d'Azur lebenden Superreichen potenzielle Kunden. Er entwickelte ein Konzept, um ihr Interesse zu wecken.

Jellinek bestellte bei DMG vier weitere Wagen, forderte allerdings eine Höchstgeschwindigkeit von 40 km/h. Weder Gottlieb Daimler noch Wilhelm Maybach waren über die Forderung nach einem stärkeren Motor und nach höherer Geschwindigkeit begeistert. Sie erkannten jedoch, welche Geschäftsaussichten sich ihnen durch Jellineks Aktivitäten eröffneten, und bemühten sich, seine Wünsche zu erfüllen. Jellinek kannte die Marotten seiner „Nachbarn" im Süden Frankreichs. So wusste er, dass der reiche Baron Henri de Rothschild, ein begeisterter Autofahrer, die Wintermonate im südlichen Frankreich verbrachte und jeden Morgen mit

Oben: *Rennwoche Nizza 1901. Wilhelm Werner am Steuer eines Mercedes. Auf dem Mechanikersitz: Baron Henri de Rothschild.*

Unten: *Mercedes Simplex 18/22, gebaut von 1901 bis 1905 mit einem 4-Liter-Motor. Wegen des Kettenantriebs war er auch als Kettenwagen bekannt.*

Oben: *Der Motor eines Mercedes „Simplex" 60 PS von 1903. Die vier Zylinder dieses Reihenmotors waren paarweise gegossen. Hubraum 9235 ccm.*

Unten: *Rennwagenversion des Mercedes „Simplex" 60 PS. Diese Konstruktion markierte den Wechsel von der Motorkutsche zum modernen Automobil mit tief gelegtem Chassis und einem Rad an jeder Ecke.*

seinem Panhard über die Passstraße auf den Gipfel des bei Monaco gelegenen La Turbie raste. Da er sich sicher war, dass sein 24 km/h schneller Daimler dem Panhard überlegen war, erschien Jellinek wie zufällig eines Morgens, ließ den Baron weit hinter sich und erwartete ihn auf der Passhöhe. Wie Jellinek richtig vermutet hatte, konnte Rothschild den Verlockungen des schnelleren Wagens nicht widerstehen und kaufte ihn auf der Stelle. Nur zwei Wochen später stellte Jellinek dem Baron erneut eine „Falle". Diesmal „verführte" er Rothschild mit einem der neuen und noch schnelleren (40 km/h!) Daimler – und der Trick glückte erneut. Auf diese Weise verkaufte Jellinek drei seiner vier neuen Daimler an den Baron.

Nun witterte Jellinek das ganz große Geschäft. Er gründete in Monaco eine Verkaufsgesellschaft für Daimler-Produkte. Gleichzeitig bestellte er sechs „Phoenix"-Rennwagen, die allerdings nach seinen Wünschen gebaut werden sollten. So forderte er, dass der Motor vorne platziert (um das Automobil optimal „ziehen" zu können) und als Vierzylinder konzipiert wurde, um auch mittelfristig dem ständigen Streben nach höheren Leistungen genügen zu können. Der Radstand sollte deutlich verkürzt werden und der Schwerpunkt tiefer liegen.

Die Jellinek-Verbindung

Auch dieses Mal waren Gottfried Daimler und Wilhelm Maybach von Jellineks Wünschen nicht allzu begeistert. Sie mussten jedoch eingestehen, dass sich die Anordnung des schweren Daimler-V2-Motors über der Vorderachse des französischen Panhard nicht negativ auswirkte. Bei einem Auftrag von sechs Automobilen beugten sie sich letztendlich den Wünschen ihres neuen und so erfolgreichen „Händlers".

Benz Phaeton

Fertigung:	1902–1903
Motor:	2-Zylinder-Boxermotor
Bohrung x Hub:	100 mm x 110 mm
Hubraum:	1710 ccm
Leistung:	9 PS bei 920 1/min
Gemischaufbereitung:	Spritzdüsenvergaser
Getriebe:	Viergang mit Rückwärtsgang
Kupplung:	keine
Chassis:	Stahlblech-Holzrahmen
Bremsen:	Außenbackenbremse, auf Getriebe und Vorlegewelle wirkend
Höchstgeschwindigkeit:	50–65 km/h

1898 ausgeliefert, verkaufte Jellinek alle sechs „Phoenix"-Rennwagen im Handumdrehen. Er ging nun ganz in seiner Rolle als Autohändler auf, erschien erneut in Cannstatt und forderte einen noch schnelleren Wagen mit 28-PS-Motor. Damit wollte er 1900 bei der angesehenen Rennwoche in Nizza an den Start gehen. Inzwischen lief Jellinek in Cannstatt offene Türen ein. Gottlieb Daimler war zwar schwer erkrankt, doch Maybach und Daimlers Sohn Paul versprachen, einen schnelleren „Phoenix" zu bauen. Mit Werkfahrer Wilhelm Bauer sollte der neue Wagen am 30. April 1900 – knapp zwei Wochen nach Gottlieb Daimlers Tod – beim Bergrennen Nizza–La Turbie sein Debüt geben. Leider prallte Bauer gleich in der ersten Kurve des Rennens mit dem „Phoenix" gegen einen Felsen, wurde hinausgeschleudert und erlag am folgenden Tag seinen Verletzungen. Dieser Unfall war ein erneuter Schock für alle Cannstatter und vertiefte die bei DMG weit verbreitete Abneigung gegen den Motorrennsport.

Aber Jellinek wiederholte beharrlich, zukünftige Automobile müssten stärkere Motoren erhalten. Er war überzeugt, mit modernen Techniken alle bei schnelleren Wagen auftretenden Probleme lösen zu können. Obwohl kein Ingenieur, erkannte Jellinek, dass Automobile mit kurzem Radstand und hoch aufgehängtem Motor instabil sein mussten, während bei tieferem Schwerpunkt, längerem Radstand und tief gelegtem Motor zwangsläufig ein stabileres Fahrzeug entstehen würde. Auch Maybach und Paul Daimler hatten ähnliche Überlegungen angestellt, in den Monaten nach Wilhelm Bauers Todessturz jedoch gezögert, ihre Erkenntnisse technisch umzusetzen. Nach Gottlieb Daimlers Tod kam es im DMG-Vorstand zu personellen Veränderungen – mit der Folge, dass man dem Motorrennsport reservierter denn je gegenüberstand und seine Bedeutung für die konstruktive Automobilentwicklung bezweifelte.

Jellinek ließ sich dennoch nicht beirren und tat das einzig Richtige: Er verlieh seiner Meinung mit viel Geld die nötige Überzeugungskraft. Er bestellte 36 Rennwagen unter der Voraussetzung, dass sie nach seinen Wünschen gebaut und mit einem 35-PS-Motor ausgerüstet würden. Einem solchen Auftrag – immerhin handelte es sich um die Schwindel erregende Summe von 550 000 Goldmark – konnte der DMG-Vorstand nicht widerstehen. Üblicherweise waren Bestellungen dieses Umfangs an bestimmte Bedingungen geknüpft. Auch bei Konsul

Oben links: *In der Nacht vom 9. zum 10. Juni 1903 brannte die Fabrik in Cannstatt völlig aus. Dabei wurden nicht nur die Produktionseinrichtungen total zerstört, sondern auch einige Fahrzeuge wie beispielsweise drei „Gordon-Bennett"-Rennwagen.*

Unten: *Einer der 90 PS starken „Gordon-Bennett"-Rennwagen. Ähnliche Wagen wurden beim Fabrikbrand in Cannstatt zerstört.*

Oben: *Das erste motorisierte Nutzfahrzeug wurde 1896 gebaut. Es ähnelte einem Pferdewagen. Schon 1903 wurde der Motor – wie bei diesem, im Werk Marienfelde gebauten Daimler-Lastwagen – nach vorne verlagert. Daimler und Benz konkurrierten im Wettbewerb um den lukrativen Nutzfahrzeugmarkt.*

Jellinek war es nicht anders. Er forderte den Alleinvertrieb für DMG-Produkte in Belgien, Frankreich, Österreich-Ungarn und den USA sowie eine Gewinnbeteiligung. Außerdem sollten diese Wagen in seinem Vertriebsbereich den Namen seiner zehnjährigen Tochter Mercedes tragen (in allen anderen Ländern sollten sie als „Neue Daimler" angeboten werden). Aus heute unbekannten, aber vermutlich finanziellen Gründen akzeptierte der DMG-Vorstand Jellineks Bedingungen, und Wilhelm Maybach konstruierte die gewünschten Fahrzeuge.

Wie Maybach auf diese externe „Einmischung" reagierte, ist nicht überliefert. Vielleicht war er gar nicht unglücklich, konnte er doch so seine eigenen Theorien schneller verwirklichen, als es sonst möglich gewesen wäre. Wenn er den fast unmöglichen Termin von nur sechs Monaten bis zur Auslieferung des ersten Wagens erfüllen wollte, durfte er keine Minute zögern. Zu konstruieren war ein Fahrzeug mit längerer, tief gelegter, einfacher und dennoch eleganter Karosserie. Obwohl mit diesen Fahrzeugen der Durchbruch zum modernen Automobil gelang, erinnert man sich meist nur deshalb an sie, weil sie einen neuen Namen trugen: Mercedes.

Schnell war der Name „Mercedes" so bekannt, dass er 1902 als gesetzlich geschütztes Warenzeichen eingetragen wurde. Damit war die Bedeutung von Jellineks Tochter für die Autowelt aber auch schon beendet. 1889 geboren, wuchs Mercedes Adrienne Manuela Ramona Jellinek in Nizza als wohl behütete, reiche, aber stark kränkelnde Tochter auf. Zwei Ehen, beide mit deutschen Baronen, scheiterten. 1929 starb sie, ohne die großen Erfolge der Autos zu erleben, die ihren Namen tragen.

Seinen ersten Rennwagen konnte Jellinek am 22. Dezember 1900 übernehmen. Obwohl er aus heutiger Sicht ein einfaches Fahrzeug war, stellte dieser 35 PS starke Mercedes damals

Rechts: *Mit seinen 90 PS könnte dieser Mercedes, Baujahr 1904, auch heute noch große Rennen fahren. Sein 12-Liter-Motor beschleunigte den Rennwagen auf 154 km/h Spitzengeschwindigkeit.*

Links: *Das letzte „Mercedes-Simplex"-Modell war der 1904–1905 gebaute 18/22. Er wurde mit unterschiedlichsten Karosserien verkauft. Das abgebildete Exemplar war als Rennwagen konzipiert.*

Oben: *Mercedes Jellinek wurde weltberühmt, weil ihr Name als Warenzeichen (1902 gesetzlich geschützt) eines Automobils erschien.*

eine Sensation dar. Das Erscheinungsbild dieses ersten modernen Autos war entwicklungstechnisch richtungweisend für die übrige Automobilindustrie. Maybach hatte alle verfügbaren Techniken genutzt und einen Wagen konstruiert, der mit 1000 kg nur halb so schwer wie der Phoenix war. Das Chassis war ungefähr 25 % leichter als vorher und hatte statt Holz und eiserner Längsträger einen Pressstahl-Rahmen. Um die geforderten 35 PS erreichen zu können, wurde ein neuer Vierzylinder-Reihenmotor mit 5973 ccm Hubraum und Spritzdüsenvergaser gebaut. Sein horizontal geteiltes Kurbelgehäuse bestand erstmalig aus leichtem Aluminium. So wog der komplette Motor nur noch 327 kg. Der entscheidende Durchbruch gelang Maybach jedoch mit dem Bienenwabenkühler. Dafür ließ Maybach 8070 6 x 6 mm messende Luftdurchtrittsröhrchen zu einem rechteckigen Kühler zusammenlöten. Vor dem Motor im Fahrtwind montiert, erzielte der Bienenwabenkühler eine viel effektivere Kühlwirkung bei halbiertem Wasserbedarf (statt 18 l nur noch 9 l). Zur Verbesserung der Kühlleistung bei niedrigen Geschwindigkeiten diente ein kleiner, hinter dem Kühler angeordneter Ventilator. Damit beseitigte Maybach mit einem Schlag das Problem der unzureichenden Kühlung durch den bis dato üblichen Rohrschlangenkühler mit sehr hohem Wasserverbrauch. Der Weg zu Hochleistungsmotoren stand nun offen.

Der neue Mercedes räumte aber auch mit zahlreichen anderen Problemen auf. Ebenfalls eine Neukonstruktion war die sehr kleine, automatisch nachregelnde Federbandkupplung. Dabei handelte es sich um eine aus Federstahl gewickelte Schraubenfeder, die mittels einer kleinen

Unten: *1904 fuhr William K. Vanderbilt jr., einer der Begründer des amerikanischen Motorrennsports, mit einem 90-PS-Mercedes-Rennwagen in Daytona Beach mit 148,5 km/h Geschwindigkeitsrekord.*

Oben: *Ein Daimler-Bus von 1905. Diese frühen Doppeldecker fuhren 22 km/h Höchstgeschwindigkeit. Sie boten 39 Fahrgästen Platz. Die Fahrgäste auf dem offenen Oberdeck saßen sich gegenüber.*

Unten: *Hans Nibel (1880–1934), Chefkonstrukteur und Direktor der Daimler-Benz AG. Nibel war einer der talentiertesten und einflussreichsten Konstrukteure seiner Zeit.*

Unten rechts: *Der „Simplex" war der Ahn einer Generation von Mercedes-Renn- und -Sportwagen. Abgebildet ist ein 28/60 von 1907.*

Trommel auf die Getriebewelle aufgesteckt und innerhalb des Schwungrades befestigt war. Ein konischer Nocken regulierte die Federspannung beim Auskuppeln. Die Gänge (vier Vorwärts-, ein Rückwärtsgang) wurden nun mit einem einzigen, in einer Schaltkulisse geführten Hebel eingelegt. Auch die Lenkung wurde verbessert und durch ein Schnecken-Lenkgetriebe leichtgängiger. Maybach baute sie weit hinten und verhältnismäßig stark geneigt ein. Die Lenkachsen waren weit nach außen an die Radnaben verlegt, was Fahrbahnstöße auf die Lenkung bedeutend milderte. Um den schnellen Wagen sicher bremsen zu können, ließ er 30 cm große, über Handhebel und Gestänge betätigte Trommelbremsen an den Hinterrädern installieren. Als Fußbremse fungierte zusätzlich noch eine Kardanbremse.

Rennsiege in Frankreich

Die Reichen und Berühmten, die 1901 in Nizza die Rennstrecke säumten, erlebten mit dem Mercedes-Rennwagen das erste moderne Automobil, wie es für den Rest des 20. Jahrhunderts im Wesentlichen unverändert bleiben sollte: Stahlkarosserie mit vorn angeordnetem Motor und Kühler, mit Hinterradantrieb, zwei Sitzen für Fahrer und Beifahrer sowie dahinter in Fahrtrichtung angeordneten Sitzen für zwei Fahrgäste. Gleich nach dem Start demonstrierte der schneeweiße Mercedes seine Überlegenheit, während seine Konkurrenten – auch äußerlich – noch die Ära der Motorkutschen repräsentierten.

Natürlich hatten die ersten nach Südfrankreich gelieferten Wagen einige Kinderkrankheiten. Werksmechaniker konnten jedoch alle Mängel rechtzeitig vor den im März des folgenden Jahres stattfindenden Rennen beheben. Einer der ersten Käufer dieses erstaunlichen Wagens war – wie hätte es anders sein können – der junge Baron Rothschild. Sein Wagen ging mit Wilhelm Werner am Steuer am 25. März 1901 zum Rennen Nizza–Salon–Nizza an den Start und siegte zur Verblüffung aller mit der unglaublichen Durchschnittsgeschwindigkeit von 51 km/h. Zwei Tage danach unterstrich er seine großartige Leistung, als er nach stehendem

Links: *1908. Beim wichtigen Grand Prix von Frankreich belegte der Benz-Rennwagen den zweiten, dritten und fünften Platz. Geschlagen wurde er nur von einem Mercedes.*

Start mit 86,1 km/h über 1 Kilometer in Nizza die Promenade des Anglais förmlich entlangflog. Nichts hätte Maybachs Talent und Jellineks Vision besser demonstrieren können. „Mercedes“ übertraf die höchsten Erwartungen, und bald stand der Name als Synonym für das optimale Automobil. Rückblickend auf die Rennen des Jahres schrieb Paul Meyan, Generalsekretär des Automobilclubs von Frankreich: „Wir sind nun in die Ära Mercedes eingetreten.“

Wie bereits erwähnt, ließ DMG den Namen „Mercedes“ 1902 als Warenzeichen gesetzlich registrieren. Auch Emil Jellinek versuchte, die Erfolge „seiner“ Wagen zu nutzen, und nannte sich ab Juni 1903 offiziell „Jellinek-Mercedes“, wodurch seine Tochter den Namen „Mercedes Jellinek-Mercedes“ erhielt. Sein Kommentar dazu: „Wohl zum ersten Mal trägt der Vater den Namen seiner Tochter.“

Daimler hatte seine Verpflichtungen mehr als erfüllt, und Jellinek hatte zweifellos einen guten Gewinn gemacht. Bereits im Herbst 1901 begann Maybach mit der Weiterentwicklung des Mercedes für den normalen Straßenbetrieb. Das Ergebnis war der Simplex mit längerer und niedrigerer Karosserie, 40 PS und einer Höchstgeschwindigkeit von mehr als 97 km/h. 1902 war er die Sensation des Pariser Autosalons, und Journalisten aus aller Herren Länder priesen überschwänglich Maybachs Talent. Schon im folgenden Jahr verkaufte DMG 232 Simplex, 1904 – als sich sein Ruhm verbreitete – bereits 698 und 1905 bemerkenswerte 863 Wagen. Bis zur Einführung des Mercedes 39/75 PS umfasste das Mercedes-Angebot zwischen 1902 und 1907 sechs Simplex-Versionen. Seit 1907 fuhr auch Kaiser Wilhelm II. offiziell einen Reisewagen von DMG, und zwar einen Sechszylinder 39/75 PS.

Schon lange vor dem Triumph an der Riviera hatten Daimler und Maybach erkannt, dass ihr Cannstatter Werk hoffnungslos veraltet war. Eine Vergrößerung und Modernisierung war unausweichlich. Die Wahl fiel schließlich auf Untertürkheim, wo man einen Eisenbahnanschluss und Elektrizitätsversorgung garantier-

Unten: *1908 fusionierte Benz mit dem erfolgreichen Lastwagenbauer SAF (Süddeutsche Automobil GmbH), Gaggenau. Ergebnis der Fusion war dieser Benz-Gaggenau BL-10.*

Oben: Herz des Benz-Rennwagens war ein riesiger Vierzylinder-Reihenmotor mit 15 095 ccm Hubraum und 158 PS bei 1500 1/min. Die Ventile wurden über eine seitliche Nockenwelle und Zahnräder gesteuert. Als Vergaser diente ein Steigstromvergaser mit Kolbenschieber.

te. Am 15. August 1900 wurde ein 185 000 m² großes Baugebiet erworben. Leider durchkreuzte den sorgfältig geplanten Umzug ein verheerendes Ereignis: In der Nacht zum 10. Juni 1903 zerstörte ein Brand die hölzernen Cannstatter Hallen bis auf die Grundmauern. Vernichtet wurden auch 90 Automobile, darunter drei Rennwagen, die mit 90-PS-Motoren für das werbewirksame Gordon-Bennett-Rennen ausgestattet waren.

Nun musste die Untertürkheimer Produktion schneller als geplant anlaufen. Schon ab Dezember 1903 konnten die ersten Anlagen in Betrieb genommen werden. Dank der günstigen Auftragslage wurde die Krise schnell überwunden, und 1904 verließen fast 700 Wagen das Werk. Dank moderner Einrichtungen konnte in zwei Schichten gearbeitet und die Arbeitswoche verkürzt werden. Die Löhne stiegen, und eine bereits 1900 gegründete Arbeiterunterstützungskasse vermittelte zusätzliche Sicherheiten. In einer werkseigenen Limonadenfabrik wurden täglich bis zu 4000 Flaschen abgefüllt und damit unter anderem der Genuss alkoholischer Getränke während der Arbeitszeit verhindert. In einem Speisesaal konnte die Belegschaft mitgebrachte Mahlzeiten erwärmen und verzehren.

Daimler bedroht Benz

Im Laufe des Jahres 1903 baute Daimler noch stärkere Motoren und ging in Nizza mit 60 PS starken Mercedes-Rennwagen an den Start. Nur wenige Monate später folgte der Mercedes 90 mit 50 % Zusatzleistung. Den erfahrensten Automobilisten genügte aber auch diese „Kraft" nicht. Die Nachfrage nach immer schnelleren Wagen stieg. Schwärmte man früher von 97 km/h, so wurden nun schon 113 km/h erzielt. Und die Allermutigsten forderten sogar einen Wagen, der die magische Zahl von 100 Meilen/Stunde (161 km/h) erreichte. Diese Männer wurden von Mercedes nicht enttäuscht. Bei der DMG war 1903 eines der ereignisreichsten Jahre. Zwei Monate nach dem Brand des Cannstatter Werks verstarb Max von Duttenhofer, Aufsichtsratsvorsitzender und Gottfried Daimlers Widersacher. Nun bestimmten Wilhelm Lorenz, der Nachfolger im Aufsichtsrat, und Wilhelm Maybach den Kurs des Unternehmens – und dies, obwohl sie ständig miteinander im Streit lagen.

Die guten Erfolge der DMG mussten zwangsläufig auf Kosten von Benz & Cie. gehen. Carl Benz war überzeugt, dass seinen Motorkutschen die Zukunft gehörte. Deshalb reagierte er erst 1902 mit einem neuen Modell, das mit den DMG-Produkten zwar nicht konkurrieren konnte, aber doch anzeigte, dass man bei Benz & Cie. umzudenken begann. Der neue Wagen,

Rechts: Blitzen-Benz war eines der ersten, 1909 speziell für Rekordfahrten gebauten Fahrzeuge. Bei 21 504 ccm und 1600 1/min leistete der Motor 200 PS.

Links: *Von 1910 bis 1914 baute Mercedes eine Reihe von Modellen mit einem Vierzylinder-Motor (Hubraum 9530 ccm). Statt mit den üblichen Speichenrädern ist das abgebildete 90-PS-Modell von 1911 mit Scheibenrädern ausgestattet. Die Höchstgeschwindigkeit lag ungefähr bei 115 km/h.*

Unten: *Vor dem Großen Preis von Frankreich 1908 trainierte das Mercedes-Team mit diesem Grand-Prix-Wagen, der im Vorjahr den zehnten Platz belegt hatte. Mit 14 432 ccm Hubraum leistete sein Motor bei 1000 1/min 120 PS.*

Benz Spider (engl.: Spinne) genannt, war wahlweise als Zwei- oder Viersitzer verfügbar. Sein 15-PS-Motor (Hubraum 2945 ccm) verlieh ihm die beachtliche Geschwindigkeit von 60 km/h.

Der erste Mercedes bedeutete eine deutliche Warnung: Wollte Carl Benz mit seinem Unternehmen nicht vom Markt verdrängt werden, musste er die Modellpalette modernisieren. Auch wenn Deutsche die entscheidenden Jahre des Automobils geprägt hatten, war absehbar, dass die progressiven französischen Unternehmen die Lücke sehr schnell schließen würden. Benz engagierte Marius Barbarou sowie fünf weitere Ingenieure des Pariser Unternehmens Clément-Bayard. In enger Zusammenarbeit mit den Konstrukteuren Fritz Erle und Georg Diehl von Benz sollten die Franzosen dem kränkelnden Unternehmen neue Impulse geben. Sie arbeiteten schnell und brachten schon 1902 den Parsifal auf den Markt. Leider erzielte der Wagen nicht die erwarteten Verkaufszahlen. Bereits 1903 kehrte Barbarou nach Frankreich zurück, Benz trat verbittert zurück, und auch Julius Ganß schied aus.

Zwei neue Männer traten an die Spitze: Fritz Hammesfahr und Josef Brecht. Erneut durchforsteten Fritz Erle und Georg Diehl das Modell-Programm, überarbeiteten die Motoren und verbesserten Parsifal. Schnell zeigten sich erste Erfolge, und 1904/05 wurden erstmals wieder kleinere Gewinne ausgewiesen. Für den Rest des Jahrzehnts fand Benz & Cie. – endlich befreit vom bremsenden Einfluss des Carl Benz – Anschluss an den direkten Konkurrenten.

Auch der Lastwagenmarkt erlebte in diesen Jahren einen starken Aufschwung. Da alle eigenen Kapazitäten ausgeschöpft waren, kooperierte Benz & Cie. anfangs mit dem Lastwagenhersteller „Süddeutsche Automobil GmbH", Gaggenau. 1907 fusionierten beide Firmen. 1908 wurde die Autoproduktion in neue Gebäude in einem Mannheimer Vorort verlegt. Im folgenden Jahr war die Fertigungskapazität des Werks sogar für ein halbes Jahr ausgelastet. 1910 wurden 1340 Personen- und (in Gaggenau) 381 Lastwagen gebaut, die Belegschaft stieg auf 3340 Personen. Seit 1908 war Hans Nibel Chefkonstrukteur bei Benz. Er gilt als der

Oben: *Karl Maybach war ein überdurchschnittlich begabter Techniker. Er folgte seinem Vater Wilhelm ins Luftmotorengeschäft und konstruierte ab 1921 eigene „Maybach"-Automobile.*

Unten: *1912. Blick in die Endmontagehalle der DMG in Untertürkheim. Dieses Werk war geräumiger und bot bessere Arbeitsbedingungen als die alten Holzbauten in Cannstatt.*

Vater eines speziell für Rekordfahrten entworfenen Hochleistungsfahrzeugs. Eine erste Anregung hatte er 1908 beim Großen Preis von Frankreich erhalten, wo Benz-Wagen auf den zweiten, dritten und fünften Platz kamen – geschlagen nur von einem neuen Mercedes. Nibel beschloss, auf der Basis eines 150-PS-Mercedes Grand-Prix einen Rekordwagen für Geschwindigkeiten von mehr als 200 km/h entwickeln zu lassen. Schöpfer dieses legendären Wagens war Victor Héméry, den Benz & Cie. 1907 als Rennfahrer verpflichtet hatte. Der staunenden Öffentlichkeit wurde der Wagen im August 1909 als Blitzen-Benz vorgestellt.

Der „Blitz" machte seinem Namen und seinem Aussehen alle Ehre. Seine Konstruktion war ausschließlich darauf ausgerichtet, so schnell zu fahren wie aerodynamisch möglich. Jede seiner Linien war auf Höchstgeschwindigkeit getrimmt – von der glatten, speziell geformten Vorderradaufhängung bis zum spitz zulaufenden Heck. Als eine der radikalsten Neuerungen galt die Verwendung von aerodynamisch günstig gestalteten Scheibenrädern, womit der „Blitz" seiner Zeit um Jahre voraus war. Gestört wurde die aerodynamische Gestalt des Wagens nur durch Fahrer und Mechaniker, die beide aufrecht im Luftstrom saßen. Das Herz des „Blitz" schlug unter der lang gestreckten Haube: ein riesiger Motor mit einem Hubraum von 21,5 l. Dieses 407 kg schwere Kraftpaket leistete 200 PS. Zur Verkürzung der Brenndauer war jeder Zylinder mit zwei Bosch-Zündkerzen ausgestattet. Um das Gesamtgewicht dieses beeindruckenden Wagens zu reduzieren, wurde das Chassis über seine gesamte Länge perforiert. Ein Prinzip, das Design-Guru Colin Chapman rund 50 Jahre später als „zusätzliche Leichtigkeit" beschreiben sollte. Und es funktionierte. Das Chassis behielt seine Stabilität, und der gewaltige Motor zog das Fahrzeug zu neuen Geschwindigkeitsrekorden.

Als Rekordwagen war der Blitzen-Benz für die engen europäischen Rennstrecken ungeeignet. Er brauchte große, breite Bahnen, wie es sie nur in den USA gab. Im Januar 1910 nach Amerika verschifft, erwarb Ernie Moross den Rekordwagen und taufte ihn Lightning Benz. Barney Oldfield, einer der erfolgreichsten amerikanischen Rennfahrer, fand im breiten, glatten Sandstrand von Daytona Beach (Florida) den idealen Untergrund für Rekordfahrten. Ohne große Vorbereitungen erreichte er im März 1910 auf einer fliegend durchfahrenen Strecke von 1 km mit 211,09 km/h Geschwindigkeitsweltrekord. Extrovertiert und keineswegs bescheiden, ließ Oldfield die Welt wissen, sein Rekord könnte – wenn überhaupt – nur noch um Bruchteile verbessert werden. Er sollte sich irren, denn schon ein Jahr später stellte der für das Benz-Team startende Bob Burham in Daytona Beach mehrere Weltbestleistungen auf: 1 km bei fliegendem Start mit 226,7 km/h, 1 Meile bei fliegendem Start mit 228,1 km/h, 2 Meilen mit 225,9 km/h. Mit diesen Leistungen hatte sich der Blitzen-Benz endgültig seinen Platz in der Automobilgeschichte gesichert.

In der Zwischenzeit war Benz & Cie. gewachsen und hatte nicht nur in Europa Vertretungen eingerichtet, sondern mit der „Benz Auto Import Company of America" auch in den USA Fuß gefasst. Nun musste sich der Gigant Daimler Sorgen machen. Benz war ein echter Konkurrent geworden, und zwar nicht nur beim alltäglichen Verkauf „normaler" Wagen, sondern auch auf den Rennstrecken. Jetzt standen neben den erfolgverwöhnten Mercedes auch Benz-Rennwagen am Start und machten ihnen das Siegen schwer.

DMG focht aber nicht nur Kämpfe mit Benz aus. Auch die interne Firmenpolitik forderte ihren Tribut. Paul Daimler, seit 1902 Technischer Leiter der 1899 gegründeten „Oesterreichischen Daimler Motoren Commanditgesellschaft Bierenz, Fischer & Co." (später Austro-Daimler), kehrte 1905 zur DMG zurück und übernahm den Entwicklungsbereich. Meinungsverschiedenheiten zwischen ihm und Wilhelm Maybach waren unvermeidlich und steigerten sich in Verbindung mit dem Grand-Prix-Wagen von 1906 zu unversöhnlicher Heftigkeit. Maybach musste die Position des Chefkonstrukteurs an Paul Daimler abtreten und seine Aktivitäten auf ein „Erfinderbüro" beschränken. Adolf Daimler übernahm die Produktionsleitung der DMG. (Die durch Paul Daimlers Ausscheiden bei Austro-Daimler frei gewordene Position des Chefkonstrukteurs übernahm ein viel versprechender junger Mann: Ferdinand Porsche.)

Im März 1907 verließ Wilhelm Maybach verbittert das Unternehmen, das er mitbegründet und durch seine Konstruktionen zu Weltruhm geführt hatte. Er kappte zwar seine Verbindungen zu Daimler, wollte aber nicht die Hände in den Schoß legen. Nachdem im August 1908 das Luftschiff LZ4 in einem Gewitter zerstört worden war, nahm Maybach Kontakt zu Graf Zeppelin auf. Er war mit dem Grafen seit Jahren bekannt und wusste, dass dieser mit den Daimler-Motoren unzufrieden war. Maybach erbot sich, mit seinem Sohn Karl einen leistungsstärkeren Luftschiffmotor zu bauen. Als Folge dieser Gespräche wurde 1909 als erste Tochter der Luftschiffbau Zeppelin GmbH in Bissingen bei Stuttgart die „Luftfahrzeug-Motorenbau-GmbH" gegründet. Technischer Geschäftsführer war Karl Maybach. 1912 übersiedelte die in „Motorenbau GmbH" umbenannte Firma nach Friedrichshafen. Die beiden Maybachs waren zu je 20% an dem Unternehmen beteiligt, die Leitung lag jedoch völlig in Karls Händen. Karl Maybachs Motoren waren für ihre Zuverlässigkeit berühmt. Von den insgesamt 119 gebauten Zeppelinen flogen nur vier mit Daimler-, alle anderen mit Maybach-Motoren.

Aber nicht nur Maybach fiel bei DMG in Ungnade. Inzwischen war Emil Jellinek-Mercedes etwas zu selbstgefällig geworden. Als er dann auch noch öffentlich erklärte, die modernen Mercedes beruhten auf seinem technischen Sachverstand, verlor man bei DMG die Geduld. Im selben Jahr, als Maybach ausschied, wurde auch Jellinek-Mercedes aufgefordert, das Unternehmen zu verlassen. Seine Tätigkeit als österreichisch-ungarischer Generalkonsul wurde ihm bei Ausbruch des Ersten Weltkriegs zum Verhängnis. Von Frankreich der Spionage verdächtigt, blieb ihm nur das Exil in der Schweiz. Seine Villa, Yachten, Automobile und sein

Unten: *22. Dezember 1913. Auf der legendären Brooklandsbahn startete Colonel L. G. „Cupid" Hornsted mit einem Benz 200, einer modifizierten Version des Blitzen-Benz, zu einer Kurzstrecken-Rekordfahrt. Bei stehendem Start durcheilte er die halbe Meile mit 113,8 km/h und einen Kilometer mit 118,4 km/h in neuem Rekordtempo.*

Rechts: *Der von Colonel Hornsted 1913 und 1914 in Brooklands gefahrene Benz200.*

Unten: *1913. Mercedes auf der Mulsanne-Geraden von Le Mans. Jede Runde war 54,2km lang.*

Mercedes 37/90 PS

Fertigung:	1910–1914
Motor:	4-Zylinder-Reihenmotor, Einzelzylinder mit aufgeschweißten Kühlwassermänteln
Bohrung x Hub:	130mm x 180mm
Hubraum:	9530ccm
Leistung:	90–95PS bei 1300 1/min
Gemischaufbereitung:	Kolbenvergaser
Getriebe:	Vierganggetriebe
Kupplung:	Federbandkupplung, ab 1912 Leder-Doppelkonuskupplung
Chassis:	Pressstahl-Rahmen, U-Profil
Bremsen:	mechanisch (wassergekühlt), wirken auf Antriebswelle
Handbremse:	mechanisch, wirkt auf Hinterräder
Höchstgeschwindigkeit:	115km/h

gesamtes Vermögen musste er in Monaco zurücklassen. Am 21. Januar 1918 starb der Mann, dem die Welt den Mercedes verdankt, in der Schweiz.

Als das erste Jahrzehnt des 20. Jahrhunderts zu Ende ging, exportierten Daimler und Benz Automobile in beträchtlicher Zahl in die USA. Und dies trotz der Tatsache, dass auch Henry Ford und Ransom E. Olds serienmäßig Autos produzierten. Zudem waren die deutschen Wagen wesentlich teurer. So kostete 1901 ein Ford Modell T nur 900$, während bei einem 18-PS-Benz allein für das Fahrgestell 3250$ und für ein 60-PS-Modell 8500$ zu zahlen waren. Die Karosserie kostete extra! Bei den vier Benz-Wagen hatte der Kunde die Wahl zwischen 16 Karosserieausführungen. Benz-Automobile galten damals in den USA als die schönsten der Welt, sie rangierten weit vor Cadillac, Rolls-Royce und Mercedes. Man war sich bei Benz & Cie. allerdings klar, dass das ganz große Geschäft nicht mit den großen, teuren Fahrzeugen zu machen war. In der Produktpalette fehlte ein vielfältigeres Angebot kleiner Mittelklassewagen. Auf der Suche nach einer möglichst optimalen Lösung veranstaltete die Geschäftsleitung einen internen Wettbewerb. Sieger mit einer Prämie von 3000Goldmark wurde der Ingenieur Karl Ketterer, dessen 8/18-PS-Modell sogleich mit 1000 Exemplaren in Serie ging und in Form des 8/20PS bis 1921 gebaut wurde.

Mit den wachsenden Produktionszahlen stiegen auch die Gewinne: von 4,4Mio.Goldmark 1911 auf 22Mio.Goldmark 1913. Inzwischen verließen jährlich über 3600 Wagen die Werkhallen, und im März 1914 hatte sich der Aktienwert mehr als verdoppelt. Aber dann kam der Krieg, und Benz & Cie. musste sich stärker militärischen Produkten zuwenden.

Seit 1910 offerierte Daimler eine verwirrend große Zahl unterschiedlichster Modelle. 1913 wurden zwölf Chassis angeboten, davon acht mit Kardan- und vier mit Kettenantrieb. Drei Modelle wurden mit Schiebermotor angeboten, dessen Lizenz Daimler von dem Amerikaner Charles Y. Knight erworben hatte. Die Motoren der Mercedes-Knight waren für ihre außergewöhnliche Laufruhe bekannt, ihr Leistungsgewicht war deutlich besser. Ihr Nachteil: Die Kühlung und die Schmierung des Schiebers waren kaum zu bewältigen. Daimler nutzte diesen Komfort-Gewinn und brachte 1909 einen 45PS starken Knight-Vierzylinder auf den Markt.

Daimler war finanziell „gesund“. Seine Wagen gingen bei einigen Rennen als Sieger durchs Ziel. Den bemerkenswertesten Erfolg errang Daimler 1914 beim Großen Preis von Frankreich in Lyon. Nach damaligen Berichten war dieses Rennen das bis dahin spannendste überhaupt. Obwohl fünf Mercedes 18/100 Grand Prix an den Start gingen, räumte ihnen die Fachwelt kaum eine Chance zum Sieg gegen die schnittigen Sunbeam und Peugeot ein. Diese Wagen nutzten modernste Motoren, deren Zylinder je vier Ventile besaßen, die von seitlichen Nockenwellen betätigt wurden. Außerdem hatten sie Bremsen an jedem Rad und nicht nur an den Hinterrädern. Auch Mercedes nutzte die Vier-Ventil-Technologie pro Zylinder und baute neue Motoren, die bei 4483 ccm Hubraum und 3100 1/min 115 PS leisteten. Von der Flugmotortechnologie hatten sie die oben liegende Nockenwelle übernommen, wobei jedes Paar Ein- und Auslassventile durch eigene Kipphebel gesteuert wurde. Die vier Gänge wurden über eine interne Kulissenschaltung betätigt, der Antrieb wirkte erstmalig über eine Kardanwelle auf die Hinterachse. Damit war der leichtere, aber weniger effiziente Kettenantrieb abgelöst.

Es war für alle Franzosen ein echter Schock, als beim Großen Preis in Lyon 1914 die Mercedes die ersten drei Plätze belegten. Der Siegerwagen mit Christian Lautenschlager überquerte die Ziellinie nach 7:08 Stunden mit einer Durchschnittsgeschwindigkeit von mehr als 97 km/h. Anschließend wurde der Siegerwagen zu Werbezwecken nach Großbritannien verschifft, wo er seinen Siegeszug gewiss fortgesetzt hätte, wenn der Krieg nicht ausgebrochen wäre. Beschlagnahmt und unter den Schutz der Britischen Admiralität gestellt, gelangte er schließlich in das Rolls-Royce-Werk in Derby. Dort wurde der Motor unter Aufsicht von W. O. Bentley zerlegt und studiert. Später bestätigte Bentley: „Es ist heute allgemein bekannt, dass alle Rolls-Royce-Flugmotoren mehr oder weniger direkt auf diesem Aggregat basierten.“ (Der drittplatzierte Mercedes wurde in die USA verschifft, wo er 1915 in Indianapolis siegte.)

Als sich das Jahr 1913 zu Ende neigte, machten sowohl Daimler als auch Benz gute Gewinne. Ihre Belegschaften genossen bis dato unbekannte Vorteile. Wohlstand und Fortschritt hätten vermutlich angedauert, wenn Europa nicht im Ersten Weltkrieg versunken wäre.

Unten: *Christian Lautenschlager und Beifahrer Hans Reiger im 115-PS-Mercedes Grand Prix, mit dem sie am 4. Juli 1914 auf dem 752 km langen Circuit de Lyon beim Großen Preis von Frankreich siegten.*

IIIA-6943

Schwere Zeiten und Fusion
1914–1926

Mercedes Grand Prix

Fertigung:	1914
Motor:	4-Zylinder-Reihenmotor
Bohrung x Hub:	93 mm x 165 mm
Hubraum:	4483 ccm
Leistung:	105 PS bei 3100 1/min
Gemisch-aufbereitung:	1 Kolbenschieber-Vergaser
Getriebe:	Vierganggetriebe
Kupplung:	Doppel-Konuskupplung
Chassis:	Pressstahl-Rahmen
Bremsen:	mechanische Bandbremse
Handbremse:	mechanisch, auf Bremstrommeln an der Hinterachse wirkend
Höchstge-schwindigkeit:	ca. 180 km/h

Vorige Seite: *Der Mercedes 24/100/140 wurde von 1924 bis 1929 gebaut. Nachdem Daimler und Benz 1926 fusioniert hatten, erhielt der Wagen die neue Bezeichnung Typ 630.*

Unten: *Von 1914 bis 1918 baute das Benz-Werk in Gaggenau mehr als 6000 Lastwagen. Abgebildet ist der Typ 5 K.*

Beim Großen Preis von Frankreich hatte Daimler 1914 nie da gewesene Erfolge erzielt. Es war das letzte große Autorennen im „alten" Europa, denn nur wenige Wochen später brach der Erste Weltkrieg aus. Als er im Herbst 1918 endete, hatte sich die Welt und vor allem Deutschland völlig verändert. Obwohl Daimler und Benz ihre Produktpalette völlig umgestellt hatten, brachten ihnen die Kriegsjahre Expansion und Produktionssteigerung. Das Pferd – noch 1914 aus dem Militär nicht wegzudenken – wurde im Lauf des Krieges immer stärker von motorisierten Fahrzeugen verdrängt.

Zum ersten Großeinsatz motorisierter „Truppentransporter" kam es im September 1914, als der französische General Galliéni kurzerhand rund 700 Pariser Motortaxis beschlagnahmen ließ, um seine 3000 Soldaten schnell an die gefährdete Marnefront zu verlegen. Paul Daimler war viele Jahre zuvor mit seinem Angebot, Lastwagen und andere motorisierte Fahrzeuge für den militärischen Einsatz zu konstruieren, in Deutschland noch auf taube Ohren gestoßen. Doch nun drängte unter den Anforderungen des modernen Krieges auch hier das Automobil an die Front. Viele der in Deutschland zugelassenen privaten 64 000 Automobile wurden beschlagnahmt und gingen im Verlauf des Konfliktes verloren. Natürlich waren Benz & Cie. und DMG auch in den Kriegsjahren bemüht, ihre Automobile weiter zu verbessern. Allein DMG baute von 1914 bis 1918 3643 Personenwagen (allerdings nur 108 im letzten Kriegsjahr) sowie 3679 Lastwagen und Busse. Ähnlich sah es bei Benz aus, wo zusätzlich noch rund 6000 Busse die Werkhallen verließen. Bei beiden Unternehmen waren die Auftragsbücher gut gefüllt, und die Belegschaft stieg dramatisch (beispielsweise bei DMG in Untertürkheim zwischen 1914 und 1918 von 4717 auf 16 000 Mitarbeiter). Da die Luftwaffe immer leistungsfähigere Flugzeuge brauchte, entschloss sich DMG 1915 dazu, komplette Flugzeuge zu bauen, weshalb zusätzliche Fertigungsanlagen in Sindelfingen und Berlin notwendig wurden. Aber alle Anstrengungen waren umsonst …

Nach Einstellung der Feindseligkeiten 1918 und Unterzeichnung des Versailler Vertrages 1919 lag die deutsche Wirtschaft am Boden. Die Inflation brachte den Mittelstand um seine Ersparnisse.

Rechts: *Mercedes Grand-Prix. Mit diesem 105 PS starken Wagen belegte Louis Wagner beim Großen Preis von Frankreich 1914 hinter seinem Mannschaftskollegen Christian Lautenschlager den zweiten Platz: 96 Sekunden Rückstand nach 752 km.*

Das Auto-Neuwagengeschäft brach praktisch zusammen, und wer sein Auto über die Kriegswirren gerettet hatte, konnte sich kaum noch das knappe, überteuerte Benzin leisten.

Weder DMG noch Benz entkamen den Bestimmungen des Versailler Vertrages, mit dem Deutschland alles verboten wurde, was auch nur annähernd von militärischem Nutzen sein könnte. Da die Flugzeugindustrie praktisch über Nacht demontiert werden musste, brach der Markt für Flugmotoren völlig zusammen. Aber auch sonst sah es bei DMG schlecht aus: Zu viele Arbeiter produzierten Automobile, die sich kaum noch jemand leisten konnte. Neue Märkte mussten erschlossen werden: Man baute Schreibmaschinen und Fahrräder, im Werk Sindelfingen sogar Möbel! Die Automobilproduktion kam dennoch nicht zum Stillstand. Denn erstaunlicherweise gab es immer noch „Unternehmer", die selbst in diesen unruhigen Zeiten viel Geld verdienten. Ganz anders war die Situation beim gutbürgerlichen Mittelstand, der beim Kauf eines Automobils mehrere Jahreseinkommen hinblättern musste. Benz und DMG konnten nur noch wenige ihrer großen, kostspieligen Modelle absetzen. Gleichwohl warben sie für ihre Spitzenprodukte mit Abbildungen aus einer heilen, sorglos-reichen Welt. Bei den Limousinen sah ihre Werbung realistischer aus. Hier scheute man sich nicht, eine vielköpfige Familie in einem voll gepackten, kleinen Fahrzeug darzustellen.

Im Verlauf des Jahres 1919 verkaufte kein Unternehmen mehr als 1000 Automobile. Inzwi-

Oben: *Der 4,5-Liter-Siegerwagen im Großen Preis von Frankreich, der 1914 stattfand. Damals fuhr man mit dem Rennwagen nach Frankreich und wieder zurück ins Werk.*

Unten: *Ein 7,3-Liter-Sechszylinder-Mercedes 28/95 von 1914. 1915 eingestellt, wurde seine Produktion zwischen 1920 und 1924 wieder aufgenommen.*

Oben: *26. Februar 1914, Santa Monica bei Los Angeles, USA. Im Rennen um den Vanderbilt Cup siegte Ralph de Palma am Steuer eines Mercedes-Rennwagens 37/95 PS.*

Unten: *Von 1918 bis 1921 gebaut, war das 1,6-Liter-Modell 6/18 PS zwar das kleinste Modell im Benz-Angebot, als „Sport-Zweisitzer" jedoch einer der begehrten Traumwagen seiner Zeit.*

schen warben mit Opel, Adler, Auto Union und Wanderer ernst zu nehmende Konkurrenten um die Kundschaft und kämpften mit allen Mitteln um ihren Anteil an dem krisengeschüttelten Markt. Tatsächlich konkurrierten zur damaligen Zeit 86 Autobauer miteinander. Aber nicht nur der deutsche Markt war eingebrochen, auch die Exporte nach Frankreich, Großbritannien und in die USA versiegten als Folge des Krieges völlig. Da niemand mit einem „feindlichen" Produkt in Verbindung gebracht werden wollte, schränkten alle Kriegsgegner den Handel mit deutschen Gütern drastisch ein. Angesichts dieser harten Realität kam es im Jahr 1919 zu ersten Verhandlungen zwischen DMG und Benz. Statt sich zu bekämpfen, suchte man nach Mitteln und Wegen, die Wirtschaftskrise gemeinsam zu meistern. Aber noch war die Zeit nicht reif für eine Fusion. Die Gespräche scheiterten schon bald, weil beide Seiten den Ernst der Lage nicht erkannten und versuchten, sich gegenseitig zu übervorteilen. Als jedoch kein Ende der wirtschaftlichen Depression abzusehen war, wurde allen Beteiligten bewusst, dass sie nur dann überleben konnten, wenn sie sich möglichst bald zusammenschlossen.

Anfang der 1920er-Jahre kostete ein fabrikneuer Benz inflationsbedingt die utopische Summe von 25 Mio. Goldmark. Aber noch war das Ende der Preisspirale nicht erreicht. Beispielsweise musste man für einen einfachen Opel 1921 115 000 Goldmark, zwei Jahre später 156 Mio. Goldmark zahlen! Die deutsche Währung war nicht mehr das Papier wert, auf dem sie gedruckt wurde. So kostete eine einfache Straßenbahnfahrt 10 Mio. Goldmark. Zur Stabilisierung der Währung schuf die deutsche Regierung im Oktober 1923 als Zwischenwährung die Rentenmark, wobei eine Rentenmark einer Billion Papiermark entsprach. 1924 wurde die Rentenmark durch die Reichsmark ersetzt. Obwohl sich das deutsche Geldwesen langsam zu erholen begann, hatte die deutsche Industrie immer noch große Probleme, die Talsohle war noch längst nicht durchschritten.

Links: *Mit diesem umgebauten Mercedes 28/95 belegte Max Sailer 1921 bei der Targa Florio auf Sizilien hinter Graf Giulio Masetti (Fiat) den zweiten Platz. Dies war damals der schnellste Serienwagen.*

Unten: *1914. Christian Lautenschlager, Sieger beim Großen Preis von Frankreich, auf dem Circuit de Lyon. Sein 4,5-Liter-Wagen erreichte eine Höchstgeschwindigkeit von 185 km/h.*

Aufschwung und Kompressor

Für Daimler und Benz war dies die Zeit, Bilanz zu ziehen und – mit Blick auf den erhofften Aufschwung – die Weichen für die Zukunft zu stellen. DMG konzentrierte sich auf Hochleistungsfahrzeuge, während sich Benz der Entwicklung des Dieselmotors widmete. Auf der Berliner Automobilausstellung von 1921 präsentierten beide Unternehmen ihre neuen Fahrzeuge. Mercedes zeigte seine ersten Kompressorwagen 10/40/65 PS und 6/25/40 PS mit Vierzylinder-Reihenmotor und oben liegender Nockenwelle. Die Kompressorwagen waren ihrer Zeit voraus und erregten weltweites Interesse. Diesem Erfolg standen die fast schon traditionellen internen Querelen im Hause DMG entgegen. Als der Vorstand Paul Daimlers Achtzylindermotor ablehnte, wechselte dieser nach hitzigen Debatten 1922 zu Horch nach Zwickau. Glücklicherweise gab es für die nun offene Stelle des Chefkonstrukteurs im Daimler-Konzern bereits den idealen Nachfolger: den bei Austro-Daimler beschäftigten Ferdinand Porsche. Offiziell trat Porsche zum 30. April 1923 die Nachfolge von Paul Daimler bei der DMG an.

Die DMG baute ohne Zweifel damals die modernsten Rennwagen. Trotzdem blieb den Autos der Exportmarkt verschlossen, auch die Teilnahme an allen internationalen Rennen in Belgien und Frankreich war bis 1924 verboten. Dies änderte sich jedoch für die deutsche Marke allmählich im Jahr 1921, als „private" Mercedes gelegentlich bei Bergrennen an den Start gingen. Einen ersten internationalen Einsatz fuhr Max Sailer am 29. Mai 1921 bei der Targa Florio. Seine mit DMG-Unterstützung gebaute 28/95-Rennversion basierte auf der Mercedes-Limousine 28/95 PS. (Inzwischen nannte DMG bei der Modellbezeichnung zuerst die PS-Zahl und dann die Höchstgeschwindigkeit.) Sailer musste gegen die offiziellen Werkteams von Alfa Romeo mit vier und Fiat mit zwei Wagen antreten. Trotz dieser überwältigenden Konkurrenz ging er knapp hinter Graf Masetti (Fiat) als Zweiter durchs Ziel. Sailers 28/95 war der Sieger seiner Klasse und wurde mit der Coppa Florio für den schnellsten Serienwagen ausgezeichnet.

Ein Jahr später (1922) kehrte Mercedes zur Targa Florio zurück. Diesmal ging Max Sailer mit einem neuen 7,3-Liter-Sechszylinder-Reihenmotor mit Kompressor an den Start und errang erneut die Coppa Florio für den schnellsten Serienwagen. In der Gesamtwertung belegte er den sechsten

Benz 16/50 PS

Fertigung:	1921–1926
Motor:	6-Zylinder-Reihenmotor
Bohrung x Hub:	80 mm x 138 mm
Hubraum:	4160 ccm
Leistung:	50 PS bei 2000 1/min
Gemisch-aufbereitung:	2 Zenith-Flachstromvergaser, Typ D 30
Getriebe:	Vierganggetriebe
Kupplung:	Lederkonuskupplung
Chassis:	Pressstahl-Rahmen, U-Profil
Bremsen:	mechanisch auf die Kardanwelle wirkend, ab 1925 auf Kardanwelle und Vorderräder wirkend
Handbremse:	mechanisch, auf die Hinterräder wirkend
Höchstge-schwindigkeit:	90 km/h

***Rechts:** Die sportlichen, eleganten Modelle 6/25/38 (Foto) und 10/40/65 von 1921 waren die ersten Mercedes-Serienwagen mit Roots-Kompressoren. Sie waren modern und ihrer Zeit weit voraus.*

***Oben:** Targa Florio, 1921. Mit Max Sailer am Steuer raste der Mercedes-Rennwagen 28/95 über Straßen, die sich seit Urzeiten kaum verändert hatten.*

***Unten:** Dieses Werbeplakat erschien 1926 anlässlich der Fusion von Daimler und Benz.*

Platz. Sieger war erneut Graf Masetti, nun jedoch am Steuer des Mercedes 18/100, der schon beim Großen Preis von Frankreich 1914 Zweiter geworden war. Es war jedoch der heulende Klang des Kompressors von Sailers Wagen, der die Zuschauer begeisterte.

Paul Daimler war überzeugt, Kompressoren auch bei Rennwagenmotoren für die Leistungssteigerung nutzen zu können. Das Prinzip des Kompressors ist älter als das Automobil. Als die amerikanischen Brüder Roots 1860 das nach ihnen benannte Gebläse zum Patent anmeldeten, hatten sie eigentlich nur eines im Sinn: die Wasserturbine ihrer Spinnerei leistungsfähiger zu machen. Paul Daimler begann seine Versuche mit Kompressoren kurz nach Kriegsende leider mit dem als empfindlich geltenden Motor eines Mercedes-Knight 16/50 PS. Erfolgreicher war er dann mit der Kompressor-Aufladung des 7,3-Liter-Reihenmotors, mit dem Graf Masetti 1922 die Targa Florio gewann. Noch ein weiterer „aufgeladener" Mercedes war ins Rennen gegangen, allerdings in der viel schwächeren 1,5-Liter-Klasse. Bei diesem Vierzylinder mit Kompressor steuerten zwei von einer Königswelle angetriebene oben liegende Nockenwellen vier Ventile pro Zylinder. Paul Daimlers Vertrauen in diesen schwächeren Motor wurde mit einem Sieg in der 1,5-Liter-Klasse belohnt. Im Prinzip funktioniert ein Kompressor wie eine Zahnradpumpe. Anstelle der ineinander greifenden Zahnräder fördern jedoch zwei gegenläufige Walzen mit achtförmigen Querschnitten die Gase. Diese Walzen arbeiten in einem Gehäuse, dessen Innenraum aus zwei Halbkreisen besteht. Die Verdichtung der Gase geschieht durch den Förderdruck. Angetrieben von der Kurbelwelle, dreht sich der Kompressor mit vielfacher Motorumdrehungszahl. Mercedes hatte sich für den einfacher zu wartenden Druckkompressor entschieden. Dabei presst das Gebläse die bereits vorverdichtete Luft in den Vergaser, wo sie mit Treibstoff angereichert wird. Diese Vorkompression erhöht den Füllungsgrad der Zylinder, was gleichbedeutend mit zusätzlicher Leistung ist. Sobald der Kompressor zugeschaltet wurde, heulte der Motor laut auf. Da sich die Mercedes-Konkurrenz für die Saugkompression entschieden hatte, konnte man die Mercedes-Rennwagen schon auf größere Entfernung akustisch erkennen. Dieses laute, etwas Furcht erregende Geräusch verlieh den Mercedes-Rennwagen in den 1920er- und 1930er-Jahren eine Aura von Unbesiegbarkeit.

Während sich bei DMG fast alles um das Renngeschehen drehte, erschien bei Benz in Mannheim etwas ganz Besonderes. Während Daimler seine Rennwagen mit riesigen Motoren gegen den Luftwiderstand ankämpfen ließ, diktierte bei Benz die aerodynamisch günstigste Form die Konstruktion. So rollte am 9. September 1923 in Monza beim Großen Preis von Europa ein außergewöhnlicher Rennwagen an den Start: der Benz-Tropfenwagen mit Heckmotor. Verantwortlich dafür war der geniale Ingenieur Dr. Hans Nibel. Im Alter von 24 Jahren zum Chefkonstrukteur ernannt, galt er auch als „Vater" des Blitzen-Benz. Mit seinem zentral hinter dem Fahrer eingebauten Heckmotor war der Tropfenwagen seiner Zeit weit voraus. Sein Herzstück war ein 2-Liter-Sechszylinder-Motor mit vier Ventilen pro Zylinder und zwei oben liegenden, von Stirnrädern angetriebenen Nockenwellen sowie zwei Zenith-Vergasern. Bei 4500 l/min leistete der Motor 80 PS, bei 5000 l/min kurzfristig 90 PS. Spektakulär war der oben auf dem Motor montierte Kühler. An der hinteren Pendel-Schwingachse befanden sich zwei Trommelbremsen. Da die Konkurrenten in Monza mit Kompressormotoren an den Start gingen, hatten die Tropfenwagen kaum reelle Chancen. Doch trotz PS-Unterlegenheit kam ein Tropfenwagen als Vierter ins Ziel. Es sollte sein einziger großer Erfolg bleiben, denn am 1. Mai 1924 schlossen DMG und Benz & Cie. als ersten Schritt zur geplanten Fusion ein „Abkommen über gemeinsame Interessen". Da die Kompressorwagen ihre Überlegenheit bewiesen hatten, wurden alle Rennaktivitäten bei DMG kon-

Oben: *Der Benz-Tropfenwagen von 1923. Sein 2-Liter-Sechszylinder-Motor leistete 80 PS. Oben liegende Nockenwellen steuerten 24 Ventile.*

Unten: *Der revolutionäre Benz-Tropfenwagen ging 1923 beim Großen Preis von Europa in Monza an den Start und wurde Vierter.*

Oben: *Bei der Targa Florio von 1922 ging derselbe Mercedes an den Start, der beim Großen Preis von Frankreich 1914 den zweiten Platz belegt hatte. Auf Sizilien wurde er von dem Targa-Experten Graf Giulio Masetti zum Sieg gesteuert.*

zentriert und die Konkurrenz im Motorrennsport eingestellt. Damit war die Zeit des Tropfenwagens vorbei, bevor sie überhaupt richtig begonnen hatte.

Erst 1924 durfte ein Mercedes in Monza wieder zu einem europäischen Grand Prix antreten. Mittlerweile war Ferdinand Porsche Entwicklungschef bei DMG und für die neuen 2-Liter-Reihen-Achtzylinder mit Kompressoraufladung verantwortlich. In Monza musste er jedoch erkennen, dass bis zur Konkurrenzfähigkeit der Wagen noch sehr viel zu verbessern war. Erst 1926 beim Großen Preis von Deutschland (erstmals auf dem Berliner Avus-Rundkurs) gelang der erste Sieg. Neben Rennwagen der 1,5-, 2- und 3-Liter-Klasse waren auch Sportwagen mit vier Sitzplätzen zugelassen. Um die beiden hinteren Sitzplätze verwirklichen zu können, hatte Ferdinand Porsche an den Achtzylinder einfach einen Anbau montieren lassen. Nach mehr als drei Rennstunden siegte der Mercedes mit 137 km/h Durchschnittsgeschwindigkeit. Eine Geschwindigkeit, die bis dahin als unerreichbar gegolten hatte.

Sportliche Erfolge

Auch wenn internationale Erfolge vor 1924 schwer zu erzielen waren, so gab es doch immer noch die populären Bergrennen sowie die einzigartige Targa Florio auf Sizilien. 1924 wollte das DMG-Rennteam dort mit 2-Liter-Wagen antreten, deren Entwicklung Paul Daimler noch größtenteils überwacht hatte und 1923 beim 500-Meilen-Rennen von Indianapolis testen wollte. Leider erfüllten alle drei in die USA verschifften Wagen die Erwartungen nicht. Mit zugeschaltetem Kompressor beschleunigten sie so plötzlich, dass sie kaum noch auf der Fahrbahn zu halten waren. Inzwischen war Paul Daimler ausgeschieden, und Ferdinand Porsche hatte das Projekt übernommen. Zur Verbesserung der Wärmeabführung füllte er die Auslassventile mit Quecksilber und erreichte dadurch eine Basisleistung von 67 PS, die sich mit Kompressorunterstützung auf 126 PS erhöhte.

Bei Mercedes bereitete man sich sehr gründlich vor und verschiffte den Wagen schon im Januar nach Sizilien, sodass genügend Zeit blieb, etwaige Mängel bis zum Renntermin im April beheben zu können. Zum Schutz des wertvollen Wagens erhielt er statt des deutschen weißen einen italienischen roten Anstrich. Diesen Regelverstoß nahm man in Kauf, um bei den Testfahrten vor Ort vor den Anfeindungen lokaler Fans sicher zu sein.

Als Fahrer wurde Christian Werner bestimmt, Max Sailer war Bordmechaniker. Sailer musste sicherstellen, dass der Gastank den nötigen Druck hatte und Motor sowie alle anderen Schmierstellen die nötige Ölmenge erhielten. Ungeschützt auf einem schmalen Sitz hockend, ständig Öl pumpend und schmierend, muss die Tätigkeit eines Rennmechanikers auf den schlechten sizilianischen Straßen – gelinde gesagt – sehr „aufregend" gewesen sein.

Letztendlich machten sich alle Anstrengungen bezahlt. Christian Werner siegte und lieferte damit erneut einen Beweis für die Vorzüge des Kompressormotors. Welcher Wagen bei dieser Targa Florio als 15. ins Ziel kam, ist heute fast vergessen. Sein Fahrer sollte jedoch in der Welt des Motorsports noch Berühmtheit erlangen: Alfred Neubauer. Er stellte damals bald fest, dass ihm das fahrerische Talent für die Spitzenklasse fehlte, überließ das Steuer anderen und schrieb später mit Mercedes-Benz Motorsportgeschichte auf ganz anderen Wegen. Aber darüber später mehr.

Aus kaufmännischer Sicht waren 1924 weder DMG noch Benz finanzkräftig und ihre allgemeine Lage nicht rosig. Der Automobilabsatz stagnierte, und so wurden erneut Verhandlungen aufgenommen um abzuschätzen, wie die Unternehmen zum beiderseitigen Wohl fusionieren könnten.

Oben: *Einer der erfolgreichsten Konstrukteure der Welt, Ferdinand Porsche, begann bei Daimler.*

Unten links: *Mit Scheinwerfern und dreigeteiltem Kotflügel wurde der Tropfenwagen von 1923 zum Sportwagen umgebaut, ging jedoch nie in Serie.*

Unten: *1926 verkündeten die beiden Autobauer auf Werbeplakaten ihre Fusion zur neuen Marke „Mercedes-Benz".*

Mercedes-Benz: Weltrekorde

Kaum war die Motorkutsche entwickelt, begann das Streben nach immer höheren Geschwindigkeiten. Kühne Männer traten mit ihren „Kutschmobilen" in Wettbewerben gegeneinander an. Auf Fernfahrten warben Autobauer für ihre Straßenfahrzeuge. Bald drängten „Herren"-Fahrer und -Fahrerinnen zum Automobilrennsport, und Klassements regelten Beschleunigung und Höchstgeschwindigkeit sowie Zeiterfassung. Vorgegebene Distanzen wurden mit fliegendem und stehendem Start durchfahren. Von der Frühzeit des Motorrennsports bis zur Fusion 1926 wetteiferten Mercedes- und Benz-Wagen bei Rennveranstaltungen um den Sieg.

Anfangs diente die Aerodynamik im Automobilbau nur dem Streben nach Höchstgeschwindigkeit. Mit dem Kriegsausbruch 1939 kam der Automobilrennsport zum Erliegen. Erst Anfang der 1950er-Jahre nahm Mercedes-Benz wieder die Entwicklung neuer Sportwagen auf. Nach intensiven Forschungen mit Wankel- und Dieselmotoren präsentierte das Unternehmen 1969 den revolutionären Versuchswagen C111-I. Angetrieben von Dieselmotoren fuhren seine Varianten in den 1970er-Jahren zahlreiche Welt- und Klassenrekorde. Rekorde, die bis heute ungebrochen sind.

Hier eine Zusammenfassung einiger der wichtigsten von Mercedes und Benz seit 1901 errungenen Erfolge:

1901
- Bei der Rennwoche in Nizza fährt Lorraine Barrow mit einem 35-PS-Mercedes bei stehendem Start die Meile mit 79,69 km/h.

1902
- Bei der Rennwoche in Nizza fährt Degrais mit einem 40-PS-Mercedes bei stehendem Start die Meile mit 83,2 km/h.

1904
- Am 28. Januar fährt W. K. Vanderbilt mit einem 90-PS-Mercedes in Daytona Beach mit 148,537 km/h Geschwindigkeitsweltrekord.
- Am 25. Mai fährt Baron Pierre de Caters in Ostende mit einem 90-PS-Mercedes bei fliegendem Start den Kilometer mit 156,52 km/h.

1905
- In Daytona Beach, Florida, fährt H. L. Bowden mit einem 60-PS-Mercedes bei fliegendem Start die Meile mit 176,38 km/h.
- Beim Ormond Derby, USA, fährt E. R. Thomas mit einem 90-PS-Mercedes zehn Meilen mit 153,3 km/h Durchschnittsgeschwindigkeit.

1908
- Auf der Brooklands-Rennstrecke fährt Dario Resta mit einem 120-PS-Mercedes bei fliegendem Start die halbe Meile mit 153,59 km/h.

1909
- In Ostende fährt Camille Jenatzy mit einem Mercedes 140 die 500 Meter mit 180 km/h Durchschnittsgeschwindigkeit.
- In Indianapolis fährt Barney Oldfield mit einem Mercedes 150 bei stehendem Start die Meile mit 134,39 km/h.
- In Brüssel fährt Victor Héméry mit einem Mercedes 200 bei stehendem Start den Kilometer mit 115,39 km/h.
- Auf der Brooklands-Rennstrecke fährt Victor Héméry mit einem Mercedes 200 bei fliegendem Start die halbe Meile mit 205,7 km/h und den Kilometer mit 202,59 km/h.

1910
- In Daytona Beach fährt Barney Oldfield mit dem Blitzen-Benz bei fliegendem Start die Meile mit 211,4 km/h.

1911
- In Daytona Beach fährt Bob Burham mit dem Blitzen-Benz bei fliegendem Start die Meile mit 228,089 km/h.

1913
- Beim Werst-Rennen bei St. Petersburg stellt Horner mit einem Benz 200 bei fliegendem Start über eine Meile mit 202 km/h neuen europäischen Straßenrekord auf.
- Auf der Brooklands-Rennstrecke fährt L. G. Hornsted mit einem Benz 200 bei stehendem Start die halbe Meile mit 113,79 km/h und den Kilometer mit 118,8 km/h.

1932
- Auf der Berliner Avus legt Manfred von Brauchitsch mit einem Mercedes SSKL die 200 Kilo-

Links: *Von 1909 bis Anfang der 1920er-Jahre war der Benz 200 eines der schnellsten Fahrzeuge der Welt; zwei von ihnen erschienen als Blitzen-Benz bei Rekordfahrten. Der abgebildete Benz 200 wurde um 1920 bei Benz rekonstruiert.*

meter mit einer Durchschnittsgeschwindigkeit von 194,4 km/h zurück.

1934

• Am 28. Oktober fährt Rudolf Caracciola in Györ bei Budapest mit einem modifizierten Mercedes W25 neue Weltrekorde für Wagen der C-Klasse (3–5 Liter): bei fliegendem Start den Kilometer mit 317,5 km/h und die Meile mit 316,6 km/h, bei stehendem Start die Meile mit 188,59 km/h.

• Auf der Avus erreicht Caracciola mit Mercedes W25 über 5 Kilometer eine Durchschnittsgeschwindigkeit von 311,98 km/h.

1936

• Am 26. Oktober fährt Rudolf Caracciola bei Rekordversuchen auf der Autobahn Frankfurt–Heidelberg mit einem 5,6-Liter-Mercedes neue Weltrekorde für Wagen der B-Klasse bei fliegendem Start:

– den Kilometer mit 364,39 km/h
– die Meile mit 366,9 km/h
– 5 Kilometer mit 340,5 km/h.

• Am 11. November fährt Caracciola folgende Rekorde bei fliegendem Start:

– 5 Meilen mit 336,79 km/h
– 10 Kilometer mit 331,9 km/h
– 10 Meilen mit 333,5 km/h.

1938

• Am 28. Januar fährt Rudolf Caracciola bei Rekordversuchen auf der Autobahn Frankfurt–Darmstadt mit einem Mercedes W125 bei fliegendem Start neue B-Klasse-Rekorde:

– den Kilometer mit 432,69 km/h
– die Meile mit 432,36 km/h
– die höchsten in Europa gefahrenen Geschwindigkeiten
– die höchsten Geschwindigkeiten auf öffentlichen Straßen.

1939

• Am 28. Februar fährt Rudolf Caracciola auf der Autobahn bei Dessau mit einem 3-Liter-Mercedes (Klasse D) folgende Rekorde:

– bei stehendem Start den Kilometer mit 175,09 km/h und die Meile mit 204,54 km/h
– bei fliegendem Start den Kilometer mit 398,14 km/h und die Meile mit 339,43 km/h.

Bereits am 14. Februar fuhr er bei stehendem Start den Kilometer mit 177,34 km/h.

1978

• Vom 29. bis 30. April erreichten auf der Teststrecke (Kreisbahn) im italienischen Nardo ein Mercedes-Benz C 111-III und ein Testfahrerteam folgende Rekorde mit einem Dieselmotor:

– 100 Kilometer mit 316,4 km/h
– 100 Meilen mit 319,8 km/h
– 500 Kilometer mit 321,8 km/h
– 500 Meilen mit 320,7 km/h
– 1000 Kilometer mit 318,3 km/h
– 1000 Meilen mit 309,44 km/h
– 319,8 km/h in 1 Stunde
– 317,8 km/h in 6 Stunden
– 314,39 km/h in 12 Stunden.

1979

• Am 5. Mai fährt in Nardo ein 4,8-Liter-Mercedes-Benz C 111-IV und ein Testfahrerteam mit 403,9 km/h inoffiziellen Rundstreckenrekord.

Unten: *28. Januar 1938. Bei den Rekordversuchen auf der Autobahn Frankfurt–Darmstadt fährt Rudolf Caracciola mit einem 5,6-Liter-Mercedes neue B-Klasse-Rekorde: 432,69 km/h für den Kilometer und 432,36 km/h für die Meile – jeweils mit fliegendem Start.*

Ein erster Schritt war das bereits früher erwähnte „Abkommen über gemeinsame Interessen“ vom 1. Mai 1924, mit dem beispielsweise das beiderseitige Modellprogramm aufeinander abgestimmt wurde. Die folgenden Monate waren – bildlich gesprochen – die Flitterwochen, wobei beide Partner sorgfältig prüften, ob sie füreinander geschaffen waren oder nicht. Als Folge fusionierten sie und gründeten die Daimler-Benz AG im Juni 1926. Damit entstand der größte deutsche Automobilbauer. Überwacht und gesteuert wurde der Zusammenschluss von Dr. h. c. Emil Georg von Stauss. Stauss war nicht nur Vorstandsvorsitzender der Deutschen Bank, sondern saß auch im DMG-Aufsichtsrat. Er war der richtige Mann, als über eine Gemeinschaftsquote beider Firmen verhandelt und die Bilanzen aufeinander abgestimmt wurden. DMG bekam 654 Tausendstel, Benz & Cie. 346 Tausendstel zugesprochen. Sitz der neuen Gesellschaft war Berlin, die Zentralverwaltung entstand in Untertürkheim.

Oben: *Die Entwicklung des Mercedes-Benz-Emblems. Daimlers Dreizackstern wurde mit dem Benz-Lorbeerkranz verschmolzen und immer wieder verfeinert.*

Rechts: *1926. Auf der Solitude siegte Otto Merz mit einem Achtzylinder-Mercedes. Seine Position konnte er – erstmals bei einem europäischen Rennen – von Signaltafeln ablesen.*

Oben: *Seit Mai 1923 war Ferdinand Porsche Entwicklungschef bei DMG. Als Erstes brachte er die 2-Liter-Rennmotoren auf 126 PS und verhalf ihnen so bei der Targa Florio 1924 zum Sieg.*

Unten: *2-Liter-Achtzylinder-Rennwagen mit Kompressor von 1924. Für den Großen Preis von Monza entworfen, scheiterte er wegen mechanischer Probleme und wegen des schlechten Fahrverhaltens.*

Endlich vereint

Leider war die Fusion keine „Liebesheirat", sondern eine von schlechten wirtschaftlichen Verhältnissen erzwungene „Vernunftehe". Es dauerte daher auch einige Jahre, bis die alten Rivalitäten der Vergangenheit angehörten. Dass nicht jeder mit der Fusion einverstanden war, musste auch Wilhelm Kissel erfahren. Aus dem Hause Benz kommend, wurde er im Juni 1925 zum Vorstandsmitglied beider Firmen ernannt. Er bereitete den geplanten Zusammenschluss vor und führte unter anderem die Zentralbuchhaltung ein. Bei seiner Ankunft in Untertürkheim stand am Bahnhof das schlichteste Benz-Modell bereit, und im Werk wurde ihm nur ein kleines, ausschließlich mit Schreibtisch, Stuhl und Aktenschrank eingerichtetes Büro zugewiesen. Kissel ließ sich nicht beirren. Er arbeitete hart und erfolgreich und blieb bis zu seinem Tod im Jahr 1942 Vorstandsvorsitzender – ein größeres Büro hat er nie bezogen.

Wichtigstes äußeres Symbol für den Zusammenschluss war das Markenzeichen „Mercedes-Benz". Es zeigte den Benz-Lorbeerkranz und im Zentrum den Daimler-Dreizackstern, während die Namen „Mercedes" und „Benz" am oberen beziehungsweise unteren Rand standen.

Auf den ersten Blick scheint Benz von der Fusion stärker profitiert zu haben als Daimler. Immerhin stand Benz nun der Zugang zum Mercedes-Markenzeichen und zu dessen immer erfolgreicheren Rennwagen offen. Darüber hinaus wurde Benz als weniger wertvoll eingestuft als Daimler. All dies konnte aber nichts an der Tatsache ändern, dass Daimler zukünftig nicht mehr eigenständig handeln konnte. Als die Fusion schließlich vollzogen war, umfasste die Modellpalette der neuen Gesellschaft demzufolge zwei Klassen. Dies änderte sich erst, als Mercedes-Benz eine erste gemeinsame Modellgeneration auf den Markt brachte. In der Zwischenzeit zeichnete sich eine langsame wirtschaftliche Erholung ab, und auch die private Nachfrage nach Automobilen stieg. Auf dem Privatsektor waren leichtere Wagen besonders begehrt. In Untertürkheim wurde deshalb entschieden, den Radstand der schwerfälligen, 1924 noch von Paul Daimler entworfenen Mercedes-Limousinen vom Typ 400 und Typ 630 zu kürzen. So entstand im Jahr 1926 das Modell K („K" stand für „kurz"). Diese großen Limousinen wurden in einer Vielzahl von Karosserien von sechs verschiedenen Karosseriebauern gefertigt, wie beispielsweise von Erdmann & Rossi oder von dem neuen italienischen Unternehmen Farina. Zudem waren die K-Modelle auch als sportliche Zwei- oder Viersitzer zu haben. Inzwischen verfügten alle diese imponierenden Fahrzeuge über geschlossene Karosserien mit richtigen Türen, Trittbrettern und Kotflügeln. Kleine Windschutzscheiben gehörten ebenfalls zur Grundausstattung, und das Gepäck konnte in einem abnehmbaren Behälter befördert werden. Ein Ölkanister wurde gewöhnlich auf einem der Trittbretter mitgeführt, weil die Wagen unterwegs immer noch große Mengen Öl verloren. Von Ferdinand Porsche modifiziert, leistete der 6,3-Liter-Motor des Modells 630 K mit zugeschaltetem Kompressor 160 PS. Seine Beschleunigung auf 145 km/h machte ihn zum schnellsten Serienwagen der Welt.

1926 endete die Ära zweier Unternehmen, die seit ihrer Gründung den Kurs der „Motorkutsche" entscheidend geprägt hatten. Nun, nach einem fürchterlichen Krieg und schweren Nachkriegsjahren vereint, schienen die schwersten Zeiten endlich überwunden …

Unten: *1928 brachte Mercedes-Benz den Mannheim mit 3-Liter-Motor auf den Markt. Auf dem Foto ist Chefkonstrukteur Hans Nibel vorne links (stehend) zu sehen. Am Steuer Prinz Heinrich von Preußen.*

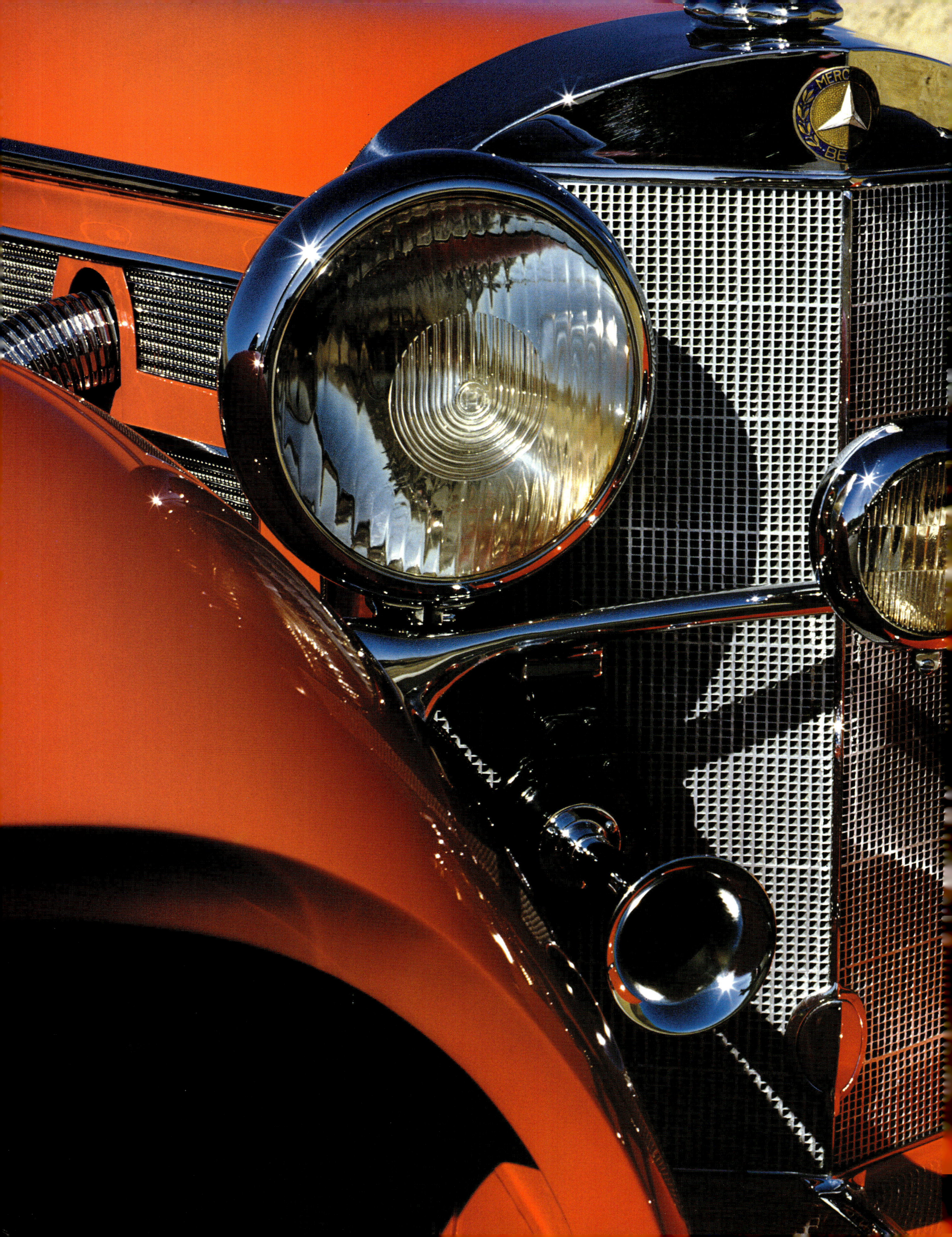

Die Ära der Silberpfeile
1927–1939

Oben: *Die S-Klasse mit Kompressor wurde ab 1926 gebaut. Einige vor 1928 gefertigte Wagen trugen zwei Mercedes-Sterne am Kühlergrill. Zielgruppe der Limousine waren wohlhabende Industrielle und Angehörige der Botschaften. Dank des von Porsche konstruierten 6,8-Liter-Motors waren Leistung und Fahrverhalten des Wagens ideal.*

Die späten 1920er-Jahre waren keine guten Zeiten für deutsche Automobilhersteller. Hatten noch 1924 86 Firmen Autos gebaut, so gab es 1927 nur noch 19 davon. Die übrigen 67 hatten entweder ihre Tore geschlossen oder – wie Daimler und Benz – fusioniert. Da Letztere zu einem einheitlich geführten, gesunden Unternehmen verschmolzen waren, brauchten sie nun nicht mehr um den kleinen Marktanteil zu konkurrieren. Rationalisierung war der einzige Weg zum Überleben, und glücklicherweise hatte Daimler-Benz den idealen Mann, der das Firmenschiff in diesen stürmischen Zeiten auf Kurs bringen konnte: Wilhelm Kissel, mit Unterstützung seines Vertrauten Wilhelm Haspels. Kissel war fest entschlossen, die neue Gesellschaft in eine sichere und erfolgreiche Zukunft zu führen. Zweifellos war seine Aufgabe wenig beneidenswert, denn mehrmals musste er im Sinne des Unternehmens auch unangenehme Entscheidungen treffen.

Eine seiner ersten Aufgaben war es, all die Probleme zu lösen, die durch die Zusammenführung beider Unternehmen zwangsläufig entstehen mussten. Dazu gehörte es, Arbeiten, die in beiden Firmen parallel geleistet wurden, zu erkennen und zu beseitigen sowie zu entscheiden, welche Werke geopfert werden sollten beziehungsweise überleben konnten. Im Hinblick auf die Zahl der Mitarbeiter überließ man die Entwicklung anfangs der natürlichen Fluktuation. Zahlte Daimler-Benz 1927 noch Löhne und Gehälter für 18 124 Personen, so waren es 1932 nur noch 8850. Diese „schlankere“ Belegschaft stand jedoch für ein wirtschaftlich gesundes Unternehmen und produzierte weitaus mehr Automobile als in den Jahren zuvor.

Abgesehen von der Anzahl der Mitarbeiter stand Daimler-Benz noch vor einem Schuldenberg von 28 Mio. RM, dessen Abbau ein langwieriger Prozess werden würde. Henry Ford hatte vor kurzem in den USA die Fließbandarbeit bei der Automobilherstellung eingeführt. Obwohl man bei Daimler-Benz damals nicht für den US-Markt produzieren wollte, so war doch offensichtlich, dass die unzeitgemäßen Methoden des Karosseriebaus in Untertürkheim nicht mehr lange praktikabel waren. Noch lieferten Karosseriebauer maßgeschneiderte Karossen, die bei Daimler-Benz dem Fahrgestell aus Holz und Eisen angepasst wurden. Ab 1928 wurden alle Fahrgestelle aus Stahl hergestellt und durch neu installierte Ziehpressen in Sindelfingen geformt. Damit gehörten handgefertigte Karosserien bei Daimler-Benz endgültig der Vergangenheit an.

Rechts: *Das Gespann Caracciola/Rosenberger holte den ersten Sieg mit einem Wagen der S-Klasse bei der Eröffnung des Nürburgrings am 19. Juni 1927. Wagen Nr. 3, ein 630 K mit von Mosch am Steuer, landete auf dem dritten Platz.*

Vorherige Seite: *Der Daimler-Benz 540 K von 1937 war das Flaggschiff des Unternehmens und symbolisierte eine Ära, in der Autohersteller ihre Träume noch verwirklichen konnten.*

Links: *Der Nürburg von 1928 wurde von einem Achtzylinder-Motor (Hubraum 4622 ccm) angetrieben. Seine Zielgruppe waren erfolgreiche Geschäftsleute. Angeboten wurde außerdem eine Panzerlimousine mit abgeschlossenem hinterem Abteil. Ein auf dem Dach montiertes Periskop ermöglichte den Passagieren den Blick nach draußen.*

Unten: *Mit 10 504 verkauften Exemplaren war der 2-Liter-Stuttgart 200 Ende der 1920er-Jahre das erfolgreichste Daimler-Benz-Modell. Es hatte viele moderne Funktionen, wie beispielsweise Zentralschmierung, Ansaugluftvorwärmung und Ölfilter.*

Auf dem Markt und bei den potenziellen Kunden wurde die Fusion begrüßt. Beide Unternehmen genossen einen guten Ruf (Besitzer nannten ihre Autos entweder mein „Daimler" oder mein „Benz"), und ihre Wagen bewährten sich im Motorsport. Außerdem nahm die Fachwelt positiv zur Kenntnis, dass ein so erfahrener und begabter Ingenieur wie Dr. Ferdinand Porsche von Daimler-Benz als Chefingenieur übernommen wurde. Dr. Hans Nibel, sein Gegenstück bei Benz, unterstützte ihn gekonnt und war praktisch seine rechte Hand. (Beide Männer schufen großartige, wundervolle Autos. Allgemein bekannt und weltberühmt wurde aber nur Porsche. Vielleicht, weil er später unter seinem Namen eine eigene Marke gründete. Möglicherweise aber auch, weil beispielsweise „Nibel 911" nicht so eingängig klingt.) Ferdinand Porsche war ein schwieriger Mensch. Begriffe wie „Kooperation" und „gute Zusammenarbeit" waren ihm fremd, auch seine Beziehung zum Vorstand war nicht sehr harmonisch. Er hatte eine klare Vorstellung von „seinen Autos", und „Pfennigfuchserei" war nicht seine Art.

Als eines der ersten Opfer der Fusion wurde das gesamte Benz-Modellprogramm gestrichen. Mercedes galt als das Beste, was Deutschland zu bieten hatte, und Ferdinand Porsche duldete keinerlei Eingriffe in die bisher von ihm für Daimler geleistete Arbeit. Allein aus Prestigegründen wurden die Kompressor-Modelle beibehalten, obwohl allgemein bekannt war, dass Kompressoren nur bei Rennwagen und Serienwagen mit starken Motoren Sinn machten. Die Reihen 400 und 630 K stellten die Basis des neuen Daimler-Benz-Angebotes dar, aber es musste noch etwas Neues dazukommen. So entstand 1927 als erstes Modell des neuen Unternehmens unter der Leitung von Ferdinand Porsche ein Sportauto und damit die legendäre S-Klasse.

In der Zwischenzeit wurde im Hintergrund bereits intensiv an einem neuen Mittelklasse-Auto gearbeitet. Man war sich bewusst, dass dieses Modell eine längere Entwicklungszeit benötigte und deshalb frühestens im nächsten Jahr erscheinen konnte. Währenddessen galten die immer noch viel beachteten Sportwagen der S-Serie als Porsches erfolgreichste Leistung bei Daimler. Natürlich war Porsche bestrebt, seine Sportwagen ständig zu verbessern, und so schuf er 1928 den SS (Super Sport), gefolgt vom SSK (Super Sport kurz) im Jahr 1929. Mit 2950 mm war der Radstand des SSK im Vergleich zum SS mit 3400 mm erheblich verkürzt. Zwei Jahre später erschien der legendäre SSKL (Super Sport kurz leicht), an dessen Fertigstellung Porsche jedoch nicht mehr beteiligt

Oben: *Der Nürburg 460 wurde 1928 mit einem zuverlässigeren Achtzylinder-Reihenmotor vorgestellt. Mit einer Leistung von 80 PS erreichte die Limousine 110 km/h. Gebaut wurden 2893 Stück.*

Unten: *1929 wurde der Radstand des SS um 450 mm auf 2950 mm verkürzt – fertig war das neue Modell SSK (K = kurz). Möglicherweise ist der SSK einer der begehrtesten Sportwagen der Welt, zumal vermutlich nur 33 gebaut wurden.*

war. Den SSKL realisierten hauptsächlich Hans Nibel und sein Assistent Max Wagner. Um das Gewicht des Wagens zu reduzieren, entfernte Wagner durch zahlreiche „Erleichterungsbohrungen" im Fahrgestell so viel Metall, dass das Auto letztendlich wirklich 125 kg leichter wurde. Obwohl der SSKL heute als der „Heilige Gral" der Sportwagen gilt, ist nicht sicher, wie viele davon gebaut wurden, da das Werk keine genauen Produktionslisten geführt hat. Es wird angenommen, dass nicht mehr als sieben Exemplare gebaut wurden und keines davon „überlebte". Tatsächlich betrug die ganze Fertigungsserie dieser S-Klasse nicht mehr als 290 Stück. Sie waren nie als Serienwagen geplant und sollten daher nur als fahrbare Werbeträger dienen. Es ist davon auszugehen, dass sie mit Verlust verkauft wurden. Von den SSK mit 250 PS und verkürztem Radstand sollen nur 33, von dem SS nur 111 Wagen gebaut worden sein. Was ambitionierte Privatfahrer für einen Mercedes-Benz-Sportwagen zu zahlen bereit waren, belegt beispielsweise, dass ein Zweisitzer auf der Basis des SSK 33 000 RM kostete, und dies zu einer Zeit, als einfache Opel für 2100 RM und Mittelklasse-Limousinen für 5000 RM zu haben waren.

Etwa die Hälfte der 290 Wagen der S-Serie landete auf Europas Rennstrecken, während die übrigen als die Traum-Sportwagen ihrer Zeit die Landstraßen unsicher machten. Über welches Potenzial der Mercedes S verfügte, bewies er beim Eröffnungsrennen des neuen Nürburgrings in der Eifel. Zwei Wagen dieses Modells belegten die ersten beiden Startplätze: am Volant Rudolf Caracciola und Adolf Rosenberger, Dritter in der ersten Startreihe war der ehemalige Kavalleriehauptmann von Mosch in einem Mercedes 630 K. In dieser Reihenfolge beendeten die Wagen auch das Rennen. Nur einen Monat später fuhren Otto Merz, Christian Werner und Willy Walb mit diesen mächtigen, zwei Tonnen schweren Mercedes auf der gleichen Strecke einen weiteren Dreier-Sieg beim offiziellen Großen Preis von Deutschland ein. Diese Männer zählten zu den berühmtesten Mercedes-Rennfahrern. Allein 1927 gingen sie bei mehr als 90 Veranstaltungen aller Art – vom Grand Prix bis zum Bergrennen – an den Start. Obwohl viele Autobauer behaupteten, ihre Wagen könnten die magische Grenze von 161 km/h erreichen, verfügte Mercedes nun über ein Auto, das dazu wirklich fähig war. Den Beweis erbrachte Caracciola mit seinem Mercedes bei einem

Beschleunigungsrennen in Belgien. Er durchbrach mit einem speziellen, höher verdichteten Kompressor mit Benzolgemisch die 193 km/h-Grenze.

Der S-Typ basierte auf einem verkürzten K-Fahrgestell, das zwischen den Achsen tiefer gelegt war. Nun maß die Bodenfreiheit nur noch 152 mm, und die Karosserie war nicht höher, als es der Motor verlangte. Das Revolutionäre dieser Autos bestand darin, dass der Abstand zum Boden geringer war als jemals zuvor. Zudem besaßen sie eine größere Spurweite und ein „Rad an jeder Ecke". Dieses Erscheinungsbild beeinflusste die Entwicklung und die äußere Form aller zukünftigen Sportwagen entscheidend. Um das Gewicht über der Frontachse zu verringern, wurden die voluminösen Motoren aus Silumin, einer Aluminiumlegierung mit 12–13,5 % Silizium, gefertigt. Ein einstufiger Kompressor lief mit der 2,8fachen Kurbelwellen-Drehzahl und lieferte einen Ladedruck von 0,49 at. Die Motorleistung betrug 120 PS bei 2800 l/min und stieg bei zugeschaltetem Kompressor auf 180 PS. Der Hubraum betrug beim Sechszylinder 6789 ccm, er vergrößerte sich beim SS auf 7065 ccm. Der Kompressor wurde zugeschaltet, sobald man das Gaspedal bis zum Boden durchtrat, wodurch der riesige Motor schon bei sehr niedrigen Drehzahlen eindrucksvoll beschleunigte. In echter Sportwagenmanier wurde jedes Teil auf maximale Leistung getrimmt – von den gerippten Trommelbremsen bis zum Tankschnellverschluss.

Die weißen Sportwagen waren Ende der 1920er-Jahre der letzte Schrei. Trotz ihres nicht gerade eleganten Spitznamens „weiße Elefanten" wurden sie von vermögenden Liebhabern aus der ganzen Welt gekauft und mit Karosserien berühmter Designer ausgestattet. Zwischen den Weltkriegen waren Autorennen ebenso gesellschaftsfähig wie Pferderennen und Polospiele. Und dort mit einem Mercedes vorzufahren, galt als Gipfel der Eleganz.

Oben: *Bis 1939 verfügte das Armaturenbrett bereits über zahlreiche Instrumente. Abgebildet ist ein Sport-Roadster 38/250 SS von 1930.*

Porsche geht

So bewundernswert die kompressorgetriebenen „weißen Elefanten" auch waren, für den Durchschnittsverdiener blieben sie unerschwinglich. Sie erschlossen Daimler-Benz nicht den ganz großen Markt. Preiswerte Modelle mussten kommen. Man durfte nicht mit den langweiligen, viel zu teuren 2-Liter-8/38-Modellen weitermachen und der Konkurrenz das Feld überlassen. Rufschädigend wirkte letztlich auch, dass 1927 die Preise für die 8/38 drastisch reduziert wurden. Dadurch entstand der Eindruck, die Bestände würden billig abgestoßen. Es war schließlich auch dieses Modell, das die ständigen Querelen zwischen Porsche und der Daimler-Benz-Geschäftsleitung auf die Spitze trieben. Porsches große Liebe waren kompressorgetriebene Sportwagen, Autos für „Otto Normalverbraucher" beschäftigten ihn nur am Rande. Ein heftiger Streit mit Wilhelm Kissel, dessen 8/38 bei kaltem Wetter nicht angesprungen war, brachte schließlich das Fass zum Überlaufen. Porsche kündigte und verließ Daimler-Benz im Dezember 1928. Er ging zurück nach Österreich und begann im Januar 1929 als Technischer Direktor bei den Steyr-Werken. Nachdem er auch dort enttäuscht wurde, kehrte er innerhalb eines Jahres zurück nach Stuttgart und baute ein eigenes Entwicklungs- und Konstruktionsunternehmen auf: Dr. Ing. h. c. F. Porsche GmbH. Unter den vielen, die bei ihm Rat suchten, war auch Daimler-Benz. Insgeheim träumte Porsche schon damals davon, eines Tages sein eigenes Auto zu bauen …

Kaum war Porsche ausgezogen, als Hans Nibel im wahrsten Sinn des Wortes einzog, denn er mietete Porsches alte Villa am Feuerbacher Weg in Stuttgart. Nibel nahm den schwierigen 8/38 genau unter die Lupe und begann, das Auto für den Durchschnittsfahrer attraktiver zu gestalten. Um den Neustart zu erleichtern, wurde der Wagen als „Stuttgart" neu eingeführt und der Preis vorsichtig knapp über vergleichbaren Adler- und Opel-Produkten angesetzt. Ab 1929 kam ein größe-

Oben: *Stuttgart 200 und Stuttgart 260 wurden mit kürzeren und längeren Fahrgestellen angeboten. Einige Stuttgart 260 betrieb die Deutsche Reichsbahn als Schienenfahrzeug zur Signalkontrolle. Abgebildet ist ein Stuttgart-Taxi von 1929.*

Rechts: Höhepunkt der von Porsche geschaffenen Kompressor-Baureihe war der legendäre SSKL von 1930. Vermutlich wurden nur sieben Stück gebaut. Abgebildet ist einer der vier Wagen mit den Bohrungen zur Gewichtseinsparung (125 kg).

Mercedes-Benz SSKL

Fertigung:	1930–1934
Motor:	Sechszylinder in Reihe mit Roots-Kompressor
Bohrung x Hub:	100 mm x 150 mm
Hubraum:	7065 ccm
Leistung:	240 PS bei 2900 1/min (ohne Kompressor), 300 PS bei 3400 1/min (mit Kompressor)
Gemisch-aufbereitung:	Doppelvergaser, horizontal
Getriebe:	Zahnradgetriebe, 4 Vorwärtsgänge, 1 Rückwärtsgang
Kupplung:	Vierscheiben-Trockenkupplung
Chassis:	Pressstahl-Niederrahmen, Leichtbau
Bremsen:	mechanische Bremsanlage mit Bremsausgleich
Höchstgeschwin-digkeit:	235 km/h

rer 2,6-Liter-Sechszylinder-Motor dazu, der den Stuttgart 260 auf eine Höchstgeschwindigkeit von 90 km/h beschleunigte. Nibels Stuttgart war sehr erfolgreich und bildete für mehrere Jahre das Rückgrat der Mercedes-Produktion. Der Bau des Fahrgestells und die Endmontage fanden im Werk Untertürkheim statt, die Karosserie wurde in Sindelfingen gefertigt. Das Auto kam in jeder denkbaren Form auf den Markt, wie zum Beispiel als Limousine, Roadster, Cabrio, Nutzfahrzeug, Taxi und gestreckte, sechssitzige Pullman-Limousine. Das zuverlässige Fahrgestell diente in den 1930er-Jahren als Basis eines militärischen Geländewagens.

Noch ein weiteres Modell musste von Hans Nibel überarbeitet werden: der unter Porsches Regie entstandene, wenig erfolgreiche 300 K 12/55. Er war größer als der Stuttgart, hatte einen 3-Liter-Sechszylinder-Motor und wurde 1926 in Berlin vorgestellt. Der Absatz war enttäuschend, was zum Teil auf sein plumpes Aussehen zurückzuführen war. Nibel überarbeitete die Form, ließ sie kompakter und harmonischer aussehen, vergrößerte den Hubraum und präsentierte den Wagen 1929 erneut. Mit Blick auf Benz & Cie. erhielt das verbesserte Modell den Namen „Mannheim". Der erste 350 Mannheim entwickelte sich schnell zum Typ 370, dem ein Jahr später der 370 K und – mit verkürztem Radstand – der sportliche 370 S folgten. Der 370 S war nur als Cabriolet oder als Roadster erhältlich. Obwohl er positiv angenommen wurde, fanden nur 183 Exemplare einen Käufer. Durch den Preis von 13 000 RM konnten sich auch weniger wohlhabende Sportfahrer ein Coupé oder einen Roadster leisten, ohne die enorme Summe für einen Mercedes der S-Klasse aufbringen zu müssen.

1929 litt nicht nur Deutschland unter der weltweiten Wirtschaftskrise. Und wieder stagnierte der Automobilverkauf. Die Situation spitzte sich am 25. Oktober 1929 zu, als – beginnend mit New York – rund um den Globus die Börsen zusammenbrachen. Von 27 Mio. Arbeitnehmern in Deutschland wurden mehr als 3 Mio. arbeitslos, viele mussten kürzer arbeiten. Mehr als 25 % der von Daimler-Benz gebauten Autos waren nicht mehr zu verkaufen und stapelten sich – bis 1930 zu einer Halde von mehr als 50 000 Automobilen. In den drei Jahren bis 1930 verloren mehr als ein Drittel der 90 000 in der Automobilindustrie Beschäftigten ihre Arbeit.

Bevor die Nachfrage nach Personen- und Nutzfahrzeugen zurückzugehen begann, hatte Daimler-Benz 1928 und 1929 mit jeweils 130 Mio. RM noch ganz ansehnliche Verkaufsgewinne erzielt.

Unten: Der 1,7-Liter-170 war 1931 das kleinste und preiswerteste Modell. Abgebildet ist die Version mit Schiebedach. Der 170 wurde länger als sechs Jahre produziert und mit verschiedenen Karosserieformen ausgeliefert. Gesamtzahl: 13 775 Exemplare.

Vor der Rezession hatte sich die Situation langsam verbessert, obwohl nur einer von 97 Deutschen ein Auto besaß. Entsprechende Zahlen in Schweden lagen mit einem Auto pro 45 Einwohner beziehungsweise einem pro 32 in Frankreich und Großbritannien deutlich höher. Dagegen war in den USA bereits jeder Fünfte Autobesitzer.

In der Tat war 1929 kein gutes Jahr für Daimler-Benz. Innerhalb von nur acht Monaten starben zwei seiner Gründer: Carl Benz im Alter von 84 Jahren am 4. April und Wilhelm Maybach am 29. Dezember. Im Gegensatz zu Gottlieb Daimler war es ihnen aber vergönnt gewesen, den Erfolg ihrer Idee mitzuerleben.

Trotz der sich weltweit abzeichnenden Wirtschaftskrise erschien 1928 der neue „Nürburg“, benannt nach dem Nürburgring, auf dem die Prototypen in zahllosen Runden erprobt worden waren. Diese extrem lange Limousine (5,20 m) wurde im Herbst 1928 erstmals der Öffentlichkeit vorgestellt, doch waren wesentliche Komponenten zu diesem Zeitpunkt bereits überholt. Ferdinand Porsche hatte für das Fahrgestell noch einen großen Pressstahl-Rahmen aus U-Profilen verwendet, auch die massive Hinterachse und die halbelliptische Hinterradaufhängung waren technisch schon veraltet. Neu an diesem schwerfälligen Auto war der Motor: ein Achtzylinder-Reihenmotor mit 4622 ccm, eine Weiterentwicklung des Daimler-Benz-Sechszylinders. Seine Ventile wurden durch eine unten liegende Nockenwelle gesteuert. Die Zylinder bestanden aus Gusseisen, die Ölwanne aus einer Metalllegierung. Die Ölversorgung erfolgte durch Druck-Umlaufschmierung mittels Zahnradpumpe. Ferdinand Porsche hatte den Vorstand von Daimler-Benz überzeugen können, die Konstruktion dieses Motorkonzepts zu genehmigen, wohingegen Paul Daimler damit gescheitert war. Als Folge kündigte er und nahm seine Ideen mit zu Horch. Paul Daimlers Konstruktion war in jeder Hinsicht besser, und zwar nicht nur technisch, sondern auch in ihrer äußeren Erscheinung und bei der Preisgestaltung.

Einmal mehr wurde Hans Nibel hinzugezogen, um eine komplette Überarbeitung des „Nürburg“ durchzuführen. Aber nicht einmal er konnte das Wunder vollbringen, das notwendig gewesen wäre, um mit der Konkurrenz gleichzuziehen. Sein neuer 460 Nürburg wurde mit kurzem (3430 mm) und langem (3670 mm) Radstand sowie verschiedenen, von mehreren Karosseriebauern

Oben: *Neben verschiedenen Limousinen-Karosserien gab es den Stuttgart auch als 4-sitziges Cabriolet, nachdem Hans Nibel das Modell überarbeitet hatte. Auch ein 2-sitziges Coupé (mit Klappsitz im Fond) war erhältlich.*

Links: *10. August 1930. Rudolf Caracciola siegt mit einem SSK beim Klausen-Bergrennen in der Schweiz.*

Rechts: *Der Typ 130 von 1933 war der erste Mercedes mit Heckmotor. Er besaß einen Zentralrohrrahmen und Einzelradaufhängung. Der 1,3-Liter-Reihen-Vierzylinder war wassergekühlt und leistete 26 PS.*

Oben: *Zwischen 1928 und 1935 kauften etwa 115 Kunden W06-Fahrgestelle zu je 31 000 RM und bestellten dazu eine speziell angefertigte Karosserie ihrer Wahl. Die Cabriolet-Karosserie dieses Modells von 1932 stammte vom italienischen Karosseriebauer Castagna. Höchstgeschwindigkeit: 190 km/h.*

Unten: *1933 stellte Daimler-Benz den neuen 380 15/90/120 PS vor, der von einem Achtzylinder-Reihenmotor (wahlweise mit Kompressor) angetrieben wurde. Dieser Typ bot eine neue Einzelvorderradaufhängung, die jahrzehntelang zum Einsatz kam.*

gelieferten Aufbauten (auch für Cabriolet) angeboten. Fast alle Kunden bestellten das längere Fahrwerk, weil diese Version kaum teurer war als das kürzere. Im Jahre 1931 erschien der erneut überarbeitete, 2,3 t schwere 500 Nürburg als Pullman. Angetrieben wurde dieses elegante Automobil von einem 4,9-Liter-Reihenmotor. Um das schwere Gefährt auf bis zu 120 km/h beschleunigen zu können, schluckte der Achtzylinder ungeheure Mengen Benzin. Die Passagiere reisten komfortabel in großen, bequemen Sesseln, umgeben von Leder, Holzfurnier und dicken Teppichen, während das Gepäck sicher in einem ledernen Kofferraum von imposanten Ausmaßen verstaut war. Mehrere dieser Autos wurden weltweit deutschen Botschaften für offizielle Zwecke zur Verfügung gestellt. Vom „normalen" 460 Nürburg wurden bis 1933 2893 Exemplare verkauft.

Zu Beginn des neuen Jahrzehnts wurde auf dem Pariser Autosalon der 770 W 07 Großer Mercedes vorgestellt. Er war das Spitzenmodell des Hauses Daimler-Benz, größer und repräsentativer als der Nürburg und der Nobel-Wagen seiner Zeit. Seine kleine, aber umso finanzkräftigere Zielgruppe: Staatsoberhäupter und Multimillionäre. Der Große Mercedes war eindeutig das teuerste Modell in der Modellpalette. So kostete beispielsweise eine serienmäßige Pullman-Limousine 38 000 RM (Aufpreis für Kompressor: 3000 RM). Der 7,7-Liter-Motor leistete 150 PS beziehungsweise 200 PS bei zugeschaltetem Kompressor. Das reichte aus, um das 2,7 t schwere Monster auf 160 km/h zu beschleunigen.

Der 770 stellte eine Art Einstieg in eine neue Ära dar. 1930 ließ Daimler-Benz ein schwieriges Jahrzehnt hinter sich und brach zu neuen Ufern auf. Man wollte der Welt zeigen, was man kann, und der Erfolg blieb nicht aus. Die folgenden neun Jahre waren voller außergewöhnlicher Fortschritte bei Technologie und Entwicklung. Es war die Zeit, in der Daimler-Benz einige der eindrucksvollsten Autos baute, die die Welt gesehen hat. Das erste neue Modell war allerdings etwas schlicht – und das erste komplett von Hans Nibel entworfene Automobil: der 170. Seit Porsche Daimler-Benz zwei Jahre zuvor verlassen hatte, war Nibel mit der Aufgabe betraut, die laufenden Serienmodelle zu modifizieren und zu verbessern. Nun hatte er endlich die alleinige Verantwortung für zukünftige Entwicklungen. Der 170 war eine zweckmäßige Limousine mit kastenförmiger Karosserie und großem, senkrecht angeordnetem Kühler. Er war nicht elegant, hatte dafür aber mit 4400 RM einen vernünftigen Preis, sodass auch weniger wohlhabende Autofahrer sich einen Mercedes leisten konnten. (Das nächste Modell, der Stuttgart, war bereits um 1500 RM teurer.) In dieser wirtschaftlich so schwierigen Zeit brachte Daimler-Benz mit dem 170 das passende Auto im richtigen Augenblick auf den Markt.

Die Finanzkrise 1929 hatte ihren Tribut gefordert. Die Wirtschaft erholte sich nur langsam, und 1931 und 1932 waren schwierige Jahre für Deutschland. Die allgemeine Kaufkraft hatte erheblich gelitten. Erschwerend kam für die Automobilindustrie hinzu, dass Autofahrer zusätzlich zur „normalen" Steuer beim Autokauf nun auch Steuern auf Benzol und Kraftstoff entrichten mussten. Die fiskalischen Belastungen der deutschen Autofahrer lagen doppelt so hoch wie in Frankreich und sechsmal höher als in den USA. Die damalige Regierung erließ eine Notverordnung, mit der der Eisenbahn Priorität vor Autofahrern und dem Straßenbau eingeräumt wurde. Bei Daimler-Benz wurde Hans Kissel nicht überrascht. Er hatte diese Notverordnung erwartet und angewiesen, in alle Nutzfahrzeuge Dieselmotoren einzubauen. Weiterhin wurde die Lage von Daimler-Benz durch das Auftreten des US-Giganten General Motors auf dem europäischen Markt erschwert. Aufgeschreckt durch die Tatsache, dass General Motors 1929 Opel übernommen hatte, fusionierten drei Jahre später DKW, Horch, Audi und Wanderer zur Auto Union. In Untertürkheim wurde die Wochenarbeitszeit auf 16 Stunden und die Belegschaft auf knapp 3000 Personen reduziert. Gewinne aus Autoverkäufen stagnierten, und Daimler-Benz verlor mehr als ein Drittel seines Börsenwertes. Ein Gutes bewirkten diese schlechten Zeiten dennoch: Sie schweißten Daimler und Benz nur noch fester zusammen. So schlecht 1932 auch gewesen war, so schien 1933 ein unerwarteter „Retter" der deutschen Automobilindustrie Erfolg zu bringen.

Entwicklung neuer Radtechnologien

Obwohl er sich um zahlreiche Projekte kümmern musste, fand Hans Nibel die Zeit, sich eine einzigartige Lösung für die schlechten deutschen Straßen einfallen zu lassen: die Einzelradaufhängung. Sein neuer 170 hatte zwar nicht den Stil eines SS, dafür fand sich unter der schnörkellosen Karosserie eine besondere Radaufhängung, die so genannte „Schwingachse", die Nibel schon früher für seine stromlinienförmigen Rennwagen entwickelt hatte. Nachdem die starre Hinterachse

Oben: *Unter der Motorhaube eines 500 K von 1934 steckte ein 5,4-Liter-Achtzylinder-Reihenmotor. Motorleistung: 115 PS ohne und 180 PS mit zugeschaltetem Kompressor.*

Unten: *Der 500 K, 1934 eines der begehrtesten Automobile der Welt, konnte mit verschiedenen Karosserien bestellt werden. Hier das Coupé mit Klappverdeck. Für den Preis hätte man ein ansehnliches Haus bekommen.*

Rechts: *Eine der ungewöhnlichsten Karosserien für das 500K-Fahrgestell. Diese stromlinienförmige Limousine gestaltete das Berliner Karosseriebauunternehmen Erdmann & Rossi.*

Oben: *Der 150H war ein Fehlschlag, da er äußerlich so gar nichts von einem Mercedes an sich hatte. Von 1934 bis 1936 entstanden nur 20 Exemplare dieses 1,5-Liter-Sportwagens mit Mittelmotor. Der Preis betrug 6600RM (1935) und 6350RM (1936).*

entfernt und jedes Rad mit zwei Schraubenfedern versehen war, konnten die Besitzer eines Wagens vom 170 die Freuden des Autofahrens auch auf schlechten Straßen genießen. (Lokalpolitiker hatten wenig Interesse daran, die kaum gepflasterten Straßen ihrer Dörfer und Städte über die eigenen Grenzen hinaus zu befestigen. Daher fanden sich deutsche Autofahrer häufig auf Straßen wieder, die man schon im Mittelalter als schlecht bezeichnet hätte.) Als Vorderradaufhängung dienten zwei Querblattfedern, die die Stöße aufnahmen und die Vibrationen an das Fahrgestell übertrugen. Der Stoßdämpfer war ein Hebelarm, der zwischen Fahrgestell und dem oberen Ende des Dreiecksquerlenkers befestigt war.

Zusätzlich zu dieser raffinierten Radaufhängung bot der 170 einen Sechszylindermotor mit Zahnradgetriebe sowie vier Vorwärtsgänge und einen Rückwärtsgang, wobei der vierte Gang als Benzin sparender Schongang ausgelegt war. Der 1692-ccm-Motor leistete 32PS und verbrauchte auf 100km durchschnittlich nur 11 Liter Benzin. Das Konzept des 170 war von Anbeginn erfolgreich. Er war das einzige Auto mit Einzelradaufhängung, hydraulischem Bremssystem für alle vier Räder sowie einer Zentralschmierung. Trotz der allgemein schwachen Finanzlage wurden schon im ersten Jahr 4481 Stück verkauft – mehr als die gesamte Daimler-Benz-Produktion von 1930. Der Erfolg war so enorm, dass der 170 während seiner sechs Jahre dauernden Produktionszeit keinerlei technische Verbesserungen erhielt. Erwähnenswert ist lediglich eine Änderung am Fahrgestell, dessen ursprünglicher X-Ovalrohr-Rahmen durch einen Pressstahlrahmen (U-Profil) ersetzt wurde. Zusätzlich wurde ein runderer Motorkühler eingebaut und das Armaturenbrett optisch neu gestaltet. 1935 erschien eine 2-türige Limousine dieses Modells. Ende 1936 waren vom 170 der ersten Limousinen-Generation bereits 13775 Stück verkauft, was Daimler-Benz zweifellos half, einige schwierige Jahre zu überstehen.

Das Nachfolgemodell des 170 wurde 1935 der 170V. Es war ein einfaches, robustes Fahrzeug mit einem um 245mm verlängerten Radstand, wodurch die Entwicklung einer modischeren Karosserie möglich wurde. Ungewöhnlich war, dass der 170V auf einen Vierzylindermotor zurückgestuft wurde. Dennoch leistete der Motor mehr PS (39), die Höchstgeschwindigkeit stieg um 20km/h auf 110km/h an. Zum Preis von 3750RM war der 170V erschwinglich; bis 1942 wurden 86615 Exemplare verkauft. Zehn Karosserievarianten wurden angeboten – von der Limousine über den Roadster, bis zu Liefer-, Kranken- und Geländewagen. Die wohl schönste Variante war der Roadster für 5500RM. Damals konnte niemand ahnen, dass der 170V rund zehn Jahre später Daimler-Benz den Neustart sehr erleichtern sollte.

In den Jahren 1930 und 1931 musste Daimler-Benz sparen, und kein Bereich blieb davon verschont. Für das Rennteam bedeutete dies das Aus. Für Caracciola, dessen Vertrag nicht verlängert wurde, war das ein schwerer Schlag. Er musste an seine Zukunft denken und beschloss, an dem Ereignis in Europa teilzunehmen, das dem Sieger Weltruhm garantierte – an der Mille Miglia, einem tausend Meilen (1609 km) langen Hochgeschwindigkeitsrennen über Landstraßen quer durch Italien. Die erste Mille Miglia startete 1926 in Brescia und führte über Rom und die Bergpässe Norditaliens und durch Ostitalien wieder zum Ziel in Brescia. Schnell erlangte das Rennen großes Ansehen auch im übrigen Europa. In den ersten fünf Jahren ging der Gesamtsieg stets an italienische Fahrer.

Oben: *Adolf Hitler war ein Verehrer von Mercedes-Benz. Zunächst profitierte das Unternehmen von seiner Unterstützung, doch nach dem Krieg wurde diese Kooperation zu Recht negativ bewertet. Das Foto von 1934 zeigt Hitler im offiziellen 540K.*

Obschon Caracciola die Mille Miglia nicht mehr mit dem Werksteam bestreiten konnte, hatte Daimler-Benz – besonders in diesen schweren Zeiten – gegen Reklame nichts einzuwenden. Auch Neubauer schaltete sich ein und erreichte bei der Geschäftsleitung, dass Caracciola ein kleines Privatteam gründen konnte. Neben Caracciola gehörten Wilhelm Sebastian als Beifahrer und Wilhelm Zimmer als Mechaniker dazu. Daimler-Benz erklärte sich bereit, dem Team Erfolgsprämien zu zahlen, einen SSK zu großzügigen Konditionen zu überlassen und das nötige Material zu liefern. Hans Nibel und Max Wagner machten sich daran, den SSK vorzubereiten. Sie erkannten, dass es sehr kräftezehrend sein würde, dieses schwere Fahrzeug pausenlos 1609 km weit fahren zu müssen. Nun kam die Stunde des Max Wagner, der es tatsächlich schaffte, durch zahlreiche Bohrungen im Fahrgestellrahmen zur Gewichtsreduzierung das Gewicht um 125 kg zu senken. Damit hatte Wagner den ersten SSKL (L = Leicht) geschaffen, obwohl der Wagen immer noch gewaltige 1525 kg wog.

Das kleine Team mit Caracciola, seiner Frau Charlotte nebst Dachshund sowie den Herren Neubauer, Zimmer und Sebastian reisten gemeinsam mit anderen hilfsbereiten Mechanikern plus SSKL nach Italien – bereit, es mit der geballten Macht der italienischen Automobilindustrie aufzunehmen. Alfa Romeo nahm die Mille Miglia sehr ernst und mobilisierte eine kleine Armee von Helfern. Von den 99 startenden Autos waren 30 Alfas. Sie hatten den Heimvorteil mit 17 Tank- und Reparaturstationen und 90 Mechanikern entlang der Strecke, hinzu kamen hunderte mit

Unten: *Die Entwicklung des W25 begann 1934. Die Wagen starteten 1936 bei Rennen. Der Reihen-Achtzylinder mit Kompressor hatte 4740 ccm Hubraum.*

***Rechts:** Die Geburt der Silberpfeile. Um unter das Limit von 750kg zu kommen, musste die weiße Lackierung des W25 entfernt werden. Der Einsatz beim Eifelrennen auf dem Nürburgring am 3. Juni 1934 wäre sonst unmöglich gewesen. Hier der W25, mit dem Manfred von Brauchitsch siegte.*

***Unten:** Von 1935 bis 1939 gebaut, konnte sich der 170H W28 gegen Autos mit Frontmotor nicht durchsetzen. Nur 1507 Exemplare wurden verkauft. Dieses letzte Daimler-Benz-Modell mit Heckmotor war auch als Limousine und Cabriolet erhältlich.*

Benzinkanistern „bewaffnete" Freiwillige. Außerdem hatten sie erstklassige Fahrer, wie Tazio Nuvolari, der seinen Erfolg aus dem Vorjahr wiederholen wollte, und Luigi Arcangeli, der jeden Kilometer der Strecke kannte, sowie Giuseppe Campari und Baconin Borzacchini. Als Außenseiter galten Giuseppe Morandi und Archimede Rosa in einem alten O.M.665 und der geschickte Achille Varzi mit einem ziemlich chancenlosen Bugatti.

Das Große Rennen

Neubauer berechnete, dass Caracciola etwa alle 400 km tanken musste. Für seine wenigen Helfer bedeutete dies, dass sie ständig unterwegs waren, um jeweils vor Caracciola am nächsten Haltepunkt einzutreffen. Natürlich wurde der weiße Mercedes an der Strecke nicht gefeiert. Schließlich wollten die Italiener doch nur ihre geliebten italienischen Wagen siegen sehen.

Die Autos mit der geringsten Motorleistung starteten zuerst, sodass Caracciola als einer der Letzten losfuhr, mehr als zwei Stunden hinter dem führenden. Dennoch lag er am ersten Kontrollpunkt in Bologna schon mehr als zwei Stunden vor dem O.M.665. Diese erstaunliche Aufholjagd gelang deshalb, weil die erste Teilstrecke über schnelle Straßen führte und ihm einen Schnitt von 154km/h erlaubte. Als sich die Strecke hinauf in die Apenninen wand, nutzten die kleinen, kürzeren Alfa Romeos ihre größere Wendigkeit und lagen schon bald vorn. Nachts wechselten sich die Alfas immer wieder in der Führung ab. Aber noch war alles offen, denn vor den Fahrern lagen jetzt die langen, schnellen Straßen Richtung Süden. Hier konnte der SSKL wieder seine Kraft ausspielen. Nach zehn Stunden war Caracciola Vierter und völlig erschöpft. Aus Furcht, einen Unfall zu bauen und das Leben seines Beifahrers zu gefährden, dachte er schon daran aufzuhören. Sebastian war entsetzt. Er feuerte Caracciola an und machte ihm deutlich, dass ihn und sein Team nur ein Sieg retten konnte. Sebastians Entschlossenheit wirkte belebend. Caracciola wurde immer schneller, schloss zu den führenden Alfas auf und zog an ihnen vorbei. Als sich hinter Siena der Auspuff löste und über den Boden streifte, riss Sebastian das rot glühende Rohr mit bloßen Händen ab. Auch eine Reifenpanne nur 30km vor dem Ziel konnte an Caracciolas Führung nichts mehr ändern. Noch bevor der nächste Verfolger herangekommen war, war der Reifen blitzschnell gewechselt. Um 7.22 Uhr – nach einer reinen Fahrzeit von 16 Stunden, 10 Minuten und 16 Sekunden – überfuhr der Mercedes die Ziellinie. Als erster Ausländer hatte Rudolf Caracciola sensationell gesiegt. Sebastians Hände zeigten starke Verbrennungen, und Caracciolas Füße waren voller Blasen von den heißen Metallpedalen. Für Caracciola war diese Mille Miglia eines der besten Rennen seiner langen und glanzvollen Karriere und der Beginn einer langen, erfolgreichen Zusammenarbeit mit Daimler-Benz.

Alle anderen Rennsiege vor 1934 hatten reiche Privatfahrer errungen. Einer der bemerkenswertesten Erfolge wurde 1932 auf der Avus erreicht. Freiherr von Koenig-Fachsenfeld entwickelte eine neue aerodynamische, einer langen Zigarrenhülse nachempfundene Karosserie, ließ sie einem SSKL anpassen und verpflichtete Manfred von Brauchitsch als Fahrer. Dieses merkwürdige Gebilde erwies sich als sehr leistungsfähig und ging mit einer Durchschnittsgeschwindigkeit von 194,2 km/h vor den Alfa Romeos durchs Ziel, einer mit Caracciola am Volant. Caracciola, nach der Auflösung des Mercedes-Rennteams zu Alfa Romeo gewechselt, hatte noch im Vorjahr am Steuer eines SSKL auf der Avus gesiegt. Nun wurde er von den Berlinern ausgepfiffen.

Die Zeiten und die Autos änderten sich, und es war offensichtlich notwendig, Größe und Gewicht der gewaltigen Maschinen zu begrenzen. Die damals verfügbaren Rennreifen waren den enormen Belastungen nicht mehr gewachsen. Der Internationalen Motorsport-Behörde (AIACR) blieb keine andere Wahl, als für die Grand-Prix-Rennen ein neues Reglement zu entwickeln und das Gewicht zu begrenzen. Dass die Vorherrschaft der mächtigen SSK zu Ende ging, musste von Brauchitsch erleben, als er sich beim Großen Preis von Deutschland auf einem niedrigen sechsten Platz ins Ziel rettete. Sehr zum Missfallen der NSDAP-Parteigrößen, die – angeführt von dem ehemaligen Gefreiten Adolf Hitler – seit Anfang 1933 Deutschland beherrschten.

Obwohl es nach Hitlers Machtübernahme im Januar 1933 überall im Lande wirtschaftlich aufwärts zu gehen schien, zeigten sich bei Daimler-Benz nicht alle Vorstandsmitglieder von dem neuen Diktator beeindruckt. Besonders Hermann Köhler, Vorstandsmitglied seit 1928, zeigte unverblümte Ablehnung und Widerstand. Die Folge war, dass er verhaftet, verurteilt und 1943

Oben: *Von 1931 bis 1936 baute Daimler-Benz mit den Serien 120 und 130 eine Reihe von Heckmotor-Limousinen mit schwacher Motorleistung. Der 160 W 133 wurde 1935 mit 38 PS ausgerüstet. Die Hecklastigkeit ließ nach, was die Handhabung bedeutend verbesserte. Vom Typ 160 W 133 wurden 922 Exemplare verkauft.*

Links: *Ab 1926 bot Daimler-Benz der Reichswehr zahlreiche dreiachsige Geländewagen an und entwarf 1933 den G4. Der 500 G4 mit 5-Liter-Motor (Foto) war den Militärs zu teuer, allerdings bei den Parteigrößen sehr beliebt. Insgesamt wurden von den Dreiachsern 57 Stück gebaut, nach 1945 existierten noch drei.*

ermordet wurde. Wilhelm Kissel war nüchterner, ließ die Vorteile des Unternehmens nicht aus den Augen und hielt sich mit öffentlicher Kritik zurück – ob aus persönlicher Überzeugung oder aus wirtschaftlichen Erwägungen, lässt sich nicht feststellen. Immerhin hielt er es für ratsam, der NSDAP und der SS beizutreten. Andere Vorstandsmitglieder waren weniger zurückhaltend, und es ist offenkundig, dass sie sich damit Zugang zu den höchsten Regierungsebenen verschafften.

Schon im Februar 1933 hatte Adolf Hitler, der eine besondere Vorliebe für die schönen Mercedes hatte, ein Programm zur Förderung der Volksmotorisierung verkündet. Autofahrer sollten entlastet, das Straßennetz vergrößert, motorsportliche Veranstaltungen staatlich unterstützt werden.

Schnell zeigten die staatlichen Förderungen des Automobils und der Automobilindustrie Wirkung. Bei Daimler-Benz wuchs die Belegschaft, die Zahl der ausgelieferten Fahrzeuge verdoppelte sich innerhalb von nur drei Monaten und erreichte ein Niveau, wie man es seit 1928 nicht mehr gekannt hatte. Bereits im folgenden Jahr – 1934 – überstiegen die Verkaufszahlen den Wert von 100 Mio. RM, und das Mannheimer Werk kehrte zur Vollbeschäftigung zurück. Zum ersten Mal seit der Fusion 1926 konnte Daimler-Benz seinen Aktionären eine Dividende auszahlen. Auch der Verkauf von Luxusautos stieg, weil die Parteigrößen hinter ihrem „Führer" und dessen Vorliebe für die großen, repräsentativen Mercedes nicht zurückstehen wollten.

Der unerwartete wirtschaftliche Aufschwung ermutigte Daimler-Benz, neue Luxusmodelle auf den Markt zu bringen. Und schon 1933 erschien als Erstes der 380. Als echte Alternative zum „Großen Mercedes" vorgestellt, war der 380 ein technisch fortgeschrittenes Modell und als 15/90/120 PS und 15/90/140 PS verfügbar. Mit zugeschaltetem Kompressor leistete der 3,8-Liter-Achtzylinder-Reihenmotor beachtliche 140 PS. Neu war seine Vorderrad-Einzelaufhängung. Obwohl von beiden Versionen nur je 94 Exemplare verkauft wurden, gilt der 380, der nur ein Jahr gebaut wurde, als Vorläufer der 500 K und 540 K. Beides sind klassische Baureihen, die zu den besten und einflussreichsten Fahrzeugen der Daimler-Benz-Geschichte zählen.

Beide – 500 K und 540 K – galten als die ultimativen Statussymbole. Sie waren schlichtweg Traumautos für die wirklich Reichen und Deutschlands Beitrag zum demonstrativ zur Schau gestellten Luxus. War die S-Serie noch für den sportlichen Autofahrer entwickelt worden, so stand die K-Serie (K = Kompressor) für die schnelle, aber hochherrschaftliche Fortbewegung. Bei einem Radstand von 3670 mm war das Fahrgestell ein „tragender" Teil der Konstruktion. Die beiden Längsschienen waren durch Querstreben verbunden, die den Motorkühler stützten und als vorderer Aufhängungspunkt dienten sowie Motor, Getriebe und Differenzial trugen. Es ist deshalb nicht verwunderlich, dass allein das Fahrgestell schon 1800 kg wog. Mit montierter Karosserie betrug

Unten: *Eines der bedeutsamsten Modelle war der 260 D, denn er war weltweit der erste Serienwagen mit Diesel-Reihenmotor. Trotz seines schlichten Äußeren leistete der 2,5-Liter-Motor 45 PS, genug für eine Höchstgeschwindigkeit von 95 km/h.*

Rechts: *Im Februar 1937 wurde der 320 als Nachfolger des erfolgreichen 290 vorgestellt. Bei 3207 ccm Hubraum leistete der Sechszylinder-Reihenmotor 78 PS. Höchstgeschwindigkeit: 126 km/h.*

Links: *Mehrere Firmen lieferten Karosserien für das Fahrgestell der Modelle 500K und 540K, wobei sie gewöhnlich auf Kundenwunsch arbeiteten. Hier eine von Saoutchik gebaute Karosserie.*

Unten: *Fahrgestell des beliebten Roadsters 170V. Von 1935 bis 944 wurden fast 75000 Stück in zehn verschiedenen Karosserietypen gebaut.*

das Leergewicht mindestens 2300kg. Als Erster dieser Serie wurde der 500K im Februar 1934 auf der Berliner Automobil- und Motorrad-Ausstellung vorgestellt. Er hatte einen Achtzylinder-Reihenmotor mit Kompressormotor, 5019ccm Hubraum und leistete 100PS ohne und 160PS mit zugeschaltetem Kompressor. Da der Motor weit hinten auf dem Fahrgestell montiert war, erforderte er eine lang gestreckte, elegante Motorhaube. Diese Motorhaube wurde daher auch zum charakteristischen Merkmal dieses Modells. Die hängend angeordneten Ventile wurden durch eine unten liegende Nockenwelle über Stoßstangen und Kipphebel gesteuert, während die Kurbelwelle neunfach gelagert war. Es kamen nur die besten Materialien zum Einsatz, und die Ingenieure waren überzeugt, dass der Motor nie ausgetauscht werden müsste. Sie hofften dies vermutlich auch deshalb, weil zum Motorwechsel die gesamte vordere Karosserie vom Rahmen abgehoben werden musste. Trotz des immensen Fahrzeuggewichts beschleunigte der gewaltige Motor das Fahrzeug bis auf 160km/h. In den 1930er-Jahren war ein solches Tempo eine geradezu magische, unvorstellbare Zahl. Der 500K erfüllte alle Erwartungen und siegte 1934 souverän in der Deutschland-Rundfahrt, einer mehr als 2600km langen Dauerprüfung quer durch Deutschland, wobei er mehr als 190 Konkurrenten bezwang.

Anlässlich des Pariser Autosalons von 1936 erlebte die Fachwelt eine weitere Steigerung in Form des 540K. Max Sailer, erfolgreicher „alter" Rennfahrer und seit 1935 Technischer Direktor bei Daimler-Benz, hatte an der Entwicklung dieses Traumwagens maßgeblichen Anteil. Wie die Typbezeichnung des Autos zeigte, war der Hubraum des Kompressormotors auf 5401 ccm erweitert, die Leistung stieg dadurch auf 115PS (180PS mit Kompressor) und die Höchstgeschwindigkeit auf 130km/h (170km/h mit Kompressor). Entsprechend groß war folglich auch der „Durst": bei Reisegeschwindigkeit 30Liter auf 100km. Die Kunden konnten zwischen zehn verschiedenen Karosserietypen wählen: vom Tourenwagen bis zum Coupé und Cabriolet. Die Designer im Werk Sindelfingen erwiesen sich als Experten beim Entwerfen eleganter Formen. Ihrer Fantasie wurden nur durch die Wünsche – und die Zahlungsfähigkeit! – ihrer Kunden Grenzen gesetzt. Einige der schönsten Karosserien lieferte die Firma Erdmann & Rossi. Geradezu Kultcharakter erlangte der Spezial-Roadster: ein Zweisitzer mit klassisch lang gestreckter Motorhaube, seitlich austretenden, verchromten Auspuffrohren, riesigen „fließenden" vorderen Kotflügeln und mit fast bis zur Hinterachse verlagerten Sitzen. Es war das erste Auto mit einem Klappverdeck, das unter eine in der Heckkarosserie angeordnete Klappe abgesenkt werden konnte und so nicht mehr sichtbar war. 1935 wurde der Spezial-Roadster für 26000RM angeboten, ein Jahr später kostete er bereits

Mercedes-Benz 540 K

Fertigung:	1936–1939
Motor:	8-Zylinder in Reihe mit Kompressoraufladung
Bohrung x Hub:	88 mm x 111 mm
Hubraum:	5401 ccm
Leistung:	115 PS bei 3400 1/min (ohne Kompressor), 180 PS bei 3400 1/min (mit Kompressor)
Gemischaufbereitung:	DB-Spezial-Doppelvergaser, vertikal
Getriebe:	MB-Zahnradgetriebe mit 4 Vorwärtsgängen und 1 Rückwärtsgang; 2., 3. und 4. Gang synchronisiert
Kupplung:	Einscheiben-Trockenkupplung
Chassis:	Pressstahl-Kasten-Niederrahmen
Bremsen:	Ate-Lockheed-Öldruck-Bremsanlage mit Dewandre-Hilfsbremse
Höchstgeschwindigkeit:	170 km/h (mit Kompressor)

***Unten:** Ein wirklicher Klassiker. Der 540 W29 wurde beim Pariser Autosalon 1936 enthüllt. Der 540 K war sehr teuer und bei den Reichen und Berühmten seiner Zeit höchst begehrt.*

28 000 RM und damit rund 6000 RM mehr als die Serienausführung. Die wirklich Reichen rannten Daimler-Benz die Fabriktore ein und kauften insgesamt 354 Exemplare des 500 K Typ W 29 plus 406 Fahrgestelle des 540 K. Bei Daimler-Benz waren diese gut betuchten Kunden König, und man war bestrebt, ihnen jeden Wunsch zu erfüllen. So erhielt beispielsweise ein indischer Maharadscha eine Sonderanfertigung für die Tigerjagd, während rund ein Dutzend Parteigrößen aus Hitlers engerem Umfeld gepanzerte Versionen orderten. Mit dem Kriegsausbruch 1939 endete die Serienfertigung des 540 K. Die Deutschen und die Welt hatten nun andere Sorgen …

In den 1930er-Jahren entwickelte sich Daimler-Benz zu einem riesigen Konzern, in dem nicht nur Autos entwickelt und gebaut wurden. Um den Anschluss an die technischen Entwicklungen nicht zu verlieren, wurden selbst die aberwitzigsten Ideen geprüft – und gelegentlich auch praktisch erprobt. In Serie gingen nur zwei Entwürfe: ein kleiner Sportwagen mit Heckmotor und ein Dieselmotor, der Daimler-Benz die Tür zum Taximarkt öffnen sollte.

Heckmotor-Konstruktionen waren eine Besonderheit und auf den ersten Blick kaum als Mercedes zu erkennen. Erster serienmontierter Heckmotorwagen war der 130 H, gefolgt von den Varianten 150 H und 170 H. Inzwischen fast vergessen, hatte jedoch zumindest der 170 H viel mit einem später gebauten und sehr erfolgreichen Fahrzeug gemeinsam. Der 1934 vorgestellte ungewöhnliche 130 H erweckte viel Aufmerksamkeit, denn mit Zentralrohrrahmen, Einzelradaufhängung und wassergekühltem 1,3-Liter-Vierzylinder-Reihenmotor im Heck passte er so gar nicht in die Modellpalette des Hauses Daimler-Benz. Seine elegante Karosserie mit „fließenden", geschwungenen Kotflügeln und rundem Heck entsprach den neuesten Erkenntnissen der Aerodynamik. Bedingt durch die Anordnung des Motors im Heck drückten rund 60 % des Gewichts auf die Hinterachse, was die Handhabung des Wagens nicht gerade erleichterte und zum frühen „Tod" des 130 H beitrug. Vom 150 H wurden 1935 nur einige wenige Exemplare für sportliche Einsätze konzipiert. Sie bewährten sich, weil der Motor nicht auf, sondern vor der Hinterachse platziert war. Der Terminologie entsprechend hätten sie demnach 150 M (M = Mittelmotor) heißen müssen. Zur

Serienfertigung wurde der Motor seltsamerweise wieder auf die Hinterachse platziert. Dadurch war der 150H mit denselben Problemen behaftet wie der 130H und darüber hinaus mit 6600RM (1935) beziehungsweise 6350RM (1936) nicht gerade preiswert, und so musste auch dieses Modell 1936 aus dem Verkauf genommen werden. Nachfolger wurde der 170H.

Währenddessen hatte Ferdinand Porsches Konstruktionsbüro einen Regierungsauftrag zur Entwicklung des „Volkswagen“ erhalten. Wie bereits erwähnt, hatte Hitler im Februar 1933 die Motorisierung des deutschen Volkes gefordert. Ihm schwebte ein Auto vor, das auf der Autobahn 100km/h Reisegeschwindigkeit halten konnte, einer vierköpfigen Familie Platz bot und weniger als 1000RM kosten sollte. Er befahl, ein klassenloses Auto zu konstruieren, „als Quelle bisher unbekannten, freudigen Glücks für die Millionen ehrenwerten, hart arbeitenden und guten Mitbürger, vor allen Dingen an Sonn- und Feiertagen“. Porsches Modellstudie wurde genehmigt. Auf Anordnung wurden die ersten Prototypen bei Daimler-Benz in Sindelfingen gebaut.

Das Geld war zwar 1932/33 knapp, aber Daimler-Benz brauchte nun einen neuen, den Regeln des AIACR entsprechenden Rennwagen. Denn in der Rennsaison 1934–1936 durften Grand-Prix-Wagen ein Gewicht von 750kg (ohne Kraftstoff, Öl, Kühlmittel und Reifen) nicht überschreiten.

Runter mit dem Lack!

Mit dem Entwurf eines angemessenen Designs wurde Hans Nibel betraut. Er beauftragte Max Wagner, das Fahrgestell, und Albert Heeß, den Motor zu konstruieren. Die letzten Vorbereitungen regelte Max Sailer, und dann gelangten die Autos in die Obhut des Rennleiters Neubauer. Das Ergebnis war der W25, eine herkömmliche frontgetriebene Entwicklung. Sein Achtzylinder mit je zwei Kompressoren und Druckvergasern leistete auf Anhieb 354PS. (Die Basis dieses Motors war 1924 von dem jungen Ingenieur Wunibald Kamm entwickelt worden). Der W25 besaß eine stromlinienförmige Karosserie und Speichenräder. Das enge Cockpit war bis knapp vor die Schwingachse zurückversetzt. „Erleichterungsbohrungen“ wurden in allen nur möglichen Bauelementen

Ganz oben: *Der gewaltige 540K war aus jeder Perspektive beeindruckend. Bei einem Radstand von 3290mm und 5240mm Gesamtlänge hatte der Wagen 2500kg Leergewicht.*

Oben: *Je nach Kraftstoffgemisch leistete der Achtzylinder des W125 von 1937 488–592PS. Die Ventile wurden durch zwei oben liegende Nockenwellen gesteuert und von zwei Schiebervergasern gespeist.*

Links: *1937 war der W125 der leistungsstärkste Rennwagen. Je nach Übersetzung wurden Höchstgeschwindigkeiten von über 300km/h erreicht. 1938 musste er wegen einer neuen Gewichtsregelung aus dem Renngeschehen ausscheiden.*

Rechts: *1936 wurde die Rennabteilung reorganisiert und Uhlenhaut Chef der Technik. Der W125 war seine erste erfolgreiche Entwicklung. Beim Großen Preis der Schweiz in Bern belegten W125 die ersten drei Plätze. Hier Caracciola in Führung.*

Unten: *Wenn die W25 nicht an Grand Prix teilnahmen, wurden stromlinienförmige Karosserien verwendet. Hier 1937 bei einem Rennen auf der Avus. Bei Geschwindigkeiten von bis zu 370km/h hielten die Reifen allerdings nur vier Runden.*

vorgenommen – selbst in die Naben der Vorderreifen – und das Leergewicht auf exakt 750kg reduziert. (In der abschließenden Rennabstimmung wog der Wagen 847kg und war damit nicht schwerer als der damalige SLK.) Anfang Mai waren die beiden Einsatzwagen für die Saison 1934 fertig und wurden zum Nürburgring überführt, wo sie am 3. Juni zum Eifelrennen starten sollten. Als Fahrer waren Manfred von Brauchitsch und Luigi Fagioli verpflichtet, während der dritte Fahrer, Caracciola, sich von seinen in Monaco erlittenen Verletzungen erholte.

Wenige Tage vor dem Start ergaben sich plötzlich unerwartete Schwierigkeiten: Der Wagen war zu schwer, und dem Team drohte der Ausschluss. Alle Tricks halfen nichts, letztendlich wog der Wagen immer noch ein Kilogramm zu viel. Erst in der sprichwörtlich letzten Sekunde kam Neubauer der rettende Gedanke. Er ließ die weiße Farbe entfernen, wodurch sich das Gewicht auf 725kg reduzierte. Und so startete der W25 am folgenden Tag mit „nackter", silberglänzender Aluminiumhaut. Es dauerte dann auch nicht lange, bis die W25 allgemein als „Silberpfeil" bekannt waren. Neubauer ließ seine Wagen danach nur noch silbern streichen. Als auch Auto Union den Anstrich übernahm, wurde Silber zur neuen Nationalfarbe der deutschen Rennwagen.

Um die Geschichte noch publikumswirksamer ausschlachten zu können, musste der W25 natürlich sein Jungfernrennen gewinnen – und genau dies glückte von Brauchitsch. Er kam vor seinem Kontrahenten Hans Stuck von Auto Union als Erster ins Ziel. Ferdinand Porsches Ingenieurbüro war nicht nur an der „Volkswagen"-Entwicklung beteiligt, sondern beriet auch Auto Union. So dauerte es nicht lange, bis Neubauer die Rennwagen von Auto Union als immer bedrohlichere Konkurrenz empfand. Unter Porsches Regie baute Auto Union Rennwagen mit Mittelmotor mit Acht- oder Sechzehnzylinder-Maschinen. Porsche hatte das Mittelmotorkonzept schon während seiner Tätigkeit für Daimler-Benz entwickelt, dort aber keinerlei Unterstützung gefunden. Revolutionären Ideen stand Daimler-Benz meist zurückhaltend gegenüber und hielt am liebsten an erprobten und bewährten Konzepten fest. Nun erkannten die „Stuttgarter" jedoch, warum Auto Union immer bedrohlicher herankam: Porsches Rennwagen hatten mehr Hubraum und folglich mehr Leistung. Nun endlich reagierte Daimler-Benz und vergrößerte den Hubraum des W25 noch während der laufenden Saison 1934 auf 4 Liter. Als dann auch noch der Kompressor vergrößert wurde, stieg die Leistung schon mit einfachem Benzolgemisch auf 370PS und mit Methylalkohol sogar auf 430PS. Im Verlauf der nächsten Jahre konnte der Motor sogar auf 4,7 Liter ausgebaut und die Leistung auf 494PS gesteigert werden.

Untragbar war der Durst der W25-Motoren. Vom Methylalkohol-Gemisch schluckten sie 100 Liter auf 100 Kilometer! Auf langen Versuchsfahrten wurde ein neues Benzingemisch gefunden. Werksintern „XM" genannt, bestand die Mischung aus 86 % Methylalkohol, 4,4 % Nitro-Benzol, 8,8 % Azeton und 0,8 % Äther. Die Wirkung war frappierend: Die Leistung stieg auf 354 PS.

Dass man Auto Union ernst nehmen musste, zeigte sich bereits einen Monat nach dem Eifelrennen beim Großen Preis von Deutschland. Hier war der Zieleinlauf umgekehrt. Dennoch glückten dem W25 im Laufe des Jahres vier weitere Siege. Für Rekordfahrten wurde der W25 am Ende der Rennsaison 1934 mit einem primitiven Hardtop präpariert, und Caracciola erreichte über die fliegende Meile 316,38 km/h.

In der Rennsaison 1935 beherrschte der W25 die Konkurrenz. Bei neun von zehn Rennen fuhr er als Sieger über die Ziellinie (darunter fünf Doppelsiege). Sieben der neun Siege gingen auf das Konto von Caracciola. Seit seinem Unfall in Monaco 1933 mit schweren Hüftverletzungen hatte er lange unter starken Schmerzen gelitten. Jetzt war er wieder in Bestform und schrieb mit dem W25 Motorsportgeschichte. Von 1934 bis 1939 wurde Caracciola dreimal Europameister (heute dem Weltmeistertitel vergleichbar), somit war er der erfolgreichste deutsche Rennfahrer der Vorkriegszeit. Er wurde als Sportidol respektiert und gefeiert, wo immer er erschien.

Dennoch gab sich Auto Union noch nicht geschlagen und verpflichtete einen jungen Fahrer, Bernd Rosemeyer, als Partner des erfahrenen Teamleiters Tazio Nuvolari. Beim Eifel-Rennen 1935 lieferten sich Rosemeyer und Caracciola heftige Kämpfe Rad an Rad, und Rosemeyer musste sich erst auf den letzten 100 m dem Mercedes-Fahrer geschlagen geben.

Überschattet wurden die Erfolge durch den Tod von Hans Nibel, der im Herbst 1934 im Alter von nur 54 Jahren verstorben war. Max Sailer trat seine Nachfolge an.

Die Ingenieure bei Daimler-Benz arbeiteten mit Hochtouren an den Vorbereitungen für die Saison 1936. Der Radstand des W25 wurde verkürzt, die Bohrung der Zylinder auf 86 mm erweitert, und der Hubraum auf 4740 ccm vergrößert. In Verbindung mit einem neuen Kompressor stieg die Leistung auf 449 PS. Auf den Rennstrecken machten Neubauer und sein Team dort weiter, wo sie 1935 aufgehört hatten. Der W25 siegte in Monte Carlo und Tunis und wurde Zweiter in Barcelona. Und danach ging alles schief bei Mercedes. Rosemeier kam so richtig in Schwung und feierte sieben Siege für Auto Union. Der W25 hatte dagegen Probleme. Sein Motor war ausgereizt, in den Zylindern bildeten sich Risse, und bei hohen Geschwindigkeiten ließ er sich oft schwer in der Spur

Oben: *Den ersten Rennsieg errang der W125 am 5. Juli 1937 beim Großen Preis von Deutschland auf dem Nürburgring. Hier Boxenstopp und Wechsel der Hinterreifen. Im Cockpit Hermann Lang.*

Links: *Der attraktivste 170 V hatte zwei Sitze. Obwohl der Wagen nur von einem bescheidenen Motor mit 1697 ccm Hubraum angetrieben wurde, erreichte der Roadster 108 km/h Höchstgeschwindigkeit. Der Kaufpreis betrug 5500 RM.*

__Rechts:__ Die 14. Coppa Acerbo in Pescara fand an einem heißen Tag im August 1938 statt. Der W154 von Manfred von Brauchitsch ging beim Start vor Lang und Nuvolari (Auto Union, Startnummer 40) in Führung. An vierter Stelle Caracciolas W154. Caracciola siegte, nachdem die beiden führenden W154 wegen Motorschadens ausgefallen waren.

__Oben:__ 1938. Das Daimler-Benz-Rennteam beim Großen Preis von Deutschland (von links nach rechts): Manfred von Brauchitsch, Rennleiter Alfred Neubauer, der Sieger Dick Seaman, Hermann Lang und Rudolf Caracciola.

__Unten:__ Eine von vielen Karosserievarianten für die Baureihen 500K/540K. Dieses elegante, zweisitzige Stromlinien-Coupé wurde 1937 als Spezialausführung gebaut.

halten. Als dann auch in Budapest alle drei Mercedes ausgeschieden waren, zog Neubauer die Notbremse und sagte die Teilnahme an allen restlichen Rennen des Jahres ab. Er erkannte, dass etwas Grundsätzliches geschehen musste, wenn 1937 seine Werksmannschaft wieder zu einem Siegeszug antreten wollte. Aber nicht nur die Rennwagen mussten verbessert, sondern auch die Rennabteilung reorganisiert und als eigenständige Abteilung dem Daimler-Benz-Entwicklungsbereich angegliedert werden. Technischer Leiter der Rennabteilung wurde Rudolf Uhlenhaut, der fünf Jahre zuvor im Alter von 25 Jahren zu Daimler-Benz gestoßen war. Er arbeitete in der Forschungsabteilung und erwies sich auch als tüchtiger Fahrer. Anfang August 1936 wurde eine zweitägige Testveranstaltung auf dem Nürburgring organisiert, wo von Brauchitsch und Caracciola den W25 auf Herz und Nieren prüften. Nachdem sie 25 wesentliche Verbesserungen veranlasst hatten, reisten die Fahrer ab und waren sicher, alle Probleme gelöst zu haben. Zurück blieben Uhlenhaut und seine Techniker, um weitere Tests durchzuführen. Am 14. August 1936 setzte sich Uhlenhaut selbst ans Volant und stellte nach einigen Probefahrten (übrigens mit beeindruckenden Rundenzeiten!) fest: „Ich kenne mich jetzt mit Rennwagen aus und weiß, welche Fehler noch zu beseitigen sind." Er ließ den Radstand verlängern, die Vibrationen an der Hinterachse beseitigen und erkannte, dass die Motorleistung ausgereizt war. Um auf den anspruchsvollsten Rennstrecken der Welt das Letzte aus einem Wagen herausholen und siegen zu können, mussten die Fahrzeuge – so ließ er die Geschäftsleitung wissen – verwindungssteifer konstruiert werden und weichere Stoßdämpfer mit längeren Federwegen erhalten. Damit stellte Uhlenhaut die bisher übliche Konstruktion infrage.

Gestützt auf seine praktischen Erfahrungen entwickelte Uhlenhaut einen Rennwagen für die Saison 1937 und schuf den W125 mit einem Leergewicht von nur 725kg. Er hatte den Wagen so grundlegend überarbeitet, dass tatsächlich ein neues Modell entstanden war. Gedanken an einen neuen V12-Motor hatte man aus Gewichts- und Termingründen bald aufgegeben und stattdessen beschlossen, den „alten" Achtzylinder auf höhere Drehzahlen zu steigern. Abhängig vom Benzingemisch holte dieser Reihenmotor aus 5660ccm Hubraum erstaunliche 646PS heraus. Möglich wurde diese Leistungssteigerung durch eine Bohrung von 94mm, einen Hub von 102mm sowie eine auf 8,8:1 erhöhte Verdichtung. Mit dem W125 demonstrierte Daimler-Benz 1937 erneut seine Überlegenheit im Motorenbau. Caracciola errang seinen zweiten Europameistertitel: Der W125 siegte bei fünf Grand-Prix-Entscheidungen und beendete die Rennen in Monaco und der Schweiz

W165 – die kleine Rakete

Die Entwicklung des W165 ist typisch für die Daimler-Benz-Philosophie und verdeutlicht, wie man in diesem Unternehmen Schwierigkeiten anpackte: Erkenne das Problem, verstehe die Natur des Problems, erarbeite Wege zur Lösung des Problems, und setze das Notwendige durch, ohne das Ziel aus den Augen zu verlieren. Nach diesem Prinzip reagierte das Unternehmen auch auf ein raffiniertes Spiel, mit dem man die erfolgreichen Silberpfeile bloßzustellen hoffte.

Während der Rennsaison 1938 wurde bekannt, dass zum Großen Preis von Tripolis – damals eines der werbeträchtigsten und bestdotierten Rennen – nur noch zwei Rennwagentypen zugelassen würden: Wagen mit Kompressormotoren bis maximal 1,5 Liter (so genannte Kategorie „Voiturette") und Wagen ohne Kompressormotoren mit 4,5 Liter Hubraum. Um dieses Reglement zu verstehen, muss man wissen, dass Libyen damals eine italienische Kolonie war und Alfa Romeo und Maserati erst kürzlich 1,5-Liter-Rennwagen gebaut hatten, während Daimler-Benz und Auto Union nur über 3-Liter-Wagen verfügten. Wie viele Italiener, so war auch der Gouverneur von Tripolis frustriert, dass deutsche Rennwagen seit 1935 bei italienischen Motorsportveranstaltungen dominierten, und zwar mit drei Siegen für Daimler-Benz und einem für Auto Union. Hermann Lang hatte 1937 mit dem W125 und 1938 mit dem W154 gesiegt. In Tripolis hatte zuletzt 1934 der Italiener Achille Varzi mit einem Alfa Romeo P3 gewonnen. (Der Große Preis von Tripolis war erstmals 1933 ausgetragen worden. Damals hatte ein Buchmacher angeblich alle Spitzenfahrer bestochen, wodurch Varzi mit seinem Bugatti siegte.)

Beide deutsche Automobilbauer waren bekannt dafür, dass sie sich jeder Herausforderung stellten. So auch in Tripolis. Obwohl ihnen bis zum Start nur noch acht Monate blieben, waren sie fest entschlossen, rechtzeitig einen neuen 1,5-Liter-Rennwagen auf die Räder zu stellen. Auto Union entschied sich für einen V12-Kompressormotor mit 1481 ccm Hubraum und 327 PS (bei 8500 1/min). Daimler-Benz dachte etwas konservativer und entwickelte einen kompakten V8-Motor mit zwei Kompressoren, der bei 1495 ccm knapp 275 PS leistete. Daimler-Benz schaffte die Herausforderung, während es Auto Union unmöglich war, am 7. Mai 1939 einen einsatzbereiten Rennwagen bereitzustellen.

Nach einigen kurzen Testläufen in Hockenheim wurden zwei kleine W165 (nur unwesentlich länger als die heutige Mercedes A-Klasse) nach Libyen verschifft. Man kann nur vermuten, wie sehr die Rennveranstalter überrascht waren, als die beiden „Baby"-Silberpfeile ausgeladen wurden. Rennleiter Alfred Neubauer nannte es „Wunder von Tripolis", als sich die beiden deutschen Wagen insgesamt 28 italienischen Herausforderern (22 Maserati, sechs Alfa Romeo) stellten. Das Rennen fand im Autodrome di Mellaha statt. Auf der 13,12 km langen Strecke herrschten während des Rennens Temperaturen von bis zu 52 °C. Da sich Lang und Caracciola nicht einigen konnten, welchen Wagen sie fahren sollten, war die Stimmung zwischen beiden gereizt. Schließlich überließ Neubauer Caracciola die Wahl. Caracciola wollte das Rennen ohne Tankstop durchfahren.

Schnellster beim Training war der Maserati von Villoresi, die beiden Silberpfeile kamen auf den zweiten und dritten Platz. Als Vierter in der ersten Startreihe stand der Alfa Romeo von Farina. Schon beim Start glückte Lang ein beachtlicher Vorsprung, und er konnte den Abstand zu seinen Verfolgern derart vergrößern, dass er auftanken konnte, ohne dass ihn Caracciola oder der schnellste Maserati überholen konnten. Lang siegte mit einer Durchschnittsgeschwindigkeit von 196 km/h und einem Vorsprung von mehr als drei Minuten. Klugerweise unterließ er es, seinen Teamgefährten zu überrunden, der als Zweiter ins Ziel kam. Dennoch haben sich die beiden hinterher keines Blickes gewürdigt. Dritter wurde ein Alfa Romeo mit mehr als einer Runde Rückstand.

Auf den vom Gouverneur – natürlich für ein italienisches Team – bereits vorbereiteten Siegesfeiern erschienen die Deutschen nicht. Niemand hatte geglaubt, dass Daimler-Benz in nur acht Monaten einen völlig neuen Rennwagen und einen neuen Motor entwickeln konnte. Alle übrigen Rennen der Saison wurden in der 3-Liter-Klasse gefahren. Da es Gerüchte gab, ab 1940 würde die 1,5-Liter-Klasse für Grand Prix eingeführt, glaubte man sich bei Daimler-Benz mit dem W165 gut gerüstet. Aber der Krieg sollte alle Pläne über den Haufen werfen ... Nach 1945 wurde Caracciola eingeladen, in den USA mit einem W165 in Indianapolis anzutreten. Das Vorhaben scheiterte an der Nachkriegsbürokratie. Beide W165 stehen heute im Mercedes-Museum. An einem Rennen haben sie nie mehr teilgenommen.

Links: *In Rekordzeit gebaut, nahm der einzigartige W165 nur 1939 am Großen Preis von Tripolis teil. Der Krieg beendete seine Rennkarriere, denn 1950 waren die W165 nicht mehr konkurrenzfähig.*

***Rechts:** 1938 siegten W154 sechsmal (davon vier Grand Prix). Bei maximal 8200 1/min leistete ihr 3-Liter-Zwölfzylinder (V-Form, 60°) 480 PS. Höchstgeschwindigkeit: 330 km/h.*

***Unten:** Von 1937 bis 1939 wurde der 320 mit großem Radstand (3300 mm) als Limousine, Cabrio und mit eleganter Stromlinien-Karosserie (Foto) gebaut.*

auf den ersten drei Plätzen. Seine Kraft konnte der W125 auf der Avus voll entfalten, wo Hermann Lang mit einer Durchschnittsgeschwindigkeit von 261,7 km/h siegte und 381 km/h Höchstgeschwindigkeit erreichte – Geschwindigkeiten, die bis 1959 unübertroffen blieben.

Seine hohe Geschwindigkeit wurde für den W125 zu einem ernsthaften Sicherheitsproblem. Im belgischen Spa erreichte er 310 km/h. Die AIACR reagierte schnell und führte für die Saison 1938 eine neue Hubraum-Richtlinie ein, die 3 Liter mit Kompressor und bis 4,5 Liter ohne Kompressor erlaubte. Nach den Erfolgen mit Kompressormotoren beschloss Daimler-Benz, einen 3-Liter-Zwölfzylinder (V-Form, 60°) mit Kompressor zu entwickeln. Stirnräder sorgten für den Antrieb der vier oben liegenden Nockenwellen, die ihrerseits vier Ventile je Zylinder über Schlepphebel betätigten. Schon bei seinem Probelauf leistete der neue Motor mit Alkoholgemisch 427 PS bei 8000 1/min. Eine Leistung, die später auf 466 PS gesteigert wurde. Auch Auto Union und Alfa Romeo wählten Kompressormotoren. Ironischerweise erwies sich der neue, leichtere Mercedes W154 auf den Rennstrecken als schneller als der leistungsstärkere W125. Dennoch hatte der neue Motor einen Makel: schrecklichen Durst. Verursacht wurde diese „Trunksucht" durch den hohen Wärmewert des Alkoholgemischs. Der Alkohol kühlte zwar die Zylinder, führte aber zu einem Verbrauch von 217 Liter/100 km, was den W154 praktisch zu einem rasenden Benzintank machte. Betankt wurde er mit mehr als 270 Litern hochexplosiven Treibstoffs in dünnen Aluminiumtanks, sodass die Katastrophe vorprogrammiert erschien. Wie negativ sich hoher Treibstoffverbrauch im Rennen auswirkt, musste Daimler-Benz beim Großen Preis von Frankreich 1938 erfahren. Der spätere Sieger René Dreyfuss legte die Gesamtdistanz mit nur einer Tankfüllung zurück und schlug dadurch den viel schnelleren, aber immer wieder zu Tankstopps gezwungenen W154.

1938 siegten W154 mit Caracciola, Lang, von Brauchitsch und dem Briten Dick Seaman sechsmal (vier Grand Prix), und Caracciola holte sich erneut die Europameisterschaft.

Gestützt auf Erfahrungen aus dem Flugzeugbau und durch Verwendung leichter Materialien wurde das Gewicht des W154 für die Saison 1939 bedeutend verringert. Stark überarbeitet wurde auch der Motor. Verdichtung und Drehzahlgrenze wurden erhöht, die Leistung hob man – unter anderem mit Hilfe eines Zweistufen-Kompressors – auf 480 PS an. Daraufhin gingen die W154 erneut auf Siegeskurs: Hermann Lang holte sich drei Grand-Prix-Siege und die Europameisterschaft, Caracciola den Großen Preis von Deutschland. Ein Beispiel für die Überlegenheit des W154 zeigte Lang auf dem Nürburgring, als er schon in der ersten Runde einen Vorsprung von 27 Sekunden herausfuhr. Aber die Rennsaison 1939 hatte auch ihre Schattenseiten. Dick Seaman verlor sein Leben beim Großen Preis von Belgien. Bei wolkenbruchartigem Regen kam sein

Wagen von der Strecke ab, schleuderte in den Wald und ging – als sich auslaufender Treibstoff an einem heißen Auspuffrohr entzündete – in Flammen auf.

Natürlich drehte sich bei Daimler-Benz nicht alles um Rennwagen. Schließlich „lebte" man vom Verkauf der Serienwagen und war 1936–1939 auch sehr produktiv gewesen. Auf der Berliner Automobil- und Motorrad-Ausstellung 1936 wurden der 170V und 260D vorgestellt. Der 260D war eine große, quadratische Limousine und diente als Versuchsträger für seriengefertigte Dieselfahrzeuge. Wegen zahlreicher Schwierigkeiten verzögerte sich die Entwicklung eines serienreifen Dieselmotors immer wieder. Die höheren Verbrennungsdrücke erforderten stärkere Zylinderwände, deren Zusatzgewicht höhere Trägheitskräfte zur Folge hatten und die Laufruhe des Motors störten. Die daraus resultierenden enormen Belastungen übertrugen sich auf das Getriebe. Vorteilhaft beim Dieselmotor sind sein um ein Drittel geringerer Verbrauch und der billigere Kraftstoff (damals über die Hälfte preiswerter als Benzin).

Nach langwierigen, unbefriedigenden Tests mit dem Sechszylinder-Diesel wurden schließlich zwei Zylinder entfernt, weil man bei nur vier Zylindern auf einen ruhigeren Motorlauf hoffte. Versuchswagen wurden als Taxis eingesetzt, und obschon das Konzept technisch noch nicht sehr ausgereift war, ging der Motor 1937 als sechssitziger 230D in Serie. Als Taxi war der 230D ideal, als „normaler" Pkw jedoch nicht erfolgreich. Bis 1930 wurden nur rund 2000 Wagen abgesetzt.

1938 erschienen zwei weitere neue Modelle. Der 230, eine weiterentwickelte, gut aussehende Limousine, ging erstmals mit Ganzstahl-Karosserie in Serie – für die Konkurrenz eine echte Herausforderung. Obwohl bis zum Kriegsausbruch 1939 nur rund 4000 Exemplare gebaut werden konnten, prägte dieses Modell das Erscheinungsbild nach Kriegsende bis in die 1950er-Jahre. Das zweite Fahrzeug war ein völlig überarbeiteter 770 „Großer Mercedes". Bei Regierungsmitgliedern und Parteigrößen immer noch beliebt, wurden vom ersten Typ 117 und von der neuen zweiten Variante 770K (mit tiefer gelegtem Fahrgestell) weitere 88 Exemplare verkauft. Der 770K zielte auf den Personenkreis, der von allem nur das Größte und Beste besitzen will. Sein Achtzylinder-Reihenmotor mit zwei Kompressoren leistete 160PS ohne und 400PS mit zugeschalteten Kompressoren. Der Hubraum umfasste 7665ccm und beim Zahnradgetriebe (5 Vorwärtsgänge, 1 Rückwärtsgang) war der 5. Gang als Schon- oder Schnellgang konzipiert. Bei einem Verkaufspreis von mehr als 46000RM war absehbar, dass sich nur sehr wenige ein solches Auto leisten konnten. Es waren meistens Angehörige der Regierung, die ihr Land bewusst in Krieg und Untergang trieben. Ein Schicksal, das auch Daimler-Benz teilen würde …

Oben: *Auch die Silberpfeile hatten nicht immer freie Fahrt. Konkurrent Auto Union wurde immer gefährlicher und erreichte 1939 beim Großen Preis von Frankreich den ersten und dritten Platz vor Caracciola. Lang war mit Motorpanne ausgeschieden.*

Oben: *Der neue M163-Motor mit Doppelkompressor stärkte die Leistungsfähigkeit des W154. Beim Grand Prix in Pau überrundeten Hermann Lang und von Brauchitsch das gesamte Teilnehmerfeld zweimal und belegten den ersten und zweiten Platz.*

Links: *1938 wurde der 770K „Großer Mercedes" vorgestellt. Mit zugeschalteten Kompressoren leistete sein 7,7-Liter-Achtzylinder 400PS. In diesem neuen Prestige-Modell wurden auch Erkenntnisse der Rennwagentechnik übernommen.*

TG · 44

Krieg und Neustart
1940–1951

Kaum hatte Mercedes-Benz die Folgen jahrelanger Entbehrungen und wirtschaftlicher Rezession überwunden, als sich erneut drohende Kriegswolken über Europa zusammenbrauten. In den fünf Jahren vor 1939 hätte das Geschäft kaum besser sein können. Die Nachfrage nach Automobilen war groß, und die Modellpalette von Mercedes-Benz reichte von der schlichten, zuverlässigen Limousine bis zum „Traumauto" in Gestalt des legendären 540K. Trotz der starken Konkurrenz durch andere deutsche, italienische und britische Teams beherrschten die Silberpfeile den Motorsport – von den Grand-Prix-Rennen bis zu den Bergrennen.

1938 baute Mercedes-Benz 42687 Fahrzeuge und erzielte mit fast 400 Mio. RM einen viermal höheren Gesamtumsatz als 1928. Allein mit der Automobilproduktion wurden 185 Mio. RM Gewinn erwirtschaftet. Dann ging das Exportgeschäft und dadurch die Umsätze immer weiter zurück. Die „Machtergreifung" der Nazis 1933 erbrachte zwar finanzielle Unterstützung, beeinträchtigte aber durch die bedrohlichen Reden Adolf Hitlers den Export. Immer weniger ausländische Kunden kauften deutsche Autos – und dies zu einer Zeit, als Berlin dringend Devisen benötigte. Schon bald wurden Stahl, Aluminium und Gummi knapp, was zur Folge hatte, dass zur Sicherung des Inlandsbedarfs Automobile ohne Reifen exportiert wurden. Für die 1938 im Deutschen Reich registrierten gut 21 000 Mercedes benötigte man mindestens 84 000 Reifen. Mit einem deutschen Marktanteil von 9,2 % rangierte Mercedes-Benz knapp hinter Ford, Auto Union und Opel, die zusammen 30 % hielten. Neben umfangreichen außertariflichen Leistungen kostete die Belegschaft (35 123 Personen) jährlich rund 100 Mio. RM an Löhnen und Gehältern.

Wie überall in Deutschland gab es auch bei Mercedes-Benz in Geschäftsleitung und Belegschaft zahlreiche Hitler-Anhänger, weshalb auch dieses Vorzeigeunternehmen sehr bald national-

Vorige Seite: *Der 170S wurde von Mai 1949 bis März 1952 gebaut und ließ Mercedes-Benz wieder Hoffnung schöpfen. Die Baureihe war in verschiedenen Typen bis 1955 als Limousine oder Cabriolet verfügbar. Als Antrieb diente ein 52-PS-Vierzylinder-Reihenmotor mit Leichtmetall-Zylinderköpfen.*

Unten: *Die Machthaber des „Dritten Reiches" forderten gepanzerte Wagen. Diese mächtige, fast 5 t schwere Pullman-Limousine war eine von fünf 770K mit Achtzylinder-Reihenmotor, der durch zwei Kompressoren aufgeladen wurde.*

Links: *In den 1930er-Jahren wurden zahlreiche Nutz- und Militärfahrzeuge gebaut. Abgebildet ist ein 4 t schwerer LG4000 mit Sechsradantrieb. 1938/39 gefertigt, wurde der Lastwagen von einem 7413-ccm-Dieselmotor angetrieben.*

sozialistisch linientreu in Erscheinung trat. Umgeben von hoch gerüsteten Nationen konnte es nicht ausbleiben, dass Deutschland bestrebt war, auf dem Gebiet der Panzerkonstruktion nicht den Anschluss zu verlieren. Schon 1928 wurden Mercedes-Benz und drei andere Unternehmen aufgefordert, Entwürfe für einen leichten, schnellen sowie einen schweren Kampfpanzer von bis zu 23 t zu erarbeiten. Prototypen wurden unter strikter Geheimhaltung gebaut und – weitab von neugierigen Blicken – in Zusammenarbeit mit Moskau in der UdSSR erprobt. Nachdem Hitler im März 1935 unter Missachtung des Versailler Vertrags die deutsche Wehrhoheit verkündet hatte, trat auch die deutsche Rüstungsindustrie an die Öffentlichkeit. In Untertürkheim wurde seit 1927 mit Flugmotoren experimentiert. 1935 war deren Entwicklung so weit fortgeschritten, dass die Serienfertigung des Zwölfzylindermotors DB600 beginnen konnte. Zur Produktion dieses ersten deutschen Flugmotors mit direkter Benzineinspritzung (12 Zylinder in V-Form hängend, 850–1000 PS Startleistung) und seiner Nachfolgemodelle wurde in Genshagen bei Berlin auf einem 4 Mio. m² großen Gelände ein eigenes Werk errichtet. Schon 1937 begann die Serienfertigung eines weiterentwickelten Einspritzers. Dieser DB601, von dem bis 1943 über 19 000 Stück ausgeliefert wurden, zählte zu den zuverlässigsten und robustesten deutschen Flugmotoren, der an allen Fronten zum Einsatz kam. Bei der internationalen Flugschau in Zürich-Dübendorf im Sommer 1937 flog die mit einem leistungsgesteigerten DB601 (1660 PS) ausgerüstete und für Rekordflüge modifizierte Messerschmitt Bf109 V-13 mit 610,95 km/h den Geschwindigkeitsweltrekord für Landflugzeuge. Mit der deutschen Aufrüstung ging ein großer Bedarf an jeder Art von militärischen Fahrzeugen einher. Bei diesem Geschäft wollte Mercedes-Benz eine große Rolle spielen.

Daimler-Benz betrieb aber nicht nur den Bau von Flugmotoren und Militärfahrzeugen. Auch der

Unten: *Im September 1938 ging Mercedes-Benz mit dem Kübelsitzwagen auf der Basis des Typs 320 mit verlängertem Radstand in Serie. Dieser Typ 340 erhielt einen Sechszylinder-Reihenmotor sowie einen 140-Liter-Tank. Der Viersitzer diente als Funk- und Nachrichtenwagen.*

Rechts: *Der G4 wurde Anfang der 1930er-Jahre als schwerer Geländewagen mit 5-, 5,2- und 5,4-Liter-Motoren konstruiert. Das Leergewicht betrug 3500–3550 kg. Der 540G4 mit 5363 ccm Hubraum erreichte 67 km/h Höchstgeschwindigkeit.*

770K „Großer Mercedes" fand seine Abnehmer, besonders der teure gepanzerte Typ. Man beschloss, dem „Führer" zu dessen 50. Geburtstag im April 1939 ein spezielles Cabriolet des Großen Mercedes als Geschenk zu überreichen. Die Karosserie bestand aus 18 mm starken Stahlplatten, die schusssicheren Scheiben hatten 40 mm Stärke. Eine „Sicherheitslücke" entstand nur bei offenem Verdeck. Das immense Gewicht des Wagens ließ sich auch durch Leichtmetallkotflügel nur geringfügig reduzieren. Er wog fast 5 t und verbrauchte fast 2 l/km. Als Höchstgeschwindigkeit durften 80 km/h nicht überschritten werden, weil die beschusssicheren Mehrkammerreifen sonst versagt hätten.

Am Morgen des 1. September 1939 befahl Adolf Hitler den Angriff auf Polen und stürzte Europa in den Krieg. Wie alle übrigen Industrieunternehmen trug auch Daimler-Benz seinen

Unten: *Angesichts der Engpässe in der Benzinversorgung rüstete Mercedes seine Fahrzeuge des Typs 170V auf Gaserzeugungsanlagen um. Mit 17 kg Vorratsholz für den Generator fuhr der Wagen rund 100 km weit.*

Teil zu den deutschen Kriegsanstrengungen bei. Wegen der Benzin- und Reifenrationierung wurde die Fertigung für den zivilen Automobilmarkt drastisch eingeschränkt, kam aber nicht völlig zum Erliegen. Neue Fahrzeuge sollten nicht mehr verkauft, sondern mussten direkt der Wehrmacht übergeben werden. Dennoch stellte man bei Daimler-Benz einige Werke noch nicht gänzlich auf Kriegsproduktion um, weil man nach dem erwarteten glorreichen „Endsieg" schnell wieder ins zivile Geschäft einzusteigen gedachte.

Unruhige Zeiten

Bei Kriegsausbruch beschlagnahmte die Wehrmacht zahlreiche Autos, bereits zwei Tage später wurde der Neuwagenverkauf an Privatpersonen praktisch eingestellt. Obwohl mehr als zehn Prozent der Belegschaft Einberufungsbefehle erhielten, sollte die Produktion für militärische Zwecke gesteigert werden. Je länger der Krieg dauerte, desto negativer machte sich im Werk das Fehlen der Spezialisten bemerkbar. Die daraus resultierenden „Qualitätslücken" konnten durch Einstellen weiblicher Hilfskräfte – später Fremd- und Zwangsarbeiter – nur notdürftig geschlossen werden.

Vor 1939 hatte Daimler-Benz neue Werke, etwa in Wien, errichtet, die nun auf die Flugmotorenproduktion umgerüstet wurden. Gemeinsam mit den größeren Werken in Genshagen und Berlin-Marienfelde sowie zahlreichen Ausweichbetrieben (z. B. in Krakau) wurden hier bis Kriegsende mehr als 80 000 Flugmotoren gebaut. Marienfelde wurde 1943 komplett auf Panzerbau umgestellt. In Untertürkheim war die Pkw-Produktion schon vorher fast völlig zum Erliegen gekommen, da in erster Linie Flugmotoren montiert wurden. Die ersten drei Kriegsjahre erwiesen sich für Daimler-Benz als außerordentlich erfolgreich. Mehrmals wurden junge Stammaktien ausgegeben, das Aktienkapital erhöht und Dividenden ausgezahlt. Man baute alle Arten von Automobilen sowie Flugzeuge, Schiffe, Raketenteile und Halbketten-Stabswagen und erzielte im Motorenbau Spitzenwerte. Natürlich konkurrierte Daimler-Benz auch in diesen Jahren mit anderen

Links: *Von 1941 bis 1944 wurde für die Wehrmacht dieser vielseitig verwendbare Transporter vom Typ L1500A mit 2,6-Liter-Motor gebaut.*

Oben: *Kriegspropaganda 1942. Das Plakat sollte Energieverschwendung verhindern.*

Unten: *Die Nachkriegsproduktion begann mit den Typen 170V (Juni 1946) und 170D (Mai 1949).*

Unternehmen und unterlag beispielsweise im Wettbewerb um einen neuen Panzer, weil sich der Dieselmotor für dieses 3t schwere Ungetüm als zu schwach erwies. Unter dem Druck der Rüstungsbestimmungen wurden auch Fremdprodukte gefertigt. So entstand im Werk Mannheim ein von Opel konstruierter Panzer.

1942 verstarb der seit 1939 kränkelnde Vorstandsvorsitzende Wilhelm Kissel. Nachfolger wurde Dr. Ing. Wilhelm Haspel. Er war seit 1935 Leiter des Karosseriewerks Sindelfingen, seit 1941 gehörte er dem Vorstand an. Haspel sah sich fast unlösbaren Aufgaben gegenüber. Die Rohstoffversorgung wurde immer katastrophaler, und der Nachschub für die Ostfront war wegen der riesigen Entfernungen dermaßen erschwert, dass 1942 sogar östlich von Minsk (Ukraine) ein Reparaturwerk eingerichtet werden musste.

Im „Reich" wurden inzwischen die Versorgungsengpässe besonders bei Benzin immer bedrohlicher. Sollte die Mobilität von Bevölkerung und Militär erhalten bleiben, mussten Ersatzstoffe entwickelt werden. Die Idee, Automobilmotoren mithilfe von Holz-/Gas-Generatoren anzutreiben, erwies sich auf den ersten Blick grotesk, war aber praktikabel. An Front und Heck des Fahrzeugs wurden zwei mit Holz gefüllte Heizkessel montiert, die durch Verbrennung etwa 22 PS entwickelten. Zum „Tanken" fuhr man mit der Axt in den Wald, eine „Tankfüllung" reichte für etwa 100 km.

Wie ihre deutschen Gegner hatten auch die amerikanischen Automobilgiganten Ford, General Motors und Chrysler ihre Produktion auf den militärischen Bedarf abgestimmt. Allerdings arbeitete man in den USA praktisch unter Friedensbedingungen. Im Verlauf des Krieges wurde die deutsche Luftwaffe mehr und mehr vom Himmel über Europa verdrängt. Mit ihrer schwindenden Kampfkraft vergrößerten sich die Probleme für Daimler-Benz und Deutschlands Industrie dramatisch. Denn je länger der Krieg dauerte, desto ungehinderter legten alliierte Bombergeschwader systematisch Rüstungszentren, Verkehrswege und Städte in Schutt und Asche.

Im April 1943 wurde das Werk in Mannheim erstmals bombardiert, es folgten Angriffe gegen die Werke in Berlin (im August) und Sindelfingen (im Oktober). Trotz schwerer Schäden konnte man in den Werken mit verringerter Kapazität weiterarbeiten. Im Februar und März 1944 erfolgten zwei Luftangriffe gegen Untertürkheim und im Herbst vernichtende Schläge gegen Untertürkheim, Sindelfingen, Marienfelde und Gaggenau. Allein auf Gaggenau wurden 800 Sprengbomben und 30 000 Brandbomben abgeworfen.

Als Folge der alliierten Luftangriffe hatte Daimler-Benz bereits frühzeitig große Teile seiner Fertigung und Entwicklung in zahlreiche kleine Ausweichbetriebe ausgelagert, um die Rüstungsgüter vor den Bomben zu retten. Aber diese Lösung war nur von kurzer Dauer. Bald stießen die Alliierten am Himmel über Deutschland kaum noch auf Gegenwehr und verhinderten tagsüber jede Bewegung auf Straße und Schiene.

Angesichts der unabwendbaren Niederlage entschieden Wilhelm Haspel und seine vertrauenswürdigen Direktoren, von Daimler-Benz zu retten, was noch zu retten war. Die Verbindungen nach Berlin wurden abgebrochen und alle verfügbaren Gelder nach Stuttgart umgelenkt. Missachtet wurde auch der Befehl, die Werke vor den anrückenden Alliierten zu zerstören. Dennoch blieb kaum ein Stein auf dem anderen. Bis Kriegsende hatte Daimler-Benz fast 2500 Mitarbeiter verloren, 816 galten als vermisst. Die Gesamtschäden hatten im Lauf des Krieges rund 500 Mio. RM erreicht. Die zurückkehrenden Mitarbeiter fanden nur noch Trümmer vor.

Das Unternehmen war auf den Stand von 1918 zurückgeworfen und sah sich erneut vor der schwierigen Aufgabe, nicht nur seine Werke aufbauen, sondern auch sein gutes Image im In- und Ausland zurückgewinnen zu müssen. Glücklicherweise lagen die Stammwerke von Daimler-Benz im westlichen Teil des geteilten Deutschlands, der der Alliierten Kommandantur aus Amerikanern, Briten und Franzosen unterstand.

Oben: *Im Rahmen der Baureihe L4500 baute Mercedes-Benz von 1939 bis 1944 schwere Nutzfahrzeuge. Ausgestattet mit 7,2-Liter-Sechszylinder-Motoren, erfüllten sie die unterschiedlichsten Aufgaben. Abgebildet ist ein Feuerwehrfahrzeug mit Drehleiter.*

Unten: *1949 wurde der L3250 als moderner Pritschen-, Kasten- und Kipplastwagen gebaut, später gefolgt vom Typ L3500.*

Oben: *1949 wurde der talentierte Rudolf Uhlenhaut Chefkonstrukteur. Lange Jahre beeinflusste er maßgeblich die Modellpolitik des Unternehmens. Er stammte aus einem deutsch-britischen Elternhaus und war ein begnadeter Rennfahrer.*

Unten: *1949 präsentierte Mercedes-Benz den ersten „Traumwagen" der Nachkriegszeit – den Mercedes 170S (Limousine und Cabriolet).*

Kaum war der Krieg beendet, durfte in Untertürkheim schon mit Aufräumarbeiten und Wiederaufbau begonnen werden. Mit Genehmigung der Besatzungsmacht wollte man zunächst mit der Reparatur von Fahrzeugen beginnen und baldmöglichst wieder Lkw und Pkw bauen. Wilhelm Haspel und alle Vorstandsmitglieder mussten sich vor einem Kriegsverbrechertribunal verantworten und ihre Rollen im NS-Regime darlegen. Haspel wurde verdächtigt, als Mitglied eines Komitees zur Entwicklung von Strahltriebwerken enge Verbindungen zur NS-Führung unterhalten zu haben. Die Militärregierung enthob ihn sofort seines Amtes und untersuchte sein Handeln während des Krieges umfassend. Erst als seine Unschuld geklärt war, übernahm Haspel 1948 wieder die Firmenleitung. Während seiner Abwesenheit hatten drei Sonderbeauftragte – Carl Jahr, Walter Kaufmann und Otto Hoppe – die Geschicke des Unternehmens geführt. Denn neben Haspel mussten sich auch die meisten seiner Vorstandskollegen vor Militärgerichten verantworten.

Erstaunlicherweise war die finanzielle Situation der Daimler-Benz AG nicht schlecht. Das Unternehmen hatte zwar fast alle Gebäude und Produktionseinrichtungen verloren, war jedoch nicht der alliierten Vermögenskontrolle unterstellt. Der Grund: Seine Aktien befanden sich nur in geringer Zahl in der Hand von Personen oder Gesellschaften, die der Vermögenskontrolle unterlagen. Rund 250 Mio. RM lagerten auf verschiedenen Bankkonten. Die Geschäftsleitung von Daimler-Benz war deshalb bestrebt, möglichst schnell wieder zu produzieren und Geld zu verdienen, damit das Kapital nicht für Löhne und Wiederaufbau aufgebraucht wurde. Anfangs arbeitete Daimler-Benz für die Alliierten und reparierte und wartete deren zusammengewürfelten Fuhrpark. Das völlig zerstörte und teilweise demontierte Werk Berlin-Marienfelde begann in geringem Umfang mit der Ersatzteilfertigung für die Sowjetarmee. Zur Wiederherstellung der deutschen Währungsstabilität erfolgte am 20. Juni 1948 in den westlichen Besatzungszonen eine Währungsreform und die Einführung der Deutschen Mark. Obwohl das Kapital von Daimler-Benz durch die Währungsreform von 108 Mio. RM auf 13 Mio. DM schrumpfte, war sich Wilhelm Haspel bewusst, dass durch diesen Schritt die Verkaufsmöglichkeiten deutlich besser würden.

Langwierige Erholung

Die Bombardierungen, nachfolgenden Plünderungen und Beschlagnahmungen waren so verheerend gewesen, dass die Belegschaft (Ende 1945 bestand sie aus 12849 Personen) vorerst nur reparieren und Schutt räumen konnte. „Überlebt" hatten nur die Fertigungsanlagen für den Typ 170 (er wurde bis 1942 gebaut) und die Karosseriepressen im ansonsten völlig zerstörten Werk Sindelfingen. Im November 1945 erhielt Daimler-Benz die Erlaubnis, die Produktion des 170 wieder aufzunehmen, und so konnten 1946 schon 214 Wagen vom Typ 170V ausgeliefert werden. Ihre von einem Stuttgarter Unternehmen gelieferten Karosserien waren zwar grob gearbeitet, doch damals war jedes Automobil wichtig. Die Montage der 170V erfolgte in Untertürkheim. Obgleich dort fleißig gebaut wurde, sollten noch fünf Jahre vergehen, bis das Werk wieder völlig betriebsbereit war. Ende 1946 arbeiteten wieder 17848 Personen für Daimler-Benz, sie waren aber meistens immer noch mit Aufräum- und Instandsetzungsarbeiten beschäftigt.

Der Automobilabsatz wurde aber nicht nur durch unzureichende Fertigungsanlagen behindert, sondern auch durch die Tatsache, dass Geld und Auto-Bezugsscheine in der Bevölkerung sowie Benzin immer noch knapp waren.

1947 bauten 20241 Personen bereits 1045 Wagen vom Typ 170V und 2046 Lastwagen. Mit Blick auf die erwarteten positiven Auswirkungen der Währungsreform wurde die Belegschaft im Folgejahr auf 22635 Mitarbeiter aufgestockt.

Oben: *Mit dem Erscheinen des 170S schienen die dunklen 1940er-Jahre endlich überwunden zu sein. Es winkte eine viel versprechende Zukunft …*

Unten: *Die Innenausstattung des Typs 170S wirkt karg. Verglichen mit früheren Modellen wurde die Qualität jedoch deutlich verbessert.*

Alfred Neubauer – Teamchef und Rennleiter

In jungen Jahren träumte Alfred davon, als „Weltmeister Alfred Neubauer" berühmt zu werden. Es kam anders. Statt sich als großer Rennfahrer einen Namen zu machen, errang er Ruhm und auch eine gewisse traurige Berühmtheit, weil er die geplante eigene Karriere beendete und stattdessen Leiter eines Rennteams wurde.

1891 in Mährisch-Ostrau geboren, diente Neubauer im Ersten Weltkrieg als Offizier in der K. u. K.-Armee, wo er mit der Reparatur von Fahrzeugen beauftragt war. Nach Kriegsende ging er zu Austro-Daimler. Dort lernte er Chefkonstrukteur Ferdinand Porsche kennen, der ihn zum Leiter der Einfahr-Abteilung ernannte. Neubauer konnte Porsche sogar überzeugen, ihn ins Austro-Daimler-Rennteam aufzunehmen und mit einem Sascha bei der Targa Florio 1922 starten zu lassen. Mit seiner 1,1-Liter-Maschine war dieser Sportwagen hoffnungslos untermotorisiert, und Neubauer landete auf dem 19. Platz.

Als Porsche 1923 als Nachfolger Paul Daimlers nach Stuttgart wechselte, nahm er den viel versprechenden Österreicher Neubauer mit. Auch bei Daimler versuchte sich Neubauer als Rennfahrer. Nun startete er am Steuer eines Mercedes bei der Targa Florio und landete erneut abgeschlagen auf den hinteren Rängen. Nicht entmutigt und überzeugt, dass ihm das Glück wohl noch zuteil würde, startete er wenige Monate später bei einem Bergrennen – und ging mit 40 Sekunden Rückstand hinter seinem Teamkollegen durchs Ziel. Als er sich Trost suchend an seine Verlobte wandte, musste er von ihr hören: „Du bist gefahren wie ein Nachtwächter." Das gab ihm den Rest, und ein niedergeschlagener Neubauer erkannte, dass ihm das Talent zum ganz großen Rennfahrer fehlte.

Neubauer blieb bei Daimler, und nach der Fusion mit Benz „erfand" er den Posten des Rennleiters. Nun entpuppte er sich als Organisationstalent und Seelentröster seiner Fahrer, und es dauerte nicht lange, bis die neuen SSK unter seiner Leitung von Sieg zu Sieg eilten. Einen ersten „Eingriff" in den allgemeinen Automobilrennsport wagte Neubauer schon kurz nach seinem Dienstantritt. Nachdem sein Freund Rudolf Caracciola 1926 den ersten Großen Preis von Deutschland gewonnen hatte und berichtete, erst nach dem Rennen von seinem Sieg überrascht worden zu sein, wurde Neubauer die „Einsamkeit" seiner Fahrer während der Rennen bewusst – für Neubauer ein unzumutbarer Zustand. Und so entwickelte er ein ausgeklügeltes System mit Fahnen und Tafeln, mit dem er seine Fahrer über den Rennverlauf informierte und ihnen taktische Anweisungen gab. Erstmals angewandt wurde sein „Nachrichtensystem" beim Solitude-Rennen im September 1926, und prompt belegte sein Team die ersten drei Plätze. Neubauer erfand auch den geplanten Boxenstopp. Er ist als der Mann in die Geschichte eingegangen, der das Gesicht des Automobilrennsports veränderte.

Als Vorstandsvorsitzender Kissel unter dem Eindruck der Weltwirtschaftskrise 1929 die Entwicklung von Rennwagen stoppte und Caracciolas Fahrervertrag nicht verlängerte, erreichte Neubauer, dass Caracciola – bis zur Überbrückung der Krise – ein kleines Privatteam gründen und einen SSK zu günstigen Konditionen kaufen durfte, großzügig mit Material versorgt wurde und vom Werk Erfolgsprämien erhielt. So behielt auch Neubauer seinen Posten, und Caracciola konnte weiter Rennen fahren. Nachdem das Team allein 1930 zehn Siege errungen hatte, startete Caracciola 1931 mit einem SSKL bei der berüchtigten Mille Miglia quer durch Italien. Der brillante Caracciola besiegte nicht nur die italienischen Werkteams, sondern brauste auch als erster Nicht-Italiener durchs Ziel. Als Mercedes-Benz 1932 die bescheidenen Hilfen kündigte, wechselte Caracciola zu Alfa Romeo. Im September des gleichen Jahres bot Auto Union Neubauer den Rennleiterposten für die neuen, von Ferdinand Porsche entwickelten Wagen an. Voller Freude, bald wieder mit seinem alten Freund zusammenarbeiten zu können, unterschrieb Neubauer und schickte Wilhelm Kissel die Kündigung. Kissel fiel aus allen Wolken. Er wollte Neubauer nicht gehen lassen und versicherte ihm, 1934 ins Renngeschäft zurückzukehren.

Als die Mercedes 1934 wieder auf den Rennstrecken erschienen, trugen sie einen neuen silbernen Anstrich und den Namen „Silberpfeile". 1933 verunglückte Caracciola mit seinem Alfa Romeo in Monte Carlo schwer, danach kehrte er zu Neubauer zurück. Er hatte von seinem Können nichts verloren und eilte von 1937 bis Ende 1939 von einem Sieg zum anderen. Aber die Konkurrenz holte auf. Besonders Auto Union und Bernd Rosemeyer erwiesen sich als gefährliche Konkurrenten, die Mercedes-Benz die Saison 1936 verdarben. Erst 1937 konnte das Mercedes-Benz-Werkteam zum erneuten Siegeszug antreten.

In all diesen Jahren wuchs Alfred Neubauers Ruhm. Er liebte gute Weine und gutes Essen, und aus dem schlanken Jüngling hinter dem Steuer eines Targa-Florio-Rennwagens war längst eine imponierende, die Boxengasse beherrschende Gestalt geworden. Wegen seines immensen Körperumfangs gaben ihm die Fahrer den Spitznamen „Don Alfredo". Wer ihn nicht näher kannte, hielt

Links: *Selten war Neubauer ohne Stoppuhr zu sehen. Er war die treibende Kraft hinter den Erfolgen der Silberpfeile von Mercedes-Benz und gilt als einer der erfolgreichsten Rennleiter aller Zeiten.*

ihn für düster und ernst. Abseits der Rennstrecken zeigte er jedoch einen scharfsinnigen Humor, und nach einigen Cognacs gefiel er sich als vollendeter Schauspieler und Humorist. Hinter den Kulissen war er der treu sorgende Vater seiner Fahrer und Mechaniker, und seine Rennvorbereitungen waren legendär. So erhielt jedes Teammitglied vor Auslandsreisen Instruktionen über das Land und das bevorstehende Rennen.

Nach 1945 baute Neubauer die Rennabteilung wieder auf. Er läutete die erfolgreiche Ära der Sportwagen 300SL ein und führte Juan Manuel Fangio 1954 und 1955 zum Weltmeistertitel. Gemeinsam mit Stirling Moss war Neubauers Team damals vermutlich eines der besten in der Geschichte des Automobilrennsports. Seinen traurigsten Tag als Rennleiter erlebte Neubauer beim 24-Stunden-Rennen von Le Mans 1955, als ein 300SLR ohne Verschulden des Fahrers in die Zuschauermenge schleuderte. Daraufhin nahm Neubauer die verbliebenen Wagen aus dem Rennen. Ende des Jahres zog sich Mercedes-Benz aus dem Automobilrennsport zurück, und Neubauer ging mit 64 Jahren in Rente.

Die Liste seiner Erfolge spricht für sich: Von 1934 bis 1939 siegten seine Wagen in 34 von 54 und 1954/55 in elf von 14 Grand-Prix-Rennen, während die Sportwagen 300SLR 1954/55 in fünf von sechs Rennen erfolgreich waren.

Links: *Der legendäre Große Preis von Tripolis 1939. In wenigen Monaten entwickelt, errang der W165 – auch dank Neubauers organisatorischem Können – beim ersten Einsatz einen Doppelsieg.*

Normalbenzin war auch Anfang 1949 immer noch knapp. Daimler-Benz meisterte dieses Problem im Mai 1949 mit dem Modell 170D. War dieser Diesel vor dem Krieg noch ignoriert worden, hätte er nun zu keinem günstigeren Zeitpunkt erscheinen können. Sein 1,7-Liter-Motor mit hängenden Ventilen und dem typischen nagelnden Geräusch leistete 38 PS. Bereits 1950 erhielten sowohl der 170V als auch der 170D einen stärkeren Motor mit 1767 ccm Hubraum. Die Trommelbremsen wurden verstärkt, bequemere und breitere Sitze eingebaut und der Fahrkomfort durch

Unten: *Der Typ 170S wurde zwischen 1949 und 1952 gebaut und kostete als Cabriolet 15 800 DM, als Limousine 10 100 DM.*

Mercedes-Benz 220	
Fertigung:	1951–1954
Motor:	6-Zylinder-Reihenmotor
Bohrung x Hub:	80 mm x 72,8 mm
Hubraum:	2195 ccm
Leistung:	80 PS bei 4600 1/min
Gemisch-aufbereitung:	1 Solex-Doppel-Fallstromvergaser 30 PAAJ
Getriebe:	Vierganggetriebe, Lenkradschaltung
Kupplung:	Einscheiben-Trockenkupplung
Chassis:	X-Ovalrohr-Rahmen
Bremsen:	hydraulische Vierradbremse, 4 Trommelbremsen
Handbremse:	mechanisch, auf Hinterräder wirkend
Höchstgeschwin-digkeit:	140 km/h

Teleskopfederung verbessert. Die robusten, konzeptionell im Wesentlichen noch aus der Vorkriegszeit stammenden Wagen der Baureihe 170 wurden – modifiziert – bis 1955 gebaut. Verkauft wurden davon 169 805 Exemplare: von offenen Polizei- und Grenzschutzfahrzeugen mit umklappbarer Windschutzscheibe bis zu mehr als 7000 auseinander genommenen, für Märkte wie Argentinien bestimmten Fahrgestellen. An ihren Bestimmungsorten konnten diese Fahrgestell-Bausätze dann überall und jederzeit montiert werden. Der Typ 170 erwies sich als sicheres Geschäft und erwirtschaftete den Gewinn, den Daimler-Benz brauchte, um die ersten Nachkriegsjahre überleben zu können. Als die Produktion der letzten Wagen vom Typ 170 (Da, Db, DS, SD) 1955 auslief, hatte Daimler-Benz Tritt gefasst und baute wieder gemäß den Qualitätsstandards, die seit jeher mit dem Namen Mercedes verbunden sind.

Mit dem wirtschaftlichen Wiederaufstieg ist Wilhelm Haspel untrennbar verbunden. Auch während seiner erzwungenen Abwesenheit hielt er beständig Kontakt, bestimmte den Kurs des Unternehmens und umgab sich mit Menschen, die sich wie er hingebungsvoll „Mercedes" widmeten. Unter seiner Führung überlebte das Unternehmen in einem weitgehend zerstörten Land. Er beschaffte die zum Wiederaufbau benötigten Kredite und bestimmte lange Zeit das Erscheinungsbild „seiner" Automobile. Unter dem Eindruck der aus den USA herüberschwappenden Welle von kreativ und ungewöhnlich gestalteten, zukunftsweisenden Automobilkonstruktionen nahm Haspel seinen Chef-Karosseriekonstrukteur Karl Wilfert zur Seite und ordnete an, Serienwagen zukünftig nur noch mit dem unverwechselbaren, aufrecht „stehenden" Kühlergrill zu bauen. Es war diese Kühlerform, die der Welt signalisierte: „Hier kommt ein Mercedes!" Haspels Entschluss, an der Tradition des Unternehmens festzuhalten, sollte sich als Glücksgriff erweisen.

Haspel überwachte auch die Produktion des sehr erfolgreichen Lastkraftwagens L3500. Er war eine Weiterentwicklung des im Mai 1949 erschienen Lkw und erschloss dem Unternehmen neue Exportmärkte. Als Folge der von Frankreich und Großbritannien eingeführten und erst im August 1948 aufgehobenen Handelsbeschränkungen konnte Daimler-Benz praktisch nicht ins Ausland exportieren. Aber selbst nach August 1948 litt das Auslandsgeschäft noch unter dem ungünstigen Wechselkurs zwischen DM und $. Dennoch konnte 1949 ein Handelsvertrag geschlossen werden,

***Unten:** Der Typ 220 von 1951 wurde auch als zwei- oder viersitziges Cabriolet angeboten. Die Preise für das viersitzige Cabriolet lagen bei 15160 DM, für das zweisitzige Cabriolet bei 18860 DM.*

auf dessen Basis zuerst Bausätze für 1000 Lkw geliefert wurden. Darauf folgte eine millionenschwere Bestellung über weitere 2000 Lkw, 1500 Pkw und 500 Busse. Dank der Erschließung des brasilianischen Marktes und anderer Überseemärkte stiegen die Exportumsätze raketengleich von gut 6 Mio. DM für 1949 auf mehr als 66 Mio. DM für 1950. Einer der wichtigsten Märkte war Schweden, wo Gunnar Philipsson, ein außergewöhnlich überzeugender und dynamischer Verkäufer, die Daimler-Benz-Interessen vertrat. Allein „sein" Markt brachte nicht weniger als 25 % der Exporterträge. Mit dem Brasilien-Geschäft öffnete sich Daimler-Benz auch die Tür nach Argenti-

Oben: *Sechszylinder-Motoren waren schon immer charakteristisch für Mercedes-Automobile. Im Juli 1951 erschien als Nachfolger für den Vierzylinder 170S der 220 als erster Sechszylinder der Nachkriegszeit.*

Links: *Mit 20850 DM war das nur 1954/55 gebaute 220A-Coupé das teuerste Modell im Programm. Das Schiebedach kostete 1150 DM extra.*

Oben: *Auf der IAA 1951 wurde der Öffentlichkeit der 300 vorgestellt. Seine sportliche Version war der elegante 300Sc von 1955, Preis 36 500 DM. Bis Produktionsende 1958 wurden 200 Exemplare verkauft.*

Unten: *Da edle Hölzer und Leder wieder verfügbar waren, erhielt der 300S eine seit den 1930er-Jahren nicht mehr gekannte luxuriöse Innenausstattung.*

nien, wo Jorge Antonio bereits 1950 mit Genehmigung der Regierung Perón Daimler-Benz Argentina gründete. Zwei Jahre später wurde das Unternehmen in eine Aktiengesellschaft umgewandelt, und wenig später wechselte Juan Manuel Fangio, 1951 Weltmeister auf Alfa Romeo, zu Daimler-Benz. Bis zu seinem Tod 1995 galt dieser charismatische Rennfahrer als einer der erfolgreichsten Daimler-Benz-Repräsentanten aller Zeiten.

Gestützt auf die bewährten herkömmlichen Modelle des Typs 170 wollte Daimler-Benz mit modernen Konstruktionen seinen Platz unter den führenden Autobauern der Welt zurückgewinnen. Den Anfang machte 1949 der 170S. Er basierte auf der Vorkriegsentwicklung 230, erhielt jedoch eine neue, von Rudolf Uhlenhaut konstruierte Radaufhängung mit Doppelquerlenkern und Stabilisatoren. Galt die große und beeindruckende Limousine mit 10 100 DM noch als vergleichsweise preiswert, so war die Cabrio-Version mit 15 800 DM nur etwas für die Superreichen. Bis 1952 wurden vom 170S 31 197 Stück verkauft – davon 2433 Cabriolets. Von 1950 bis 1953 erschienen einige modifizierte Versionen, die allerdings äußerlich nicht zu unterscheiden waren. Der 170S wurde unbeabsichtigt zum alten Eisen befördert, als 1953 auf der IAA der neue Typ 180 präsentiert wurde. In der Länge entsprach er dem 170S, der Fahrgastraum war aber um 22 %, der Kofferraum gar um 75 % und die Fensterfläche um 40 % größer. Erstmals wurde der so genannte Fahrschemel eingeführt. An drei Punkten am Rahmenvorderteil durch Gummiblöcke geräuscharm befestigt, enthielt er Motor, Getriebe, Vorderradaufhängung und Lenkung. Die Modelle 170S, 170V, 170D sowie 170DS wurden ebenfalls geräumiger, aber preiswerter und zu den Typen S-V und S-D zusammengefasst. Durch die Einführung eines billigen 170D mit anspruchslosem Dieselmotor wurde zwar das Image dieser Baureihe nicht gerade aufpoliert, doch der 170D veranlasste in den folgenden zwei Jahren rund 15 000 Kunden, ihr Geld in diese Version zu investieren. Eindeutige Verlierer waren die Benziner des Typs 170 mit einem Verdichtungsverhältnis von 3:1.

Der Stern erstrahlt wieder

Der 170S war als Repräsentationsautomobil für reiche Privat- und Geschäftsleute gedacht. Mit seinem mittelmäßigen Vierzylinder-Motor entsprach er allerdings keinesfalls den Erwartungen dieser Zielgruppe. Von Daimler-Benz durfte man einen Sechszylinder erwarten. Schon im Juli 1951 präsentierte Daimler-Benz auf der ersten viel beachteten Internationalen Automobilausstellung (IAA) in Frankfurt/Main den 220. Dieser Typ besaß all das, was dem untermotorisierten 170 fehlte. Traditionell wurde der 220 als Limousine und in zwei Cabrio-Varianten angeboten. Schon auf den ersten Blick unterschied sich der 220 von seinen Vorgängern. Waren die Scheinwerfer bisher „offen" angeordnet, wurden sie nun in den Kotflügeln integriert. Dieses fortschrittliche Gestal-

Unten: *Die Limousine Mercedes-Benz 300 war berühmt für Komfort und hohe Dauergeschwindigkeit. Ihr Sechszylinder-Kurzhubmotor (3 l, 115 PS) hatte spezielle Fallstromvergaser und eine siebenfach gelagerte, oben liegende Nockenwelle. Die Limousine kostete traumhafte 19 900 DM.*

Rechts: *Anfang der 1950er-Jahre erneuerte Mercedes-Benz seinen Ruf als Produzent von Repräsentationsautomobilen. Teuerstes Modell (Juli 1952 bis August 1955) war der 300S. Als Coupé und Cabriolet kostete er 34 500 DM. Mit seinem leistungsstarken Sechszylinder-Einspritzmotor (175 PS, Viergangetriebe) erreichte er 180 km/h.*

Unten: *1951 gingen in Argentinien erstmals nach Kriegsende drei 13 Jahre alte Vorkriegs-Kompressor-Rennwagen W154 an den Start. Mit Hermann Lang, Fangio und Kling am Steuer belegten sie den zweiten, dritten und sechsten Platz. Die Wagen waren aber technisch nicht auf dem neuesten Stand.*

tungselement konnte nur unter größten Schwierigkeiten realisiert werden. Zwar leistete der Motor nur 80 PS, doch das genügte, um den Wagen auf 140 km/h Spitzengeschwindigkeit zu beschleunigen. Damit war der 220 schneller als der 170S und dem als schnell geltenden 356A ebenbürtig, einem Produkt des im selben Jahr neu gegründeten Unternehmens Porsche. Die Leistung des 220 war umso beeindruckender, wenn man berücksichtigt, dass sein Motor – wegen der schlechten Benzinqualität der ersten Nachkriegsjahre – nur eine Verdichtung von 6,5 : 1 hatte. Auf Wunsch zahlreicher Freiluft-Freunde wurde die Modellpalette später noch um ein Coupé (mit Stahlschiebedach) und ein Cabriolet erweitert. Bei einem Preis von 20 850 DM war es nicht verwunderlich, dass das Coupé nur 85 Käufer fand!

1951 schien Daimler-Benz über das Schlimmste hinweg zu sein und die wirtschaftliche Talsohle verlassen zu haben. Im In- und Ausland stiegen die Umsätze, und es strömte Geld in die Kassen. Wilhelm Haspel hatte sein Ziel erreicht, und die Zukunft erschien viel versprechend, obwohl Daimler-Benz in vielen Ländern immer noch mit dem Makel behaftet war, den NS-Größen gedient zu haben. Noch war unvergessen, dass sich Adolf Hitler und seine Handlanger bei zahlreichen Gelegenheiten in Wagen mit dem Dreizackstern feiern ließen.

War der 220 noch ein erster zögernder Schritt in ein neues Zeitalter gewesen, so glückte Daimler-Benz 1951 mit dem Modell 300 endgültig wieder der Aufstieg in die Oberklasse des Automobilbaus. Als große, elegante Limousine hatte der Typ 300 mit früheren Modellen nichts mehr gemein, er war der Statuswagen schlechthin. Trotz mancher charakteristischer Stilelemente der 1930er-Jahre bestach der 300 durch seine einheitliche, in die 1950er-Jahre weisende Karosseriegestaltung. Der Kanzler der Bundesrepublik Deutschland, Konrad Adenauer, wählte den 300 als Dienstwagen und für Repräsentationszwecke, weshalb dieses Modell auch als „Adenauer-Mercedes" bekannt wurde. Die Kotflügel waren mit der Karosserie verschmolzen, die Scheinwerfer in den Kotflügeln integriert, und auf den vorderen Kotflügeln waren lang gestreckte, verchromte Blinkleuchten angeordnet. Die Karosserie war auf einem X-Ovalrohr-Rahmen montiert. Ursprünglich als viertürige Limousine und Cabriolet angeboten, lieferte das Werk Sindelfingen die Karosserien. Unter der Oberfläche verborgen war eine Zweigelenk-Pendelachse mit einer Hauptschrau-

Links: *Argentinien 1951. Einer der Rennwagen W154 auf der Strecke. Dieses Vorkriegsmodell erwies sich als nicht mehr konkurrenzfähig. Erst 1954 erschien Mercedes-Benz wieder bei internationalen Rennsport-Veranstaltungen.*

benfeder und je Hinterrad einer zusätzlichen elektrischen Schraubenfeder, die für den Transport schwerer Lasten vom Armaturenbrett aus zugeschaltet werden konnten.

Angetrieben wurde der 300 von dem serienmäßigen Sechszylinder mit Ventilsteuerung durch eine oben liegende Nockenwelle. Bei 2996 ccm Hubraum leistete der Reihenmotor 115 PS. Die Gemischaufbereitung regelten zwei Solex-Fallstromvergaser. Obschon in mehr als elf Jahren durchschnittlich nur knapp 1000 Exemplare pro Jahr verkauft wurden, war der „Dreihunderter" wirtschaftlich und psychologisch erfolgreich. Denn dieses Modell erlöste Daimler-Benz endgültig vom Stigma der Hitler-Jahre und ebnete den Weg in die Nachkriegszeit.

1962 schon eine Antiquität, fand dieser Wagen immer noch seine Bewunderer und Käufer. Trotz mehrfacher Modifikationen blieb das Grundkonzept des 300 im Wesentlichen unverändert.

Unten: *Wagen der Baureihe 300 (W186 II bis IV) wurden von November 1951 bis März 1962 gebaut. Von Bundeskanzler Adenauer wurde der „Dreihunderter" für Repräsentationszwecke genutzt und als „Adenauer-Mercedes" weltberühmt.*

RPM
x100
UPM
MPH
FUEL

Das Wirtschaftswunder 1952–1959

Das Jahr 1952 wurde für Daimler-Benz zu einem Schlüsseljahr. Endlich konnte das Unternehmen ein Jahrzehnt hinter sich lassen, an das niemand mehr erinnert werden möchte. In der Bundesrepublik begann sich die Wirtschaft gerade zu erholen, und Arbeitslosigkeit gehörte der Vergangenheit an. 1952 war auch das Jahr, in dem Daimler-Benz zum Motorsport zurückkehrte. Man war sich bewusst, dass man mit den Rennwagen der Vorkriegszeit nichts mehr ausrichten konnte und moderne Wagen entwickelt werden mussten. In der dazu nötigen Zeit wollte man aber nicht untätig sein und beschloss daher im Juli 1951 die Entwicklung eines neuen Sportwagens. Dieser Sportwagen sollte auf Rennstrecken und Straßen beispiellose Erfolge erringen.

Daimler-Benz reagierte auf die gute Geschäftsentwicklung im In- und Ausland mit einem neuen Modellprogramm. 1952 war aber auch ein trauriges Jahr, denn Wilhelm Haspel starb. Mit seinem Tod verschwand eine der letzten Verbindungen in die Vergangenheit zu einem Zeitpunkt, wo sich für Daimler-Benz ein neuer Weg zu Wohlstand und Frieden auftat. Nun gehörte ein Mann an die Spitze, der es verstand, dem Unternehmen neue Impulse zu geben. Kissels unmittelbarem Nachfolger im Amt des Vorstandsvorsitzenden, Heinrich Wagner, war ein solcher Ansporn leider unmöglich, denn er starb nur ein Jahr nach Wilhelm Kissel. Die Nachfolge übernahm sein Stellvertreter, Dr. Fritz Könnecke, der bis 1960 im Amt blieb.

1952 reichte das Modellprogramm von den Limousinen der Serie 170 über die Cabriolets und Coupés des Typs 220 bis hin zum soliden und teuren 300. Obwohl er offiziell erst 1952 erschien, erweiterte der 300S bereits ab Ende 1951 das Programm mit einem Coupé, Cabrio und Roadster. Die beiden Letzteren waren praktisch identisch. Allerdings ließ sich beim Roadster das leichtere Verdeck voll versenken und zwei Notrücksitze mit einer zusätzlichen Plane abdecken. Von der

Vorige Seite: *Das Cockpit einer Automobillegende – das „Flügeltürer"-Coupé 300SL. Um den Einstieg zu erleichtern, konnte das Lenkrad abgeknickt werden. Das Armaturenbrett war schlicht und sachlich. Das Vierspeichenlenkrad stammt von einem Rennwagen.*

Unten: *1952. Ein 220 mit Klappverdeck. Er bot eine gute Straßenlage und besseren Komfort. Die Scheinwerfer waren nun in den Kotflügeln integriert. Populär waren die nach hinten öffnenden, den Einstieg erleichternden „Selbstmörder"-Türen.*

Fachpresse überschwänglich als Gipfel der Automobilkonstruktion gelobt, stand der 300S nun auf einer Stufe mit Rolls-Royce und anderen europäischen oder amerikanischen Luxuskarossen. 1955 erlag Daimler-Benz der Versuchung, den 300 mit zusätzlichem Chrom zu schmücken, was den ersten Typen eine noch elegantere Erscheinung verlieh. Die Karosseriegestaltung war eine letzte Huldigung an die Zeiten fließender, graziöser Linien und Kurven. Diese Form sollte schon bald von horizontaler Linienführung und Rechtecken verdrängt werden.

Obwohl vom Typ 300 abgeleitet, erhielt der 300S einen um 150mm auf 2900mm verkürzten Radstand. Dank höherer Verdichtung (7,8:1) und einem dritten Solex-Fallstromvergaser leistete der Motor 150PS und beschleunigte auf 175km/h. Dies machte den 300S zu einem der schnellsten Autos seiner Zeit. Als das Modell 1955 überarbeitet und verbessert wurde, ersetzte man die Fallstromvergaser durch Benzineinspritzung der modernsten, von Bosch für Daimler-Benz entwickelten Technologie und schuf so den 300Sc. Durch diese Gemischaufbereitung wurde die Leistung um weitere 25PS und die Höchstgeschwindigkeit auf 180km/h gesteigert. Der 300Sc war am Schriftzug „Einspritzmotor" in der Heckstoßstange zu erkennen. Bei einem Preis von 36500 DM für die Limousine wundert es kaum, dass von 1952 bis 1958 nur 560 Wagen des 300S und 200 Stück des 300Sc verkauft werden konnten.

In diesen Jahren hatte Daimler-Benz die Messlatte für Sport-Coupés sehr viel höher gelegt und mit seinen Coupés und Roadstern Motorgeschichte geschrieben. Wie bereits erwähnt, hatte der Vorstand im Juli 1951 die Entwicklung eines Sportwagens beschlossen. Rudolf Uhlenhaut studierte die Konkurrenzmodelle und schuf auf der Basis des Typs 300 den 300SL („S" stand für sportlich, „L" für leicht). Der Sportwagen erschien, als der Motorrennsport allmählich wieder aus den Trümmern des Krieges auferstand. Mit fortschreitender Erholung der Wirtschaft in Europa lebten

Oben: *Der „Flügeltürer" 300SL war das aufregendste Auto der 1950er-Jahre. Schon als Neuwagen mit 29000 DM sehr teuer, zählt er heute zu den begehrtesten Veteranen bei stetig steigenden Preisen.*

Unten: *Das Herz des „Flügeltürers" bildete ein mit 45°-Neigung montierter 3-Liter-Sechszylinder-Einspritzmotor mit 215PS.*

Rechts: *Der „Flügeltürer" 300SL war 1954 erschienen, 1957 folgte ein bis 1963 seriengefertigter Roadster. Das Coupé wurde zum Kultobjekt, obwohl der Roadster ein höheres Fahrvergnügen bot.*

Mercedes-Benz 300SL Coupé	
Fertigung:	1954–1957
Motor:	6-Zylinder-Reihenmotor
Bohrung x Hub:	85mm x 88mm
Hubraum:	2996ccm
Leistung:	215PS bei 5800 1/min
Gemisch-aufbereitung:	mechanische Bosch-Benzin-einspritzung
Getriebe:	Vierganggetriebe, Stockschaltung
Kupplung:	Einscheiben-Trockenkupplung
Chassis:	Stahlrohr-Gitterrahmen
Bremsen:	hydraulische 4 Scheibenbremsen mit Servounterstützung
Höchstge-schwindigkeit:	220–260km/h (je nach Übersetzung)

auch die Grand-Prix-Rennen wieder auf. Frankreich, Großbritannien und Italien machten dort weiter, wo sie bei Kriegsausbruch die Rennstrecken verlassen hatten. Aus nahe liegenden Gründen waren Deutsche bei diesen Rennen nicht gern gesehen. Unbeirrt hoffte aber Alfred Neubauer, mit Daimler-Benz wieder ins internationale Renngeschehen eingreifen zu können, und während alle anderen mit dem Wiederaufbau des Unternehmens und der Produktionsstätten beschäftigt waren, machte er sich auf die Suche nach „seinen" in den Kriegswirren verschwundenen Rennwagen. Er entdeckte drei Wagen vom Typ W154 von 1939, ließ sie restaurieren und schickte sich an, 1951 mit den Fahrern Lang, Kling und Fangio im fernen Argentinien erstmals wieder werksseitig Rennen zu bestreiten.

Das Hauptrennen „Premio Presidente de la Nacion Juan D. Perón" beendeten die Mercedes in der Reihenfolge Lang/Fangio/Kling auf den Plätzen zwei, drei und sechs. Diese eindrucksvollen Ergebnisse konnten allerdings nicht darüber hinwegtäuschen, dass die zwölf Jahre alte Konstruktion des W154 den Anschluss an die modernen Rennwagen, in erster Linie an Ferrari, verloren hatte. Nun genehmigte der Vorstand von Daimler-Benz den Bau von fünf 1,5-Liter-Wagen des Typs W165. Des Typs also, mit dem Daimler-Benz 1939 beim Großen Preis von Tripolis einen Doppelsieg errungen hatte. Inzwischen war aber die Grand-Prix-Formel in Fluss geraten, und ab 1954 sollten aufgeladene Motoren bis zu 750ccm und Saugmotoren bis zu 2500ccm an den Start gehen. Für den W165 bedeutete dies das Aus, denn seine alte Konstruktion ließ sich unmöglich gemäß den neuen Regeln modifizieren. Für Daimler-Benz platzten damit alle Träume von einer schnellen erfolgreichen Rückkehr auf die Rennstrecken der Welt. Die Hoffnung, in kürzester Zeit einen konkurrenzfähigen Rennwagen aus dem Schrott der Vorkriegsmodelle zu bauen, musste nun endgültig begraben werden. Der Vorstand entschied, die Zeit bis zur Einführung der neuen Grand-Prix-Formel zur Konstruktion eines neuen Sportwagens zu nutzen. Dieser Sportwagen sollte für die Serienwagen nützlich sein und als positiver Werbeträger dienen. Von Direktor Fritz Nallinger mit dem Entwurf des modernen Sportwagens beauftragt, nutzte Rudolf Uhlenhaut zahlreiche Komponenten der gerade neu entwickelten „Dreihunderter"-Limousine und machte mit dem 300SL sein Meisterstück.

Unten: *November 1952. Rennleiter Alfred Neubauer hatte darauf gedrängt, die 300SL an der berüchtigten Carrera Panamericana in Mexiko teilnehmen zu lassen. Der Sieg in diesem Straßenrennen war der letzte der erfolgreichen Saison 1952.*

Links: *Heute ist der Sieger der Carrera Panamericana von 1952 ein wertvolles Museumsstück. Das Team Karl Kling/Hans Klenk siegte, obwohl ein Geier die Windschutzscheibe zertrümmert hatte. Das Frontscheibengitter wurde später nachgerüstet.*

Geburt eines Klassikers

Die Idee, einen echten Sportwagen zu bauen, trug Rudolf Uhlenhaut erstmals 1947 bei einer Vorstandssitzung vor. Als Leiter des Projektes beauftragte er Nallinger und Karl Wilfert mit der technischen Planung und Ausführung. Um einen möglichst preiswerten und leichten Wagen schaffen zu können, konstruierten sie einen filigranen, aus Dreiecken zusammengesetzten Rohrrahmen. Er trug die Vorderradaufhängung, die vom 300 übernommene, tief montierte Schwingachse mit Hinterradaufhängung sowie dessen starken 3-Liter-Reihenmotor. Dank der vielen Detailarbeit und dreier Fallstromvergaser konnte die Leistung auf 177 PS gesteigert werden. Um die Karosserie so flach und stromlinienförmig wie möglich gestalten zu können, musste der hohe Motor nach links geneigt montiert werden. Nach nur neun Monaten enthüllte Daimler-Benz am 12. März 1952 seinen neuen 300SL (3 Liter, Sport, Leicht). Dieser wundervolle Wagen mit der Typ-Nr. W194 hatte nur ca. 875 kg Leergewicht, davon allein 50 kg Motor. Um eine möglichst hohe Geschwindigkeit erzielen zu können, wurde der Wagen als Hardtop-Coupé entworfen. Daraus ergab sich jedoch ein kleines Problem. Da die Sitze im Gitterrohrrahmen tief angeordnet waren, ließen sich keine herkömmlichen Türen montieren. Aber wie sollte der Fahrer dann einsteigen? Schließlich kam man auf die Idee, die oberen Hälften des Cockpits als sich nach oben zu öffnende Flügeltüren zu konstruieren. Um den schnellen Einstieg – beispielsweise beim Start zum 24-Stunden-Rennen von Le Mans – zu erleichtern, wurden diese Flügeltüren später noch vergrößert. Die britische Presse feierte den 300SL als „Gullwing" (Möwenflügel), weil er mit seinen hochgeklappten Türen an eine schwebende Möwe erinnerte.

Unten: *Inspiriert durch die Form der 1952er-Sportrennwagen, bekam Max Hoffman, Mercedes-Agent Nordamerika, eine straßentaugliche Serienversion mit Flügeltüren, den 300SL Gullwing.*

Die Innenausstattung bot ein Maximum an Effizienz und Komfort. Sie war speziell für Langstre-

Rechts: *Nach dem Krieg änderte sich die Formel 1, für 1954 wurde eine neue Grand-Prix-Formel erwartet. So lange wollte man bei Daimler-Benz aber nicht warten und beschloss, mit Sportwagenrennen ins Renngeschehen zurückzukehren. Foto: Start der 300SL zum 24-Stunden-Rennen von Le Mans 1952. Sie belegten den ersten und zweiten Platz.*

Unten: *Für die Rennsaison 1952 wurden sechs 300SL als Coupé beziehungsweise Roadster gebaut. Auf dem Nürburgring belegten drei Roadster die ersten drei Plätze.*

ckenrennen konzipiert. Das Vierspeichenlenkrad konnte man abnehmen, und auf dem Armaturenbrett waren die wichtigsten Instrumente (wie der Tachometer und der Drehzahlmesser) unmittelbar vor dem Fahrer angeordnet, während links/rechts daneben vier kleine Instrumente die Kühlwasser- und Öltemperatur sowie den Öl- und Kraftstoffdruck anzeigten. In typischer Mercedes-Manier waren in den Wagen sogar Stoppuhren eingebaut. Das Vierganggetriebe war synchronisiert, und ein beachtlicher Kofferraum bot Platz für zwei Reserveräder. Besonders bemerkenswert war die aerodynamisch äußerst günstige Stromlinienform. Spätere Windkanaltests zeigten mit 0,25 einen c_W-Wert (Wert zur Messung des Luftwiderstands), der auch von modernen Automobilen kaum übertroffen wird.

Der W194 bereitete einer neuen Silberpfeil-Generation den Weg. Wie ihre Vorläufer wurden auch sie ein voller Erfolg. Ihr erster offizieller Einsatz war die klassische Mille Miglia 1952. Die von Uhlenhaut konstruierten drei Wagen für Caracciola, Kling und Lang hatten nur eine Flügeltür, was bei der italienischen Rennaufsicht für große Aufregung sorgte und Hoffnungen weckte, den Silberpfeilen Startverbot erteilen zu können. Letztendlich scheiterten ihre Bemühungen allerdings, weil in den Reglements nicht vorgeschrieben war, wo oder wie eine Tür angebracht sein musste. Im Rennen musste sich Kling mit einem zweiten Platz zufrieden geben. Er verlor durch Radwechsel sechs Minuten (wegen eines klemmenden Zentralverschlusses) und kam mit 4 Stunden, 32 Minuten Rückstand hinter Giovanni Bracco (Ferrari 250S) ins Ziel.

Nur zwei Wochen später glückte beim Großen Preis der Schweiz der erste Sieg. Die 300SL belegten die ersten drei Plätze und hätten die in sie gesetzten Erwartungen nicht besser erfüllen können. Dieses Rennen wäre vermutlich längst vergessen, wenn es nicht durch einen Unfall überschattet worden wäre. Caracciola hatte die Zeit während des Krieges in der Schweiz verbracht und kehrte erst im Alter von 51 Jahren zu Daimler-Benz zurück. In den ersten vier Runden führte er, dann schleuderte sein 300SL – durch Bremsprobleme soll sich ein Rad gelockert haben – gegen einen Baum. Caracciola erlitt einen dreifachen Unterschenkelbruch. Damit endete die Karriere eines der erfolgreichsten Rennfahrer. Zwei Jahre war er an den Rollstuhl gefesselt, dann kehrte er in seine Villa nach Lugano zurück. Nach Jahren schwerer Depression starb er im September 1959.

Enorme öffentliche Beachtung fanden die 300SL beim 24-Stunden-Rennen von Le Mans, wo Hermann Lang mit Fritz Rieß gefolgt von ihren Teamkollegen Theo Helferich/Helmut Niedermayr einen Doppelsieg herausfuhren, während Kling/Klenk wegen einer Panne an der Lichtmaschine aufgeben mussten. Beim Training in Le Mans hatte Neubauer die Konkurrenz mit großen heckmontierten Luftbremsen geschockt. Im Rennen wurden sie allerdings nicht verwendet, weil sich ihre Befestigungen nach einigen Vollbremsungen unter dem Winddruck zu lockern begannen. Während des Trainings hatten die Silberpfeile keineswegs durch überragende Schnelligkeit geglänzt, und niemand hatte mit ihrem Sieg über die erfahrenen und schnelleren Konkurrenten aus Frankreich, Großbritannien und Italien gerechnet. Der Sieg der Silberpfeile kam sogar so unerwartet, dass die Musikkapelle zur Siegerehrung die deutsche Nationalhymne nicht einmal spielen konnte. Ob die Musiker – wie die offizielle Entschuldigung lautete – die Noten wirklich vergessen hatten oder die Franzosen die deutsche Hymne so kurz nach Kriegsende einfach noch nicht wieder hören wollten, blieb ungeklärt …

Zu einem guten Ende gelangte die europäische Rennsaison mit einem überlegenen Sieg auf dem Nürburgring. Hier belegten die 300SL – diesmal ohne Dach als Roadster – die ersten drei Plätze. Wie schon in Le Mans hatte sich auch hier gezeigt, dass bei Sportwagenrennen weniger die maximale Leistung als die Zuverlässigkeit entscheidend war.

Eigentlich hatte der Vorstand beschlossen, die Karriere des 300SL nach dem Sieg auf dem Nürburgring zu beenden. Alfred Neubauer drängte jedoch darauf, an dem im November in Mexiko stattfindenden 3300km langen Straßenrennen „Carrera Panamericana“ teilzunehmen. Nachdrücklich unterstützt wurde er vom Verkaufsleiter von Daimler-Benz in Mexiko, der sich von einer Beteiligung der Silberpfeile eine enorme verkaufsfördernde Werbung für den gesamten südamerikanischen Markt erhoffte. So reiste Neubauer schließlich mit vier Rennwagen, zwei Lkw und

Oben: *Von 1953 bis 1962 wurde der 180 gebaut. Mit ihm erschien eine völlig neue Karosserieform.*

Unten: *1953–1955 bot Daimler-Benz sowohl den modernen 180 als auch den „alten“ 170S an.*

Rechts: *1953. Ein 220 als zweisitziges Cabrio A. Von Juli 1951 bis August 1953 wurden 2360 Exemplare gebaut, auf das Jahr 1953 entfielen nur 403 Stück.*

35 Mechanikern nach Mexiko. Ins Rennen gingen die Teams Kling/Klenk, Lang/Grupp sowie der amerikanische Fahrer John Fitch mit einem deutschen Werkmechaniker in einem Roadster. Der vierte Wagen diente als Reserve und folgte mit Günther Motter am Volant den Teamkollegen. Die Carrera Panamericana war als Etappenrennen ausgelegt und führte über teilweise unbefestigte Straßen, eisige Höhen und schwülwarme Niederungen, durch unwirtliche Gegenden und einige wirklich abenteuerliche Straßen. Aber auch hier bewies der 300SL seine technische Überlegenheit. Der Sieg ging an Karl Kling, Lang landete auf dem zweiten Platz. Es war ein Rennen voller Hindernisse. Gleich auf den ersten hundert Kilometern unterschätzte ein Geier die Geschwindigkeit des mit rund 220 km/h heranrasenden Kling, durchschlug die Windschutzscheibe und prallte Beifahrer Hans Klenk so hart ins Gesicht, dass dieser das Bewusstsein verlor. Den beiden anderen Silberpfeilen erging es nicht viel besser. Hermann Lang lief ein Hund ins Auto, und John Fitch kollidierte mit einem Esel. Nach dem Rennen entzündete sich ein heftiger Streit, als Fitch, der als Vierter durchs Ziel gegangen war, wegen eines geringfügigen Regelverstoßes disqualifiziert wurde. Aufgrund der Erfolge bei der Carrera Panamericana waren die Silberpfeile und Daimler-Benz in Südamerika in aller Munde. Eine bessere Werbung hätte sich der Vorstand in Stuttgart nicht wünschen können, und nun bezweifelte niemand mehr, dass die Rückkehr ins Renngeschäft der einzig richtige Entschluss gewesen war.

Unten: *Mitte 1954 schloss Daimler-Benz mit dem 220a (Ponton) die Lücke zwischen den Vierzylindern und dem teuren „Dreihunderter". Seine Karosserie war modern, der Motor leistete 85 PS.*

1952 trat mit dem Wiener Kaufmann Max Hoffman erneut ein österreichischer Unternehmer in die Geschichte von Daimler-Benz ein, als er einen Sechsjahresvertrag als Hauptagent für den Osten der USA unterzeichnete. Wie früher schon sein Landsmann Emil Jellinek hatte auch Hoffman ein sicheres Gespür für gute Geschäfte und glaubte zu wissen, was die Autofahrer in seiner Wahlheimat wünschten. Der Daimler-Benz-Vorstand hörte mit Freuden, dass

***Links:** Ab Februar 1954 wurde der 180D ausgeliefert. Sein Dieselmotor (1767ccm Hubraum) leistete nur 40PS. Dank einer selbsttragenden Karosserie hatten Fahrkomfort und Bedienung erheblich verbessert werden können. Die neue Ponton-Karosserie bedeutete einen erheblichen Fortschritt.*

***Unten:** Der 180D war ein ungewöhnlich günstiges Auto, von dem 116485 Stück verkauft wurden. Seine Kilometerleistungen waren legendär, 200000km ohne Extra-Service galten als normal!*

Hoffman sicher 1000 Exemplare einer „zivilen" Variante des 300SL in seinem Verkaufsbereich absetzen zu können glaubte. So erschien im Februar 1954 das Coupé 300SL Gullwing – zweifellos einer der aufregendsten Sportwagen aller Zeiten! Das speziell für den US-amerikanischen Markt konstruierte Fahrzeug wurde als erster Mercedes überhaupt außerhalb Deutschlands vorgestellt, und zwar den Besuchern der New York Motor Show. Sie bekamen den neuen deutschen „Superwagen" als Erste zu Gesicht. Vorgestellt wurde ein schlanker, straßentauglicher Serien-Sportwagen, dessen Motorleistung dank der mechanischen Bosch-Direkteinspritzung mit zusätzlichen 40PS unter der Haube glänzte. Als weiteres Merkmal besaß dieser Serienwagen ein abknickbares Lenkrad, was den Ein- und Ausstieg über die hohen, breiten „Türschwellen" erleichterte. Im Gegensatz zum Rennwagen wurden die patentrechtlich geschützten freitragenden Flügeltüren in geöffneter Position inzwischen durch federbelastete Streben gestützt.

Es steht außer Zweifel, dass der Gullwing primär durch sein einzigartiges Äußeres begeisterte. Sieht man davon ab, dass er der erste Mercedes mit Benzineinspritzung war, so bleibt er rein technisch betrachtet ein ganz normales Auto. Obwohl man die verhältnismäßig voluminösen Bremsen (89 x 254 mm) innen angeordnet hatte, waren sie nur durchschnittlich. Außerdem hatte der Wagen ein großes Manko: Von all den vielen Einzelteilen der majestätischen Limousine des Typs 300 waren nur die Schwingachsen für den 300SL übernommen worden. Da der Sportwagen allerdings sehr viel schneller und wendiger war, zeigten sich die Unzulänglichkeiten der Konstruktion immer dann besonders deutlich, wenn der Fahrer bei plötzlicher Beschleunigung das Lenkrad verriss. Häufig ließ sich dann kaum vermeiden, dass der Wagen hinten ausbrach. Dieser Mangel war Uhlenhaut wohl bekannt. Bei den Rennwagen konnte diese Gefahr durch den Einbau härterer Federn und Stoßdämpfer bis zu einem gewissen Grad gebannt werden. Wie wenig das ältere Management von technischen Dingen verstand, zeigte sich beispielsweise in der Entscheidung, wonach die für den US-Markt bestimmten Wagen sogar eine noch weichere Federung erhalten sollten. Ob dies mit Uhlenhauts Einverständnis geschah, lässt sich heute nicht mehr feststellen.

Bedingt durch den komplexen Gitterrahmen und die arbeitsintensive und komplizierte Montage der Flügeltüren war der Fertigungsaufwand dermaßen groß, dass der Gullwing alle Kalkulationen sprengte. Bis 1957 wurde er seriengefertigt und kostete damals rund 11000 $, was dem Preis eines

Rechts: *1954 kehrte Mercedes wohl vorbereitet auf die Grand-Prix-Strecken zurück. Die aerodynamisch günstig gestalteten nagelneuen W196 wirkten nicht nur überlegen, sie waren es auch. Beim ersten Rennen, dem Großen Preis von Frankreich in Reims, holten sich Fangio und Kling den Doppelsieg.*

Unten: *Juan Manuel Fangio. Der Argentinier kam erst mit 38 Jahren zum Grand-Prix-Rennsport. Zuerst fuhr er bei Maserati, dann bei Alfa Romeo (Weltmeister 1951), ab 1954 bei Mercedes.*

heutigen Mercedes SLR-McLaren entspricht. Wie sehr der Gullwing die zahlungskräftige Kundschaft begeisterte, beweist, dass in drei Jahren nicht weniger als 1400 Flügeltürer verkauft wurden. In dieser Zahl sind 29 noch sehr viel kostspieligere Wagen mit Leichtmetallkarosserien enthalten. Als eine Art Versuchswagen wurde ein Gullwing aus glasfaserverstärktem Kunststoff gebaut, ging jedoch nie in Serie. In Verbindung mit den Produktionszahlen ist erwähnenswert, dass der letzte Gullwing 1996 (!) gebaut wurde. Durch Zufall besaß Bob Doehler, Chefkonstrukteur der Studebaker Packard Corporation, ein noch nicht montiertes 300SL Coupé. Irgendwann in den 1950er-Jahren hatte Daimler-Benz mit Doehler über den Aufbau eines neuen Vertragshändlernetzes verhandelt. Im Verlauf dieser Gespräche fühlte sich Doehler offensichtlich in einer solch einflussreichen Position, dass er – die Gründe sind nur ihm bekannt – das noch in seine Einzelteile zerlegte Coupé bestellte. Daimler-Benz lieferte, und Doehler nahm die Teile auf Lager. Dort wurde der Bausatz nach seinem Tod gefunden. Er gelangte in die Hände eines Mercedes-Sammlers, der diesen letzten 300SL von 1954 im Jahr 1996 schließlich endmontierte.

Der Roadster erscheint

In den USA forderten die Mercedes-Händler vehement weitere Sportwagen und ganz besonders einen offenen Gullwing für die wärmeren Südstaaten. Dieser Wunsch war schon rein technisch unerfüllbar, denn wie sollte man ein Cabrio mit Flügeltüren ausstatten? Hingegen hätte für konventionelle Türen das Fahrgestell neu konstruiert werden müssen. Eine herkömmliche Fahrgestellgestaltung mit Längsträgern wurde 1956 ausgearbeitet, dabei wählte man als Hinterradaufhängung eine Eingelenk-Pendelachse mit tief liegendem Drehpunkt. Das neue Auto ließ sich sicherer handhaben, war länger und schwerer und eignete sich mit seinem vielen Chrom und mit dem umfangreichen Zubehör geradezu ideal für den US-Markt. Der 300SL Roadster war kein Rennwagen, sondern ein elegantes Fahrzeug für Menschen, die Eindruck machen wollten oder mussten. Ende 1958 begann die Serienfertigung dieses attraktiven Coupés (Aufpreis für Hardtop: 1500 DM). Statt der bisherigen schweren Bimetall-Trommelbremsen erhielten die Wagen ab März 1961 Dunlop-Trommelbremsen. Die Serienfertigung der Roadster endete 1963 (verkaufte Exemplare: 1858), als der von Rudolf Uhlenhaut und Paul Bracq konstruierte 230SL in Serie ging.

Insgesamt wurden vom 300SL Coupé und Roadster 3258 Stück abgesetzt. Sehr viel höhere Verkaufszahlen erzielte ein anderer, 1955 erschienener Sportwagen. Er blieb bis 1963 in der Produktion und brachte es auf eine Stückzahl von 25881 Exemplaren. Es war der 190SL. Er wurde als Ergänzung des ruhmreichen 300SL propagiert, wirkte aber bei seinem ersten Auftritt 1954 mit den tief ausgeschnittenen Türen und der kleinen Plexiglas-Windschutzscheibe noch etwas missglückt. Als dann aber die Serienversion enthüllt wurde, zeigte sich ein äußerst attraktiver kleiner Roadster, der den großen 300SL Roadster noch um zwei Jahre „überlebte". Der stark an den 180 angelehnte 190SL besaß ein kürzeres und steiferes Fahrgestell, eine selbsttragende Karosserie und Einzelradaufhängung sowie die technisch fortschrittlichere Pendel-Hinterachse mit tief liegendem Drehpunkt mit Schraubenfedern und Längslenkern. Sein bescheidener Vierzylinder-Reihenmotor mit 1897ccm Hubraum, oben liegender Nockenwelle und zwei Solex-Vergasern leistete 105PS bei 5700 l/min. Er galt als sehr alltagstauglich, war aber doch eher ein sportliches Auto als ein Sportwagen. Zur Ausstattung gehörten bequeme Sitze, Teppichboden und Hebefenster. Der Fahrgastraum bot den beiden Insassen viel Komfort. Auf der Speiche des weißen, aus Bakelit gefertigten Lenkrads war traditionell der Hupring angeordnet. Die beiden Hauptinstrumente saßen über vier kleineren schwarz-weißen VDO-Anzeigeinstrumenten. Zahlreiche weitere Knöpfe und Schalter waren über das gemalte Armaturenbrett verstreut. Ein Becker-Radio prangte zentral im Armaturenbrett, die Uhr war im Handschuhfachdeckel installiert.

Unten: *1954. Ein siegesgewisser Karl Kling beim Start zum Grand Prix von Frankreich im Cockpit des modernsten W196.*

Rechts: *Vor dem Start zum Grand Prix von Frankreich 1954 berät sich Hans Herrmann mit seinem Team. Er fuhr die schnellste Runde, musste dann aber unerwartet mit Motorpanne ausscheiden.*

Unten: *Ein Werbeplakat nach der triumphalen Rückkehr zum Grand Prix. Nur die Motorpanne bei Hans Herrmann hatte einen Dreifachsieg verhindert.*

Der 190SL erinnerte äußerlich stark an den 180. Diese 1953 erschienene Limousine markierte einen Wendepunkt in der Karosseriegestaltung, denn mit ihr wurde die selbsttragende Ponton-Karosserie modern. Motor-, Fahrgast- und Gepäckraum waren separat gegliedert. Dieses Konzept bot nicht nur einen größeren Innenraum, sondern auch zusätzliche Sicherheit bei Unfällen. Durch Wegfall der lang gestreckten, verbreiterten Kotflügel sowie der anschließenden Trittbretter konnte der Fahrgastraum um 22% erweitert werden. Die quadratische, rechteckige Karosserieform (Ponton-Form) erlaubte einen zusätzlichen Kofferraum um 75%. Auf der Bodenplatte des Fahrgestells wurden an der Vorder- und Rückseite des stabil gebauten Fahrgastraums Knautschzonen aus verhältnismäßig leichtem Stahl geschaffen. Obwohl der traditionelle hohe Kühlergrill übernommen wurde, wirkte das Äußere des 180 nicht gerade „begehrenswert" und ließ auch das Herz eines „Sportfahrers" nicht schneller schlagen. Erst bei näherem Hinsehen offenbarte er sich als leistungsfähiges, brauchbares Fahrzeug. Kein anderes Modell vorher erreichte größere Stückzahlen!

Knapp ein Jahr später – 1954 – folgte dem 180 der 220a, der nächste Schritt auf dem Weg zur einheitlichen Karosserie. Beim 220a war die Karosserie fest mit der Bodenplatte verschweißt. Mit seiner um 19cm verlängerten Motorhaube war dieser 85-PS-Sechszylinder etwas eleganter als die einfache Limousine 180. Nur die Chromleiste über dem Hinterrad war noch eine Reminiszenz an vergangene Jahre. 1956 kam das stärkere Nachfolgemodell 220S mit 100PS auf den Markt. Für die etwas besser Betuchten gab es neben der Limousine ein Coupé und ein Cabriolet im Angebot. Mit 55279 Exemplaren wurde die Limousine zu einem überwältigenden Erfolg. Im Mai 1956 erschien dann als preisgünstiger Nachfolger des 220a der 219. Er besaß den Motor des Typs 220a, entsprach aber sonst eher dem Typ 180. Der 219 war die billigste Möglichkeit, einen Mercedes-Sechszylinder zu fahren.

Nach dem Erfolg mit der Einspritztechnik beim 300SL wagte man diese Form der Gemischaufbereitung bei dem im September 1958 erschienenen 220SE erstmals auch in einem Großserienmodell. Als Einspritzanlage verwendete man die Bosch-Zweistempel-Einspritzpumpe, die dem Fahrzeug in Verbindung mit einer effizienteren Nockenwelle zu 115PS verhalf. Der 220SE war ein kurzlebiges Modell. Als er nach nur zehn Monaten aus dem Verkaufskatalog genommen wurde, waren erst 1974 Stück abgesetzt worden. In der zweiten Hälfte der 1950er-Jahre beschloss der Daimler-Benz-Vorstand, für eine Reihe von Limousinen die in den USA so beliebten Heckflossen zum Einsatz zu bringen – allerdings dem europäischen Geschmack entsprechend in wesentlich kleinerer Form. Von Daimler-Benz wurden die Heckflossen als „Peilstege zur besseren Orientierung bei Rückwärtsfahrt" bezeichnet, ein praktischer und nützlicher Hinweis. Sogar die als letzter modischer Schrei betrachtete und von Pininfarina entworfene „Trapezlinie" wurde in Ansätzen umgesetzt. 1960 kamen die ersten „Heckflossen"-Mercedes auf den Markt. Damit gehörten die „alten" weichen, runden Formen der Automobilgeschichte an. Die Cabrios und Coupés des 220S wurden dagegen nicht auf Heckflossen umgestaltet.

Gegen Ende der 1950er-Jahre konnte Daimler-Benz zuversichtlich in die Zukunft blicken. Man hatte nicht nur die schweren Nachkriegszeiten überlebt, sondern auch ein Modellprogramm geschaffen, das von preisgünstigen Serienlimousinen bis zum heiß begehrten Sportwagen 300SL reichte und mit dem Gullwing einen zeitlosen Klassiker enthielt. Natürlich war es nicht immer einfach gewesen. Als der Gullwing 1954 erschien, konnte Max Hoffman, der immerhin auf den Bau dieses Modells gedrängt hatte, Daimler-Benz in den USA nicht optimal vertreten. Seine Fähigkeiten als Verkäufer waren über alle Zweifel erhaben, es mangelte jedoch an einem effizienten Händlernetz. Auf der Suche nach dem idealen, in den USA verwurzelten und bekannten Partner fiel die Wahl der Stuttgarter 1957 schließlich auf Studebaker-Packard. Er verlor damals immer größere Marktanteile und benötigte dringend neuen Auftrieb. Obwohl sich die Amerikaner auf ein Netz von 2500 Händlern stützen konnten, musste Daimler-Benz jedoch allzu bald erkennen, dass der Erfolg ausblieb – der durchschnittliche Studebaker-Händler wusste weder, was ein Mercedes war, noch wie er ihn verkaufen konnte.

Oben: *Der Hochgeschwindigkeitskurs der Berliner AVUS (Automobil-Verkehrs- und Übungsstraße) war das ideale Jagdrevier für die aerodynamisch günstig gestalteten W196. Unvergessen ist ihr Dreifachsieg durch Kling/Fangio/Herrmann 1954 (Foto).*

Links: *Hier steht ein Rennwagen W196 neben dem aufregendsten Sportwagen der 1950er-Jahre, einem Coupé 300SLR. Den W196 gab es in geschlossener Stromlinienform oder als Monoposto. Letztere Variante wurde für engere, kurvenreiche Rennstrecken bevorzugt, damit der Fahrer die Vorderräder sehen konnte. Der SLR fuhr aber nie bei einem Rennen.*

Die Geschichte des „722"

Solange es Automobile und Rennfahrer gibt, werden drei Namen unvergessen bleiben: Mille Miglia, Stirling Moss, Mercedes-Benz.

Immer wieder wird es Rennfahrer geben, deren Name mit einem bestimmten Auto verbunden ist. Eine solche Beziehung entstand, als der Mercedes-Fahrer Stirling Moss 1955 bei der legendären Mille Miglia mit einem der besten Sportwagen aller Zeiten, dem Mercedes 300SLR, startete. Das Rennen war in diesem Jahr 1585 km lang. Start- und Zielort war Brescia. Zu diesem großartigen Zweiergespann gesellte sich der englische Journalist Denis Jenkinson als Beifahrer.

Auf den ersten Blick erschien die Nominierung des Rennsportjournalisten Jenkinson als Kopilot etwas ungewöhnlich. Doch als ehemaliger Motorrad-Rennfahrer war Jenkinson mit dem Rennsport eng verbunden. Wie Moss liebte auch er die Herausforderung und verdrängte alle Bedenken an die mit diesem Sport verbundenen Gefahren. Da er nur 152 cm „groß" war, bedeutete die Teilnahme dieses „Leichtgewichts" kaum eine zusätzliche Belastung. Im Gegenteil. Er hatte die Streckenführung bis ins letzte Detail aufgezeichnet und war Moss eine unschätzbare Hilfe. Ursprünglich waren vier 300SLR für Juan Fangio, Karl Kling, Hans Herrmann und John Fitch gemeldet. Als Alfred Neubauer 1955 dann auch noch Stirling Moss als Werkfahrer verpflichtete, wurde Fitch Reservefahrer. Fangio fuhr mit seinem Mechaniker aus der Zeit bei Alfa Romeo, Kling wollte allein fahren, und Jenkinson war als Beifahrer für Fitch ausgewählt worden. Bei ihren ersten Gesprächen hatte Fitch Jenkinson gesagt, man könne die Italiener im eigenen Land nur schlagen, wenn fahrerisches Können durch exakte Streckenkenntnisse ergänzt würde. Fitch hatte empfohlen, jede Kurve und jede gefährliche Ecke zu notieren, damit der Kopilot seinen Fahrer rechtzeitig auf Gefahren hinweisen beziehungsweise freie Fahrt auch an unübersichtlichen Ecken signalisieren konnte. Natürlich war auch Moss begeistert und fragte Jenkinson, ob er die Idee „ausleihen" dürfte. Er durfte und beschaffte eine 5,50 m lange Papierrolle, montierte sie in einem wasserdichten Behälter mit durchsichtiger Oberfläche und nutzte das dreimonatige Training, alle Kurven und Geraden und jede gefährliche Stelle zu erfassen. Moss hatte anfangs noch einige Bedenken, erkannte aber letztlich, dass ihm keine andere Wahl blieb, als sich völlig in die Hände seines Beifahrers zu begeben und seinen Hinweisen blind zu vertrauen. Sie

konnten nur gemeinsam ins Ziel kommen oder beide verunglücken. Dennoch entschloss er sich, vor unübersichtlichen Bergkuppen vorsichtshalber das Gas etwas zurückzunehmen und von 274 km/h auf 257 km/h zu gehen. Eine rein psychologische Entscheidung, denn bei einem Unfall hätte diese Geschwindigkeitsreduzierung nicht den geringsten Unterschied gemacht. Da sich Moss und Jenkinson im offenen Wagen bei Geschwindigkeiten um 260 km/h akustisch nicht verständigen konnten, hatten sie bestimmte Handsignale vereinbart.

Vor dem Rennen hatte sich Moss einen dritten Platz ausgerechnet. Kling hatte die Strecke auswendig gelernt, und Fangio war immer Favorit, obwohl auch er seine Meinung geändert hatte und wie Kling allein fahren wollte. Am Abend des 30. April ging das riesige Feld im Minutenabstand – die langsamsten Wagen zuerst – auf die Strecke. Moss war am folgenden Morgen an der Reihe, und

Oben: *Das Armaturenbrett des 300SLR beherrschte der Drehzahlmesser. Große Lenkräder mit Holzkranz waren Tradition. Um Gewicht zu sparen, wurden wo möglich „Erleichterungs"bohrungen vorgenommen.*

Links: *Der junge Brite Stirling Moss galt als meisterhafter Sportwagenfahrer. Sein größter Erfolg war der Sieg bei der Mille Miglia 1955 mit seinem Beifahrer Denis Jenkinson.*

zwar exakt um 7.22 Uhr. Ein gutes Omen, denn sein Wagen trug die Nummer 722. Vom Start weg legte er ein so mörderisches Tempo vor, dass er bei der Ankunft in Rom schon an der Spitze lag. Dies war allerdings kein gutes Omen, denn bei den bisherigen Rennen hatte noch nie der Wagen gesiegt, der in Rom das Feld anführte. Kling war schockiert, als Moss die Spitze übernahm. Er wusste, dass er irgendetwas tun musste. Sein Siegeswille war aber wohl etwas zu stürmisch, denn gleich hinter Rom landete sein Wagen in der ersten Hochgeschwindigkeitskurve im Graben und er selbst im Krankenhaus.

Anfangs litt Jenkinson sehr unter den hohen Fliehkräften, aber weder Moss noch er wollten wegen etwas so Trivialem langsamer fahren. Als die Adriaküste erreicht war, beschleunigte Moss auf den lang gezogenen Straßen auf 274 km/h und 7400 1/min. Häufig drehte er bis 7500 und zweimal sogar bis auf 7700 1/min hoch. Wer in Führung liegt, hat aber nicht nur Vorteile, denn unübersichtliche Bergkuppen und -kämme stellten eine ständige Gefahrenquelle für Moss und Jenkinson dar. Normalerweise waren sie unproblematisch, doch bei den hohen Renngeschwindigkeiten bargen sie große Risiken. Einige Male flog der 300SLR so weit durch die Luft, dass sich Jenkinson und Moss mit hochgezogenen Augenbrauen anstarrten, hoffend, dass ihr Wagen wieder auf der Straße „landen" und geradeaus weiterrasen würde.

Gefährlich war auch das Überholen langsamerer Wagen. Bei den damaligen italienischen Straßen war der sicherste und schnellste Platz in der Mitte, weil die Banketten meistens unbefestigt waren. Spät gestartet, musste Moss das ganze Feld von hinten aufrollen und Gegner überholen, die sehr viel langsamer waren als er – und hoffen, dass sie ihn heranrasen sahen und Platz machten.

Ohne eine große Portion Glück ist ein solches Rennen nicht zu gewinnen. Dreimal kam Moss von der Strecke ab. Beim ersten Mal raste er in einer Kurve in die Strohballen, beim zweiten Mal war er für eine Sekunde unkonzentriert gewesen, und beim dritten Mal blockierte eine Bremse und wirbelte den Wagen von der Fahrbahn über einen Graben – glücklicherweise war der Graben genau dort aufgefüllt. Obwohl er die letzten 480 km mit beschädigter Karosserie und mit abgefahrenen Vorderradbremsbelägen (bei jeder Bremsung gab es Metallkontakt!) zurücklegen musste, erreichte Moss Brescia in der Rekordzeit von 10 Stunden, 7 Minuten und 48 Sekunden. Seine Durchschnittsgeschwindigkeit: fast unglaubliche 157,63 km/h! Fangio wurde Zweiter, während Herrmann mit defektem Benzintank ausgeschieden war.

Moss hatte als zweiter Nichtitaliener gesiegt und dies – wie Caracciola 1931 – auf einem Mercedes. Da die Mille Miglia zwei Jahre später eingestellt wurde, kann der Rekord von Stirling Moss nie mehr unterboten werden.

Oben: *Bei der Mille Miglia 1955 wurde Motorsportgeschichte geschrieben. Später wollte jeder das Siegerteam Moss, Jenkinson und den 300SLR sehen, wie hier beim „Festival of Speed 1995" im südenglischen Goodwood.*

Links: *Bei der Mille Miglia, dem wahrscheinlich berühmtesten Sportwagenrennen der Welt, siegte 1955 der 300SLR in unerreichter Rekordzeit.*

Rechts: *W196R Monoposto/Stromlinie, einer der Stars im Mercedes-Benz-Museum. Alle Ausstellungswagen sind fahrbereit. 2004 drehte dieser W196R in Großbritannien beim „Goodwood Circuit Revival" mit anderen historischen Rennwagen einige Runden.*

Unten: *Ein „nackter" W196. Sein Gitterrohr-Rahmen trug einen Reihenachtzylinder. In der Mitte, zwischen den Beinen des Fahrers, lag der riesige Getriebetunnel.*

Expansion durch Beteiligungen

Traditionell hatte sich Daimler-Benz in Deutschland nie um die niedrigeren Marktsegmente bemüht. In Zeiten von Wirtschaftswachstum und -stabilität war eine solche Politik auch vertretbar. Rückblickend auf die Erfahrungen der 1920er-Jahre und die Zeit des Wiederaufbaus nach 1945 wollte man in Stuttgart aber auch gegen wirtschaftliche Rückschläge gewappnet sein. Statt nun hohe Summen in die Entwicklung eines eigenen „billigen" Wagens zu investieren, erschien es weitaus einfacher, ein geeignetes Modell durch Übernahme eines anderen Unternehmens zu bekommen. Parallel dazu sollte durch finanzielle Beteiligungen bei potenziellen Konkurrenten verhindert werden, dass Firmen wie Renault und Fiat im deutschen Markt Fuß fassten. Erstes Objekt von Daimler-Benz' Begierde war die Auto Union GmbH. Wie BMW hatte auch dieses Unternehmen nach Kriegsende seine Produktionsstätten in der sowjetischen Besatzungszone (Chemnitz) verloren und erst Ende der 1940-er Jahre mit sehr bescheidenen Mitteln im bayerischen Ingolstadt wieder begonnen. Anfangs wurden kleine Nutzfahrzeuge und Motorräder gebaut, bevor im Jahr 1950 der simple DKW, ein Zweizylinder mit Zweitaktmotor, erschien. Bald tuckerten mehr als 1000 Exemplare mit dem typischen „putt-putt-putt"-Sound und eingehüllt in blaue Abgaswolken über Westdeutschlands Straßen. Schon 1953 erschien ein verbesserter Dreizylinder. Daimler-Benz beobachtete die Entwicklung aufmerksam und erwarb eine beachtliche finanzielle Beteiligung an dem Unternehmen. Als dann Gerüchte über eine Übernahme durch Ford auftauchten, stieg Daimler-Benz offiziell bei Auto Union ein und übernahm per 1. Januar 1958 ein Aktienpaket im Wert von 47 Mio. DM. Im folgenden Jahr brachte Auto Union den weiter verbesserten DKW Junior auf den Markt. Der Junior eroberte den Markt im Sturm, und Daimler-Benz konnte aus seiner Kapitaleinlage bei Auto Union bereits 1960 einen 50%igen Gewinn verzeichnen.

Ende 1960 präsentierte sich Daimler-Benz als ein in jeder Beziehung gesundes Unternehmen. Zwar gehörten die weltberühmten Silberpfeile der Vergangenheit an, dafür war man jedoch offiziell wieder in den Tourenwagen-Sport eingestiegen.

Bis 1954 hatten Firmen wie Ferrari, Maserati, Jaguar und Lancia die Welt des Motorsports beherrscht. Dies änderte sich, als Daimler-Benz eine neue Rennabteilung aufbaute. Gestützt auf die Tradition der 1930er-Jahre strebte man nun nach der Spitzenposition in der Formel 1. Die Tür zum internationalen Rennsport hatte der 1952 erschienene schlichte Sportwagen 300 SL aufgestoßen. Er war außergewöhnlich leistungsfähig und gewann auf Anhieb alles, was es nur zu gewinnen gab. Der Vorstand zögerte nicht, die Mittel für eine neue Rennabteilung bereitzustellen. Für den Einstieg in die Formel 1 entstand mit dem W 196 ein völlig neuartiger Rennwagen.

Für die Rennsaison 1954 hatte die FIA den Hubraum auf maximal 2,5 Liter für Saugmotoren und auf 750 ccm für Kompressormotoren festgelegt. Dieses Mal wählte man bei Daimler-Benz den Saugmotor, einen Reihenachtzylinder mit Benzineinspritzung und desmodromischer Ventilsteuerung (Nocken statt Ventilfedern). Bei nur zwei Ventilen ermöglichte dieses Konzept höhere Motordrehzahlen, stärkere Leistung und hohe Betriebszuverlässigkeit. Begeistert von dieser Konstruktion eilte man von Daimler-Benz zum nächsten Patentamt, musste dort allerdings hören, dass man 40 Jahre zu spät kam. Delahaye hatte diese Ventilsteuerung bereits bei seinen Schneider-Motoren beim Großen Preis von Frankreich 1914 eingesetzt.

Der Gedanken an einen V 12-Motor war geprüft, aber abgelehnt worden, weil er den Schwerpunkt zu weit nach oben verlagert hätte. Ein Reihenachtzylinder ließ sich jedoch tiefer im Fahrgestell und seitlich geneigt einbauen. Erneut wagte Daimler-Benz kein Risiko und entschied sich nicht – wie die meisten Konkurrenten – für die modernste De-Dion-Achse, sondern wählte die altbewährte Pendel-Hinterachse mit tief liegendem Schwerpunkt. Doppelquerlenker sicherten die Vorderräder, während hydraulische Stoßdämpfer an allen vier Rädern zum Einsatz kamen.

Von Anfang an war geplant gewesen, die ersten W 196 mit völlig geschlossener, stromlinienförmiger Karosserie zu bauen. Die „Schnauze“ befand sich nur wenige Zentimeter über dem Boden, während die aerodynamisch optimal geschwungenen Kotflügel in einem eleganten, lang gestreckten, runden Heck endeten. Unterbrochen wurden diese graziösen Formen nur durch zwei links/rechts neben dem Cockpit am Fuß der Hinterradverkleidungen angeordnete halbmondförmige Lufthutzen sowie durch zwei weitere Hutzen der Auspuffrohre, die auf einer Linie mit der Windschutzscheibe seitlich unten angeordnet waren. Hinter einer kleinen, flachen Windschutzscheibe saß der Fahrer in der Mitte (vor der Hinterachse). Die geradezu perfekt konstruierten

Mercedes-Benz 300 Sc Roadster

Fertigung:	1955–1958
Motor:	6-Zylinder-Reihenmotor
Bohrung x Hub:	85 mm x 88 mm
Hubraum:	2996 ccm
Leistung:	175 PS bei 5300 1/min
Gemisch-aufbereitung:	mechanische Bosch-Benzin-einspritzpumpe
Getriebe:	Vierganggetriebe, Lenkradschaltung
Kupplung:	Einscheiben-Trockenkupplung
Chassis:	X-Ovalrohr-Rahmen
Bremsen:	hydraulische 4 Trommelbremsen mit Servounterstützung
Höchstge-schwindigkeit:	180 km/h

Oben: *Fahrerplatz im 300Sc Roadster. Der 300Sc hatte eine mechanische Einspritzpumpe von Bosch (Schriftzug „Einspritzmotor“ in der Stoßstange) und eine Pendel-Hinterachse. Die Karosserie war seit 1951 unverändert. Nur 200 Stück wurden verkauft.*

Links: *W196 beim Großen Preis von Monaco 1955. Es war kein glücklicher Tag für Mercedes: Fangio (2) und Simon fielen aus, und Stirling Moss (6) wurde nur Neunter. Danach wurden Silberpfeile in diesen Straßen viele Jahre nicht mehr gesehen.*

***Oben:** 300SLR Coupé. Von ihm wurden nur zwei Exemplare gebaut. Die Karosserie war dem 300SL entlehnt. Unter der Haube röhrte ein Formel-1-Motor mit 310PS Höchstleistung. Nachdem sich Daimler-Benz aus dem Grand-Prix-Rennsport verabschiedet hatte, dienten die 300SLR Coupé Chefkonstrukteur Rudolf Uhlenhaut als „Dienstwagen". Mit 272km/h waren sie 1955 zweifellos die schnellsten straßentauglichen Automobile der Welt.*

„Stromlinie" waren sowohl ein Tribut an die Kunst der Blechschlosserei als auch an den neuesten Stand der Technik. Die Wagen bestanden nicht – wie ursprünglich geplant – aus Stahl oder Aluminium, sondern aus einer sehr leichten Magnesiumlegierung. Trotz einer Gewichtsersparnis von rund 50% bot diese Legierung die gleiche Zugfestigkeit wie Aluminium. Jede Gelegenheit zur Gewichtsreduktion wurde genutzt. Zur Formgebung musste die Magnesiumlegierung zwar auf 250°C erhitzt werden, einmal geformt, behielt sie jedoch ihre Gestalt bei und benötigte bis zum letzten Schliff nur wenig Aufwand. Das Schweißen der Legierung war eine Arbeit für Spezialisten, die 5mm dicke Magnesiumstreifen mit einem hochwertigen Schweißbrenner verarbeiteten. Die Schweißarbeiten erfolgten unter sehr sauberen Bedingungen, weil Magnesium sich leicht entzündet und erst erlischt, wenn die Sauerstoffflamme abgeschaltet wird.

So rollten beim Großen Preis von Frankreich am 4. Juli 1954 drei hochglanzpolierte W196 „Stromlinie" vor 300000 Zuschauern in Reims an den Start. Die Silberpfeile waren zurück mit Rennleiter Alfred Neubauer und Juan Manuel Fangio, zweifellos einer der besten Rennfahrer aller Zeiten. Neubauer hatte Fangio einige Jahre beobachtet und war entschlossen, ihn als Fahrer zu verpflichten, sobald Daimler-Benz in die Formel 1 zurückkehrte. Seine beiden anderen Spitzenfahrer waren Karl Kling und Hans Herrmann (Herrmann musste mit einem Wagen starten, dessen Motor hastig montiert und nicht getestet worden war). Beim Qualifying fuhr Fangio die schnellste Zeit, gefolgt von Kling auf dem zweiten und dem weniger zufriedenen Herrmann auf dem vierten Platz. Beim Start neben dem Maserati von Ascari in der ersten Reihe wirkten die silbernen Mercedes wie Fahrzeuge aus einer anderen Liga.

Reims war eine sehr schnelle, dreieckig ausgelegte Strecke über Landstraßen und daher wie geschaffen für die aerodynamisch günstig konstruierten W196. Fangio und Kling beherrschten das Feld und lösten sich bei Geschwindigkeiten von bis zu 262km/h immer wieder in der Führung ab. Bei der Jagd um den dritten Platz fuhr Herrmann die schnellste Runde, bevor sein Motor den Geist aufgab (die einzige Motorpanne eines W196 überhaupt). Fangio siegte mit einer Zehntelsekunde Vorsprung vor Kling – fast zur gleichen Zeit, als Deutschland in Bern mit der Fußballweltmeisterschaft das „Wunder von Bern" gelang.

Die Erwartungen waren hoch, als Neubauer mit seinen Silberpfeilen 1954 zum Großen Preis von England in Silverstone erschien. Auf einem ehemaligen Militärflugplatz angelegt, war Silverstone damals die schnellste Rennstrecke des F1-Rennkalenders. Fangio kam auf diesem Kurs nicht zurecht und wurde Zweiter. Da die stromlinienförmige Karosserie keinen Blick auf die Vorderräder zuließ, konnte Fangio seinen W196 nicht optimal durch die Kurven bringen und kollidierte immer wieder mit den Streckenmarkierungen. Neubauer nahm Fangios Beschwerden ernst, und innerhalb weniger Wochen stand ein W196 Monoposto bereit. Er besaß zwar immer noch das lang gestreckte, runde Heck, wirkte mit seinen offenen Rädern und den längeren Auspuffrohren aber sehr viel nüchterner. Fangio steuerte ihn beim Großen Preis von Deutschland auf dem Nürburgring, in der Schweiz und in Italien zum Sieg. Ein undichter Öltank war die Ursache, dass er in Spanien „nur" einen hart umkämpften dritten Platz erreichte. Diese Platzierung genügte jedoch, ihm für 1954 die zweite Weltmeisterschaft zu sichern (1951 siegte er mit Alfa Romeo).

Fangio war ein geschickter Fahrer und insbesondere ein fairer Sportler. Wenn es die Umstände verlangten, gab er sich auch mit einem zweiten Platz zufrieden. Den Beweis lieferte er auf der Avus, wo der Berliner Karl Kling seinen einzigen Sieg errang und die Silberpfeile einen unvergessenen Dreifachtriumph feierten. Natürlich hatte Neubauer Fangios Fähigkeiten längst erkannt und wusste, dass ihm nur Stirling Moss gefährlich werden konnte. Neubauer wollte verhindern, dass Moss seinen Silberpfeilen Punkte abjagte, und machte seine üblichen Annäherungsversuche (obwohl er stets behauptete, der Trainer von Moss drängte ihn). Schließlich konnte er Stirling sogar zu Testfahrten auf dem Hockenheimring bewegen. Nicht begeistert von dem Gedanken, neben Fangio die zweite Geige zu spielen, wollte er doch hören, was Neubauer ihm bieten konnte. Seine ersten Runden drehte er mit einem 220, „schnupperte" an einem 300SL und landete schließlich hinter dem Volant eines W196. Er war weder vom Fahrverhalten noch von den gewöhnlichen Bremsen des Wagens übermäßig beeindruckt, erkannte jedoch die technischen Vorteile und begriff, dass er einen fast unschlagbaren Rennwagen fuhr. Ausschlaggebend für seinen Wechsel zu Daimler-Benz soll allerdings gewesen sein, dass nach der Fahrt ein Mechaniker mit einer Schüssel Was-

Oben: *Mit 2982 ccm Hubraum leistete der 300SLR 310 PS bei 7400 1/min. Die Zylinder steuerten zwei oben liegende Nockenwellen.*

Unten: *Le Mans 1955. Die einzigartige „Luftbremse" des 300SLR verbesserte die Kurvenstabilität und kam auch bei Rennen in Schweden zum Einsatz. Trotz des enormen Luftdrucks war sie zuverlässig.*

Oben: *1959 erhielten die Limousinen neue Karosserien mit Heckflossen, wie sie in Amerika große Mode waren. Der Sechszylinder mit 2195 ccm Hubraum und 110 PS verlieh diesem 220Sb eine Höchstgeschwindigkeit von 165 km/h. 1959 wurden 7267 und bis zur Einstellung der Produktion im Oktober 1965 insgesamt 161 119 Wagen verkauft.*

ser sowie mit Seife und Handtuch an ihn herantrat, um ihm den schwarzen Bremsstaub aus dem Gesicht zu entfernen. Aber damit nicht genug: Das Wasser war sogar warm! Dies gab den Ausschlag, denn Moss erkannte, dass er bei einem Team von Profis gelandet war, wo jedem noch so unbedeutend erscheinenden Detail größte Aufmerksamkeit gewidmet wurde.

So erlebten die Zuschauer der Rennsaison 1955 auf den Grand-Prix-Strecken die beiden besten Rennfahrer in den zwei besten Rennwagen der Welt. Zweifellos hätte Moss unter anderen Umständen die Weltmeisterschaft erringen können. So aber kämpfte er gegen den besten Rennfahrer des 20. Jahrhunderts – Fangio – und ging letztlich als der „ewige Zweite" in die Rennsportgeschichte ein. Denn obwohl 20 Jahre älter als Moss, erschien der „alte Mann" Fangio immer so, als müsste er hinter dem Steuer nie hart arbeiten.

Das erste Rennen der Saison 1955 wurde in Argentinien bei unerträglicher Hitze gefahren. Als der junge, durchtrainierte Moss in seine Box kurvte, war er einer Ohnmacht nahe. Er wurde aus dem Wagen gezogen und ins Krankenhaus gebracht. Dort verlor er keine Zeit, den Ärzten klar zu machen, dass er unverzüglich zur Rennstrecke zurückkehren wollte. Er übernahm Herrmanns Wagen, setzte das Rennen fort und wurde noch Vierter. Als einziger Fahrer hatte nur Fangio die nötige Ausdauer für das 3-Stunden-Rennen aufgebracht und ging als Sieger durchs Ziel, obschon von der Motorhitze fast lebendig gekocht und umgeben von rot glühenden Rahmenträgern. Moss entschied den Großen Preis von England für sich – nur Zentimeter hinter ihm Fangio. Moss hat nie daran gezweifelt, dass Fangio ihm den Heimsieg geschenkt hat. (Fahrer seines Formats sind im heutigen Formel-1-Renngeschehen sehr selten geworden.) In Aintree feierten die Silberpfeile einen überlegenen Vierfachsieg.

Siege und Niederlagen

Einmal mehr gewannen Fangio und Daimler-Benz mit dem W 196 die Fahrer- und Marken-Weltmeisterschaft; Moss wurde Zweiter. Die meiste Zeit hatte er nur einige Wagenlängen hinter Fangio gelegen, ihn beobachtet und von dem „Meister" gelernt. Moss wartete auf seine Chance. War Fangio im Rennwagen praktisch unschlagbar, so beherrschte Moss auch den Sportwagen meisterlich. Diesen Vorteil wollte er 1955 nutzen, fuhr er mit dem 300 SLR doch einen Wagen, der bei Sportwagenrennen ebenso überlegen war wie der W 196 beim Grand Prix. Als eine Kombination aus 300 SL und W 196 galt der 300 SLR als unbesiegbar.

Man hatte vom 300 SL den Gitterrohr-Rahmen und vom W 196 den Reihen-Achtzylinder (werkinterne Bezeichnung: W 196-S) übernommen. Allerdings war der Motor auf 3 Liter aufgebohrt und mit verchromten Zylinderlaufbahnen und desmodromischer Ventilsteuerung nachgerüstet worden. Der Motor wurde bis zu 32 Stunden auf einem Rollenprüfstand getestet, wobei er 296 PS leistete. Die Vorzüge des vergrößerten Hubraums bewiesen Testfahrten in Monaco, wo der SLR ganze drei Sekunden schneller war als der Grand-Prix-Wagen.

Auch im Bereich der Nutzlastkapazität zeigte sich der SLR als Meisterstück. Um für Langstreckenrennen gerüstet zu sein, fasste sein Tank 256 Liter, außerdem konnte er zwei Ersatzräder mitführen. Zu den Großen Preisen von Schweden und Frankreich traten die Wagen mit Luftbremsen (Bremsklappen) an. Hinter der Fahrerkopfstütze montiert und vom Fahrer hydraulisch zu betätigen, verliehen sie dem Wagen zusätzliche Kurvenstabilität.

Aus Zeitmangel verzichtete man auf die Nachrüstung mit Scheibenbremsen und behielt stattdessen die bewährten, nach innen versetzten Trommelbremsen mit hydraulischem Bremskraftverstärker und automatisch verstellbaren Bremsbacken bei. Auch die Speichenräder – etwas größer als normal – wurden beibehalten. Um mit den Unebenheiten der Rennstrecke besser fertig werden zu können, war der Unterboden eben, alle wichtigen Komponenten einschließlich der Radaufhängung wurden höher angesetzt. Die Höchstgeschwindigkeit lag bei 274 km/h.

Der 300SLR ließ alle Konkurrenten weit hinter sich und gewann den Großen Preis von Schweden, die „Tourist Trophy" auf der Isle of Man (Sieger Moss mit einer Runde Vorsprung vor Fangio), das Eifelrennen und die Targa Florio. Höhepunkt der SLR-Karriere war jedoch die von Moss und Jenkinson in Rekordzeit gefahrene Mille Miglia. In der Rennsaison 1955 siegten für Daimler-Benz Werner Engel bei der Europäischen Tourenwagenmeisterschaft und Paul O'Shea bei der Amerikanischen Sportwagenmeisterschaft. Aber 1955 sollte für Daimler-Benz nicht nur das erfolgreichste, sondern auch das tragischste Sportjahr werden.

Beim 24-Stunden-Rennen von Le Mans ereignete sich die schwerste Katastrophe des Automobilrennsports. Der 300SLR des Franzosen Pierre Bouillon, der unter dem Pseudonym Pierre Levegh Rennen fuhr, kollidierte mit einem langsameren Aston Martin. Er wurde über dessen Heck in die Luft katapultiert, krachte in eine Böschung, die wie eine Abschussrampe wirkte, worauf Motor und Vorderradaufhängung des zertrümmerten Wagens in die Tribüne schleuderten. Pierre Bouillon und 80 Zuschauer fanden den Tod. Um eine Panik zu verhindern, wurde das Rennen fortgesetzt, während die Polizei den Unglücksort absperrte. Sekundenbruchteile vor der Kollision hatte Bouillon den unmittelbar hinter ihm fahrenden Fangio durch ein Handzeichen gewarnt und ihm damit vermutlich das Leben gerettet. Neubauer nahm nach Rücksprache mit der Geschäfts-

Oben: *Zur Innenausstattung des 300SL Roadster von 1957 gehörte das populäre weiße Lenkrad mit dem charakteristischen verchromten Hupring.*

Unten: *Der 300SL Roadster erhielt eine modifizierte Karosserie. Geänderte und verglichen mit dem Flügeltürer-Coupé tiefer angeordnete Türen erleichterten den Ein- und Ausstieg. Von 1957 bis 1963 wurden nur 1858 Exemplare dieses Typs verkauft.*

Mercedes-Benz 190SL	
Fertigung:	1955–1963
Motor:	4-Zylinder-Reihenmotor
Bohrung x Hub:	85mm x 83,6mm
Hubraum:	1897ccm
Leistung:	105PS bei 5700 1/min
Gemisch-aufbereitung:	zwei Solex 44 PHH
Getriebe:	Vierganggetriebe, Lenkradschaltung
Kupplung:	Einscheiben-Trockenkupplung
Chassis:	selbsttragende Karosserie
Bremsen:	hydraulische Vierradbremse, 4 Trommelbremsen; auf Wunsch mit Servounterstützung
Höchstge-schwindigkeit:	175km/h

Oben rechts: *Trotz bescheidener Leistungen war der Sportwagen 190SL sehr beliebt. Seine Beschleunigung von 0 auf 100km/h in 14 Sekunden war nicht gerade berauschend. Dennoch wurden einige für einfachere Rennsportveranstaltungen modifiziert.*

Unten: *Der 220SE (W128) wurde 1958–1960 in begrenzter Zahl gebaut: 1112 Cabrios, 830 Coupés und 1974 Limousinen.*

leitung in Stuttgart die verbliebenen Silberpfeile aus dem Rennen. Dies geschah zu einem Zeitpunkt, als Moss mit 20 Minuten vor Mike Hawthorn (Jaguar) führte.

Die Folgen der Katastrophe von Le Mans waren viele Jahre zu spüren: In der Schweiz wurden sofort alle Motorsportveranstaltungen verboten, andere Länder überdachten ihre Position. Während auch bei Daimler-Benz das Für und Wider des Rennsports diskutiert wurde, setzten die 300SLR ihren Siegeszug fort. Als Moss bei der Targa Florio als Erster die Ziellinie überquerte, sicherte er Daimler-Benz damit auch die Markenweltmeisterschaft. Obwohl nach Le Mans Autorennen ziemlich überflüssig erschienen, hatte Neubauer die Vorbereitungen für die Targa Florio in altbewährter Zuverlässigkeit getroffen. Mit einem Konvoi von fünf SLR, 45 Mechanikern und zwölf Lastwagen war er im Oktober auf Sizilien erschienen. Die drei Teams bestanden aus Moss/Peter Collins, Fangio/Kling und John Fitch/Desmond Titterington. Moss erkämpfte einen

Start-Ziel-Sieg, obwohl es bei ihm auch leicht zur Katastrophe hätte kommen können. Er kam von der Strecke ab, rutschte einen grasbewachsenen Hang hinunter und landete – mit den Hinterrädern in der Luft – auf einem Felsen. Glücklicherweise eilten Besucher zu Hilfe und schoben ihn zurück auf die Straße. Mit zerbeulter Karosserie und leckendem Kühler kehrte er zur Box zurück. Nach blitzschneller Reparatur ging Collins wieder ins Rennen und fuhr – wie einige neuerliche Beulen in der Karosserie bewiesen – nicht weniger hart als Moss. Auch Fangio und Fitch gaben alles, konnten aber Moss' Sieg nicht verhindern; Fangio wurde Zweiter, Fitch Vierter. Inzwischen hatte man in Stuttgart die Konsequenzen gezogen: Als Neubauer zum Hotel zurückkehrte, teilte ihm die Geschäftsleitung mit, man würde sich „für einige Jahre" vom Rennsport zurückziehen.

Nicht alle Vorstandsmitglieder waren von der Bedeutung des Rennsports für die Entwicklung und Verbesserung seriengefertigter „Straßenwagen" überzeugt. Sie betrachteten Autorennen und Rennwagen als pure Geldverschwendung. Schließlich versetzte man die erfahrenen Mitarbeiter der Rennabteilung in die Serienfertigung und taufte die bisherige Rennabteilung in „Forschung und Entwicklung" um. Die heute legendären 300SLR erschienen und verschwanden innerhalb einer kurzen Periode. Dass das Modell aber nicht ganz von Deutschlands Straßen veschwand, dafür sorgte Rudolf Uhlenhaut. Er ließ sich zwei 300SL als Coupé mit Flügeltüren bauen und nutzte sie ab 1956 als persönliche Dienstwagen. Beim damaligen Straßenverkehr müssen diese 290km/h schnellen Coupés großen Eindruck hinterlassen haben. Ab 1956 beschränkten sich die Sportaktivitäten bei Daimler-Benz auf Rallyes. Bei Rennen traten nur noch Privatfahrer mit modifizierten Serienwagen in Aktion. So wurden 1956 Walter Schock/Rolf Moll mit ihrem 300SL Rallye-Europameister, nachdem sie unter anderem bei der Rallye Monte Carlo und der Rallye Akropolis gesiegt hatten. Willy Mairesse gewann mit seinem 300SL das berüchtigte Straßenrennen Lüttich–Rom–Lüttich. Paul O'Shea wurde 1955 und 1957 Amerikanischer Sportwagenmeister. Offiziell beteiligten sich die Stuttgarter erst wieder 1960 am Motorsport. In Stuttgart gebaute Wagen errangen 1956 84 Rallye-Siege, 1957 waren es 60, 1958 33 und 1959 32 Siege – davon die meisten in den letzten beiden Jahren in Afrika. Für die überragenden Silberpfeile bedeutete der Abschied von den Rennstrecken der Welt ein trauriges Ende.

Links: *Karl Kling fuhr nicht nur Grand-Prix-Rennen. Mit einem 190D nahmen er und Karl Günzler (Beifahrer) 1959 an der Rallye Algier–Kapstadt quer durch Afrika teil. Nach 11942km wurden sie in Kapstadt als Sieger begrüßt (Foto).*

Ein neues Leitbild
1960–1973

Oben: *Sindelfingen 1961. 15 Jahre früher war das Werk noch zu 85% zerstört. Auf den Trümmern entstand später eine moderne Produktionsstätte.*

Vorherige Seite: *Die Limousine 600 bot allen Luxus der 1970er-Jahre. Holz, Leder, ein separates Radio im Fond und eine gut gefüllte Bar waren nur ein kleiner Teil der verschwenderischen Ausstattung.*

Unten: *Scharfe Kanten und Heckflossen des 220Sb (1959–1965) markierten eine radikale Abkehr von der bisherigen Form. Ab 1962 erhielt das Modell Automatikgetriebe, ab 1963 Scheibenbremsen.*

Die 1960er-Jahre waren ein „stürmisches", innovatives Jahrzehnt mit schnell wechselnden, revolutionären Veränderungen in allen Lebens- und Konsumbereichen. Der Kraftfahrzeugmarkt wuchs dramatisch, denn nun war der Besitz eines Autos nicht mehr nur einer finanzkräftigen Oberschicht vorbehalten. Als Folge davon passten sich die Autobauer den Wünschen ihrer Kunden an und entwickelten neue Modelle.

Auch Daimler-Benz profitierte von der „neuen" Zeit. Der Umsatz versechsfachte sich, und die Belegschaft wuchs auf 116985 Mitarbeiter. Unter dem Einfluss des veränderten Kundengeschmacks schufen so einflussreiche Designer wie Harley Earl das Leitbild des „länger – niedriger – breiter". Mit Blick auf den US-Markt glaubte Daimler-Benz, dieser Mode folgen und die Gestaltung seiner neuen Modelle dem Kundengeschmack anpassen zu müssen. Die scharfkantigen Formen und Heckflossen wurden übernommen, allerdings für den europäischen Markt in einer „entschärften" Ausführung und nicht so bombastisch wie bei Cadillac und Plymouth.

Während die Automobilbauer weltweit primär von technischem Fortschritt und Qualitätsverbesserung sprachen, beschäftigte sich Daimler-Benz mit dem damals noch nicht sehr populären Thema „Sicherheit". Seit 1939 war Béla Barényi auf diesem Gebiet tätig. Vorher hatte er unter Karl Wilfert bei Steyr gearbeitet. Als Wilfert zu Daimler-Benz wechselte, nahm er Barényi mit und beauftragte ihn mit Forschungen auf dem Gebiet der Kraftfahrzeugsicherheit. Schon 1951 hatte Barényi Patente für eine „Sicherheitskarosserie" mit Knautschzonen eingereicht. Ab 1959 begannen dann – ebenfalls unter Wilferts Führung – erste Untersuchungen mit Überschlag- und Aufpralltests auf einem Versuchsgelände in Sindelfingen. Die Ergebnisse dieser Versuche flossen in den 1960er-Jahren in die so genannten Sicherheitskarosserien ein. Dank gepolsterter Armaturenträger, Sicherheitsglas, Teleskoplenksäulen, Kopf- und Nackenstützen sowie – ab 1962 – der Einführung serienmäßiger Befestigungspunkte für Sicherheitsgurte wurde der Name Daimler-Benz auch zum Inbegriff für Kraftfahrzeugsicherheit und Unfallverhütung.

Ende 1959 übernahm Daimler-Benz die verbliebenen Aktien der Auto Union, wodurch die Stuttgarter nun Alleinbesitzer dieses Unternehmens wurden. Anfangs schien man bei dieser Trans-

aktion ein gutes Geschäft gemacht zu haben. Als sich aber die erste Begeisterung gelegt hatte, erkannte man, dass die bescheidenen Modelle aus Ingolstadt dem Image von Daimler-Benz nicht gerade förderlich waren. Treue Kunden, die sich gern in eine Warteliste einreihten und zwei Jahre auf ihren neuen „Benz" warteten, befürchteten nämlich, dass der Firmenname – bisher gleichbedeutend mit Qualität und technischer Spitzenleistung – nun mit niedrigeren Marktsegmenten in Verbindung gebracht wurde. Der Vorstand erkannte die negative Stimmung und die drohende Abwanderung loyaler Stammkunden. Dies war von großer Bedeutung, denn die Daimler-Benz-Automobile hatten im heimischen Markt nur einen Anteil von 8%, obwohl ihre Wagen mehr als 60% des „Premiumsegments" beherrschten. Der harte Winter 1962/63 offenbarte die Realität, denn die hoch gerühmte Schmierautomatik der Auto-Union-Autos versagte bei Temperaturen unter dem Gefrierpunkt. Schon früher war aufgefallen, dass das System auch bei längeren Autobahnfahrten mit Höchstgeschwindigkeit sehr anfällig war.

Auto Union brauchte zum Überleben dringend eine größere Finanzspritze. Dazu war Daimler-Benz allerdings nicht bereit. Man hatte andere Sorgen und musste andere Prioritäten setzen. Da die Produktion von Nutzfahrzeugen in Mannheim und Gaggenau unter Platzmangel litt, suchte man schon seit längerem ein neues Gelände in Rheinnähe mit gutem Eisenbahnanschluss. So entstand das Werk Wörth, wo am 14. Juli 1965 die Produktion von Nutzfahrzeugen anlief. Daimler-Benz wurde zum größten Nutzfahrzeughersteller in Europa. Das notwendige Kapital stammte aus dem Verkauf der Auto Union an das Volkswagenwerk. Volkswagen hatte mehr als 50% der Anteile erworben und zahlte an Daimler-Benz 80 Mio. DM. Ende 1966 war die Transaktion abgeschlossen. Volkswagen erhielt den DKW F102 inklusive seines 1,7-Liter-Mercedesmotors, den sie wieder in „Audi" umbenannten, um dem Unternehmen Schwung zu geben. Wie die Geschichte lehrt, profitierten beide Unternehmen. VW gelang der Einstieg, und Daimler-Benz konnte sein modernes Nutzfahrzeugwerk bauen.

Oben: *Der 300SE (W112) mit Sechszylinder-Leichtmetallmotor und Luftfederung erschien 1961. In Serie wurde er bis 1965 gebaut.*

Unten: *1962 erschien der 300SEb Cabrio zum sagenhaften Verkaufspreis von 33 350 DM (die Limousine kostete „nur" 23 100 DM). Das Cabrio wurde bis 1967 gebaut.*

Mercedes-Benz 230SL

Fertigung:	1963–1967
Motor:	6-Zylinder-Reihenmotor, Gusseisen, 6 Kurbelwellenhauptlager
Bohrung x Hub:	82mm x 72,8mm
Hubraum:	2306ccm
Leistung:	150PS bei 5500 1/min
Drehmoment:	215Nm bei 4500 1/min
Gemisch-aufbereitung:	Saugrohr-Einspritzung, Bosch-Sechsstempel-Einspritzpumpe
Getriebe:	Vier-, ab 1966 Fünfganggetriebe (auf Wunsch Automatik)
Kupplung:	Einscheiben-Trockenkupplung
Chassis:	selbsttragende Karosserie
Radaufhängung:	vorn: einzeln mit Querlenker, Schraubenfedern, Stabilisator; hinten: Eingelenk-Pendelachse mit tief liegendem Schwerpunkt, Schraubenfedern und Längslenker
Bremsen:	hydraulisch, vorne Scheiben-, hinten Trommelbremsen
Höchstge-schwindigkeit:	200km/h
Beschleunigung:	0–100km/h in 9,9Sekunden

Wachstum im In- und Ausland

Das Jahrzehnt brachte einen riesigen Ausbau der Mercedes-Werke und die Einführung neuer Technologien in allen Bereichen der Automobilkonstruktion. 1964 standen rund 78000 Personen auf den Lohn- und Gehaltslisten – ohne Berücksichtigung der Mitarbeiter in Ländern wie Indien, Brasilien und Argentinien sowie der vielen Menschen im Vertrieb in über 150 Ländern weltweit. Im Hauptwerk Stuttgart-Untertürkheim waren rund 19000 Personen mit der Motoren-, Getriebe- und Achsenfertigung beschäftigt. Dort befand sich auch die offizielle Versuchsstrecke mit einer 2km langen Geraden und unterschiedlich großen Rundkursen zur Erprobung von Radaufhängungen. Im nur wenige Kilometer entfernten Werk Sindelfingen fertigten mehr als 21000 Personen Karosserien und Fahrgestelle, in Mannheim entstanden Busse und Lkw. Im Werk Gaggenau im Schwarzwald baute man Schwerlastwagen und den unverwüstlichen Unimog. In Düsseldorf fertigten 4000 Personen Aufbauten für leichte Lkw und Busse, und in Berlin-Marienfelde schufen 2000 Personen Hochgeschwindigkeits-Dieselmotoren für Hilfsgeneratoren oder Boote.

Die Anfang der 1960er-Jahre auf den Markt gebrachten Pkw-Typen und -Varianten sind von einer fast verwirrenden Vielfalt. An ihrer Spitze standen 1960 die neuen „Heckflossen"-Limousinen 220 bis 300 als Nachfolger des kurzlebigen 220SE der Ponton-Reihe. Mit dem neuen 220 folgte Daimler-Benz dem Trend nach längeren, höheren und breiteren Luxuswagen mit komfortablerer Innenausstattung und größeren Fenstern. Die traditionelle Kühlerform wurde beibehalten, die runden Scheinwerfer aber durch eine größere, senkrechte Einfassung mit Plexiglasabdeckung ersetzt. Angetrieben wurde der 220 von einem Reihen-Sechszylinder mit zwei Solex-Fallstromvergasern und 95PS. Mit Einführung der Benzineinspritzung wurde der 220SE (E = Einspritzung) zum ersten weit verbreiteten Serienwagen mit Einspritzanlage, wodurch die Motorleistung auf

Oben: Der 230SL (W113) erschien 1963 als Nachfolger für den 190SL. Wegen des charakteristischen Pagodendachs hieß er „Pagode".

Rechts: Dieses Werbefoto des 230SL sollte die Allround-Fähigkeiten des Sportwagens demonstrieren. Bei aller Vielseitigkeit hatte der 230SL jedoch auf Schnee und Eis einige Probleme.

Oben: *Die strenge Linienführung der Typenreihen 230SL und 280SL standen in auffälligem Kontrast zu ihren Vorgängern 190SL und 300SL. Die Kunden akzeptierten die neue Form und kauften in der neunjährigen Produktionszeit fast 49000 Wagen.*

120PS und die Höchstgeschwindigkeit auf 170km/h anstieg. Die seit 1957 auf Wunsch verfügbare, allerdings technisch aufwändige und ziemlich unbefriedigende Hydrak-Viergang-Halbautomatik wurde 1962 durch eine weitaus effizientere Viergang-Vollautomatik abgelöst. Als weitere technische Neuerung erhielt der 220 ab April 1962 Scheibenbremsen.

Am 25. Februar 1961 öffnete zum Jubiläum „75 Jahre Motorisierung des Verkehrs" in Untertürkheim das neue Daimler-Benz-Museum seine Pforten. Bei dieser Gelegenheit präsentierte man das neue Coupé 220SEb der Baureihe W111. Das Fahrzeug war vom Kühlergrill bis zum Heck neu konstruiert; neben dem Coupé gab es den 220SEb aber auch als Cabrio. Typische Merkmale waren eine schlichte Karosserie mit zwei Türen und vier Sitzplätzen. Die Seitenfenster wurden nur in den Türen und Seitenwänden geführt. Der 120PS starke Motor verlieh dem 220SEb die Leistungen eines Sportwagens. Mit seinen beiden sportlichen Varianten war der 220SE bis 1965 zweifellos eine sehr elegante Erscheinung. Bis zum Produktionsende 1965 wurden 14173 Coupés und 2729 Cabrios verkauft.

Wenn ein Auto schon zu seinen „Lebzeiten" zu einem Klassiker wird, ist die Nachfolge nicht einfach zu lösen. Daimler-Benz stellten sich bei dieser Frage gleich zwei Probleme, weil sowohl die Ikone 300SL (brachte kaum Profit) als auch der preisgünstigere, profitable 190SL modernisiert werden mussten. Um die „alten" Sportwagenfahrer auch zukünftig ans Unternehmen zu binden und um neue Kunden zu gewinnen, entschloss man sich schließlich, unter den wachsamen Augen Rudolf Uhlenhauts einen völlig neuen, modernen Sportwagen zu entwerfen – einen Wagen, der die Sportwagenfahrer weltweit begeistern würde. Im März 1963 war es dann so weit: Auf dem Genfer Automobil-Salon präsentierte man den neuen 230SL (W113) mit seiner charakteristischen, konkaven Form des Hardtops (Pagodendach) – bis heute ein Begriff als „Pagode".

Die ersten Reaktionen der Fachpresse waren durchaus gemischt. Seine frische und glatte Karosserie hatte fast nichts mehr mit den fließenden, weichen Formen des 300SL gemein. Vielen Journalisten erschien dieser Zweisitzer wie ein „Straßenkreuzer" – sie hatten viel mehr an Design erwartet! Uhlenhaut war zufrieden, denn die potenziellen Kunden – Damen und Herren – waren begeistert und kauften bis 1967 immerhin 19831 Wagen. Übrigens verfügte mit dem 230SL erstmals ein Sportwagen über die von Béla Barényi entwickelte Sicherheitskarosserie.

Unten: *Das Armaturenbrett des 230SL war dem der Limousinen ähnlich. Auf Wunsch wurde ein Automatikgetriebe eingebaut. Bei der Version (Foto) mit Schaltgetriebe war der Schalthebel auf dem Getriebetunnel montiert.*

In mancher Hinsicht war der 230SL eher eine Limousine. Er wurde mit einem starken Hardtop angeboten, und auf Wunsch war hinter dem Fahrer noch ein dritter Sitz quer zur Fahrtrichtung erhältlich. Die Basis des 230SL bildete das verkürzte und versteifte Fahrgestell des 220SEb. Sein Sechszylinder war eine leistungsgesteigerte Version (aufgebohrt auf 2306 ccm) mit einer oben liegenden Nockenwelle und stammte aus derselben Quelle. Der 220 lieferte auch die Radaufhängung. Ihr verdankte der 230SL seine ideale Handhabung und ein Kurvenverhalten, das der 300SL nie erreichte. Herren mit nicht so stark ausgeprägten sportlichen Ambitionen konnten ein Automatikgetriebe wählen. Anfangs von „echten" Sportfahrern belächelt, änderte sich das Bild schnell, nachdem einige der überaus kritischen Journalisten die „Automatik" getestet hatten. Der einzige Nachteil des Automatikgetriebes war sein erhöhter Kraftstoffverbrauch.

Um die sportlichen Fähigkeiten des SL einer möglichst breiten Öffentlichkeit vor Augen zu führen, meldete Daimler-Benz einen fast serienmäßigen Wagen zur Langstreckenprüfung Spa–Sofia–Lüttich an. Als Werksfahrer Eugen Böhringer nach 5520 km (von 129 gestarteten Wagen erreichten nur 22 das Ziel) siegte, lieferte er den Werbeleuten bei Daimler-Benz genügend handfeste Argumente für die Schnelligkeit und Zähigkeit des 230SL. (Es war Böhringers zweiter Sieg bei dieser Rallye; im Vorjahr hatte er mit einem 220SE gewonnen.)

Der 230SL wurde nur vier Jahre gebaut und – nach einigen unbedeutenden Verbesserungen – 1968 in Genf als 250SL präsentiert. Er erhielt den Motor der neuen Limousine 250 sowie statt der bisherigen Kombination von Scheiben- und Trommelbremsen vorn und hinten Scheibenbremsen. Ein Ventil zwischen Fuß- und Handbremse verhinderte, dass die Hinterräder bei plötzlichen starken Bremsvorgängen blockierten. Die Leistung des um knapp 100 ccm vergrößerten Motors blieb fast unverändert, erhöhte jedoch das Drehmoment um 10%. Abgesehen vom größeren Benzintank war die Gesamtsumme der Verbesserungen nicht gravierend. Mittlerweile schätzten mehr und mehr Journalisten die verborgenen Vorzüge dieses Wagens. Er erreichte bemerkenswert hohe Durchschnittsgeschwindigkeiten auf jeder Straße und bei jedem Wetter und bot dem Fahrer den Komfort, sein Ziel jederzeit entspannt und sicher zu erreichen. Wirklich entscheidend war jedoch, dass sowohl der 230SL als auch der 250SL in der Fachpresse uneingeschränkt als erstklassig gebaute, fabelhaft konstruierte und großzügig ausgestattete Sportwagen akzeptiert waren. Sie galten als Wagen für Kenner!

Mit 5177 verkauften Exemplaren erreichte der 250SL 1967 den Höhepunkt seiner Karriere. Nachdem im Januar 1968 nur noch zwei Stück abgesetzt worden waren, trat der neue 280SL die

***Oben und rechts:** Von 1963 bis 1981 war der 600 das Flaggschiff. Er wurde als sechssitzige Pullman-Limousine oder als Landaulet (Fotos) angeboten. Von 1964 bis 1980 gelangten 487 „lange" 600 und 59 Landaulet zu den Kunden: Staatsoberhäuptern und Königshäusern. Jedes Fahrzeug war handgefertigt; der Verkaufspreis von 63 500 DM wurde offiziell nie bestätigt.*

Oben: 1963. Die Vertragswerkstatt von Daimler-Benz in Köln. Zahlreiche Wagen bei Wartung, Inspektion und Reparatur.

Nachfolge an. Mit 170 PS und einem noch höheren Drehmoment beschleunigte er – mit Automatik – von 0 auf 100 km/h in nur 9,3 statt in 13,3 Sekunden. Im Vergleich zum 230 SL blieb die offizielle Höchstgeschwindigkeit mit 200 km/h unverändert, während das Leergewicht mit 1415 kg (beim 230 SL noch 1295 kg) deutlich gestiegen war. „Leichtgewichte" waren beide Typen demnach nicht. Bei einem Listenpreis (März 1971) von 23 040 DM war der 280 SL auch nicht gerade preiswert, sondern erheblich teurer als ein Alfa Romeo GTV oder der mehr als vergleichbare – und schnellere! – Porsche 911 T.

Als die Produktion der drei SL-Modelle 1971 eingestellt wurde, hatten trotz des stolzen Preises insgesamt 48 912 Wagen einen Käufer gefunden. Heute noch verbreiten die Wagen dank ihrer „filigranen Gestalt" eine schlichte Eleganz und unterscheiden sich dadurch sehr angenehm von so vielen modernen, mit unnötigen Extras überladenen Sportwagen. Neben manchen modernen Sport-Roadstern verkörpern die alten SL-„Pagoden" auch heute noch Stil und Eleganz und sind augenblicklich vielleicht noch beliebter als zu Beginn ihrer Karriere.

Obwohl der neue 230 SL im März 1963 in Genf bereits ein Paukenschlag gewesen war, so stahl Daimler-Benz ein halbes Jahr später auf der Frankfurter IAA einigen Autobauern erneut die Schau. Als Nachfolger aller großen Mercedes-Repräsentationswagen wurde der Typ 600 „Großer Mercedes" (W 100) als neues Spitzenmodell enthüllt. Natürlich kam bei seinem Anblick nie ein Zweifel auf, dass der Preis bei diesem Luxuswagen nur eine sekundäre Rolle spielte. Wie üblich war die Fachwelt auch bei diesem Modell geteilter Meinung. Dennoch „pilgerten" die Motor-

journalisten in den folgenden Wochen scharenweise nach Stuttgart. Jeder wollte als Erster am Steuer dieses „Großen Mercedes“ sitzen oder sich – mit einem Glas Champagner im Fond – chauffieren lassen.

Der „Große Mercedes“ war in zwei Varianten erhältlich – in einer langen und in einer sehr langen (Pullmann). Er schien aus Stahl gegossen und nicht von einem Konstrukteur geschaffen zu sein. Der Wagen wirkte sehr „kantig“ und brachte als Pullmann ein Leergewicht von 2750 kg auf die Waage. Zu den zahlreichen technischen Besonderheiten gehörten der neue 6,3-Liter-Achtzylindermotor. Seine 300 PS reduzierten sich wegen der vielen Nebenaggregate allerdings auf „nur“ 250 PS Arbeitsleistung – eine Antriebskraft, die der 600 allerdings auch dringend benötigte. Zur allgemeinen Überraschung beschleunigte dieses riesige Gefährt jedoch von 0 auf 100 km/h in knapp unter zehn Sekunden und erreichte 205 km/h Höchstgeschwindigkeit. Damit war dieses Fahrzeug trotz seiner Dimensionen – theoretisch – schneller als viele so genannte Sportwagen. Sein Fahrwerk und Fahrverhalten waren erstaunlich gut. Das Niveau der Luftfederung konnte vom Fahrer bequem über das Armaturenbrett reguliert werden. Um das schwere Fahrzeug schnell abbremsen zu können, kam eine neue, ausgeklügelte Zweikreisbremsanlage mit Druckluftservo zum Einsatz.

Im Inneren wurde alles und jedes hydraulisch betätigt – von der Lenkung bis zur Türverriegelung und Sitzverstellung. Dieses System betätigte auch die Seitenfenster (abgesenkt in nur einer Sekunde) und öffnete den Kofferraumdeckel. Die Klimaanlage war die beste, die im Jahr 1963 zu haben war. Auch die Fahrgäste im Fond brauchten auf keinen Luxus zu verzichten. Es gab 13 Innenleuchten, und auf Wunsch teilte eine Trennscheibe den Fondbereich ab. Auch die Lederpolsterung konnte individuell gewählt werden. Bei geschlossener Trennscheibe konnten die Fahrgäste mit dem Fahrer über eine Bordsprechanlage kommunizieren. Das Fahrermikrofon war in der Lenksäule installiert.

Oben: *Der 600 Landaulet war ein seltenes Automobil. Gipfel der Exklusivität war jedoch die Sonderausführung für Papst Paul VI. mit ebenem Innenboden und Einzelsessel im Fond. Der Wagen diente drei Päpsten; seit er vom Vatikan zurückgegeben wurde, ist er eines der Prunkstücke des Daimler-Benz-Museums.*

Unten: *Das 220SE Cabrio war auch 1965 (letztes Produktionsjahr) immer noch attraktiv. Insgesamt wurden 2793 Stück verkauft, bevor im Oktober 1965 der 250SE die Nachfolge antrat.*

Das perfekte Automobil

Größte Aufmerksamkeit erregte der 600-Pullmann, weil er mit 6240 mm exakt 700 mm länger war als die Limousine. Zu seiner Zielgruppe gehörten Staatsoberhäupter, Politiker und die wirklich Reichen dieser Welt. Ein „Standard"-Modell gab es praktisch nicht, denn jeder Wagen war maßgeschneidert. Der gewaltige Wagen war mit sechs oder acht Sitzen, vier oder sechs Türen und als Landaulet mit Faltdach erhältlich. Bei der Sitzanordnung gab es normalerweise je zwei große Rücksitze und Klappsitze (für Personal oder Leibwächter); auch Einzelsessel waren lieferbar. Mindestens einen 600 kauften der Schah von Persien, Prinz Rainier von Monaco, Marschall Tito und afrikanische Staatsoberhäupter. 1965 erhielt der Vatikan einen Landaulet mit vier Türen, Einzelsitzen und erhöhtem Dach. Bei dieser Ausführung war auch der Boden im Fond höher angeordnet, oberhalb des Getriebetunnels befand sich eine ebene Fläche für den Sessel des Papstes. Das Fahrzeug diente drei Päpsten, seit 1985 steht es im Daimler-Benz-Museum.

Der 600 hatte eine lange Lebensspanne. Von 1963 bis 1981 verließen 2677 Stück die Werkhallen, davon 429 Pullmann und 59 Landaulet. Auf den ersten Blick erscheint das Modell nicht sehr erfolgreich. Bedenkt man jedoch, dass jedes Auto den Wert eines größeren Hauses und ein Landaulet den Wert mehrerer Häuser hatte, sieht die Bilanz schon anders aus. So erhöhte sich beispielsweise der Listenpreis der „kurzen" Limousine von 56 500 DM (1964) auf 144 100 DM (1981). Kosten spielten beim 600 auch

Oben: *Die Baureihe W111 des 220SE als Coupé/Cabrio überdauerte bis 1971. Von November 1967 bis Mai 1971 lief der W111 als 280SE mit dem stärkeren 2,8-Liter-Einspritzmotor vom Band.*

Unten: *1965 wurde der 190 durch den 200 abgelöst. Äußerliche Unterscheidungsmerkmale waren die Blinkleuchten, Heckleuchten und ein verchromter Schlitz an der hinteren Dachsäule.*

***Rechts:** Im August 1965 wurde die neue W108-Baureihe vorgestellt, die die Modelle 220SE und 300SE ablösen sollte. Einstiegsmodell war der 250S zum Preis von 15300 DM. Sein Sechszylinder leistete 130PS (180km/h Höchstgeschwindigkeit). Bis 1969 wurden 74677 Exemplare gebaut.*

deshalb keine Rolle, weil er als „fahrender Prüfstand“ für Zusatzausstattungen diente, von denen viele später in die anderen Baureihen Einzug hielten. Selbst wenn der 600 keinen Gewinn erwirtschaftet hätte, war er als Werbeträger unbezahlbar. Jahrzehntelang stand er mit den „Großen“ dieser Welt als ultimatives Luxussymbol im Rampenlicht und erreichte so eine enorme Publicity.

Für „normale“ Kunden konzentrierte sich Daimler-Benz 1965 auf die Neueinteilung des Pkw-Programms. Bei der großen Masse der Kundschaft hatte sich die „Heckflossen“-Baureihe nicht durchsetzen können, nun sollte Paul Bracq als führender Designer den erforderlichen Wandel vollziehen. Er löste diese Aufgabe mit Bravur, indem er für das neue Modell eine harmonische und zeitlose Form schuf. Die Modellpalette, werkintern W108 genannt, reichte vom 250S, 250SE, 280S, 280SE (Coupé und Cabrio) bis hin zum 300SE, 300SEL, 300SEL3.5 und 300SEL6.3. Bei den 250S/SE waren die Hubräume von 2,2 auf 2,5Liter vergrößert worden. Ihre Sechszylinder erhielten den Kraftstoff über eine Sechsstempel-Einspritzpumpe. 1966 erschien der 300SE mit verlängertem Radstand als 300SEL. Zielgruppe dieser Luxusautomobile waren vermögende Privatleute und Staatsmänner, und dementsprechend konnte man zahlreiche Varianten bestellen, beispielsweise Pullmann- und Landaulet-Modelle. Als Unterschied zu den „profaneren“ W108 erhielt der 300SEL die werkinterne Bezeichnung W109.

Anfang 1968 erschienen die Limousinen 280S und 280SE/L, deren 2,8-Liter-Motoren mit Vergaser- beziehungsweise Einspritzanlage 140 oder 160PS leisteten. Im Verlauf des Jahres wurden die 3-Liter-Motoren des 300SEL durch die 170-PS-Motoren des 280SL-Sportwagens ersetzt.

In der zweiten Hälfte der 1960er-Jahre stellte Daimler-Benz eine frische, moderne Modellpalette vor. Diese Generation umfasste eine vollkommen neu entwickelte Mittelklasse-Baureihe, die sich auch stilistisch von der Oberklasse abhob. Mit unübertroffener technischer Vollkommenheit waren vom bescheidenen 190D über den sportlichen SL bis hin zum luxuriösen 600 alle Bereiche abgedeckt. Die Konkurrenz konnte dieser Entwicklung nur neidvoll zusehen. In Stuttgart vermissten viele führende Persönlichkeiten die rennsportliche Herausforderung und drängten auch ohne Formel-1-Beteiligung ihres Unternehmens auf die Entwicklung renntauglicher Automobile und superschneller Limousinen. Natürlich konnte es im Rahmen dieser Studien nicht ausbleiben, den 6,3-Liter-Achtzylinder des 600 in den Motorraum eines 300SEL zu verpflanzen. Das Ergebnis überzeugte den Vorstand, und es entstand der 300SEL 6.3 als erster Repräsentant einer großen Familie schneller Serien-Limousinen. Von der Tuningfirma AMG auf 6,8 Liter und 400 PS leistungsgesteigert, entsprach dieser bärenstarke V8 den Wünschen der damaligen Grand-Prix-Fahrer. Am 24./25. Juli 1971 belegte der 300SEL 6.3 beim 24-Stunden-Rennen von Spa-Francorchamps den zweiten Platz. Der seriengefertigte „zivile" 300SEL 6.3 leistete „nur" 250 PS bei einem Drehmoment von 500 Nm bei 2800 l/min; er beschleunigte von 0 auf 100 km/h in nur 7,1 Sekunden (offiziell in 6,5 Sekunden) und erreichte 220 km/h Höchstgeschwindigkeit. Aus heutiger Sicht ist das nicht überragend schnell, allerdings konnte der 300SEL 6.3 1968 mit den meisten anderen Sportwagen mühelos mithalten. Auch Automatikgetriebe und Luftfederung waren vom 600 übernommen, jedoch vom Entwicklungsteam so grundlegend verbessert worden, dass der 300SEL 6.3 beim strapaziösen Testprogramm durch hervorragende Straßenlage und gutes Abrollverhalten überraschte. Da der 6.3 ein echter „Wolf im Schafspelz" war, verzichteten „seriöse" Kunden oft auf den Modellhinweis auf dem Kofferraumdeckel und brachten irreführende Symbole an.

Zwei Millionen und immer mehr

Jede Leistung hat ihren Preis. So zahlten auch die insgesamt 6526 Käufer des 300SEL 6.3 stattliche Summen. Von 1968 bis 1972 schwankte der Listenpreis in Deutschland je nach Ausstattung zwischen 39168 und 47400 DM. Infolge von Einfuhrzöllen und Steuern mussten ausländische Kunden sehr viel mehr bezahlen.

Oben: *250S. Während der Hupring beibehalten wurde, erhielt das neu gestaltete Armaturenbrett übersichtliche Rundinstrumente.*

Unten: *250SE. Leistungsstärkere Variante mit 150 PS Einspritzmotor und 190 km/h Höchstgeschwindigkeit.*

Als 1968 die „Neue Mercedes-Benz-Generation" mit weicheren, eleganteren Formen erschien, verdrängte diese vollkommen neu entwickelte Mittelklasse-Baureihe endgültig die alten „Heckflossen"-Typen. Mit Ausnahme des 600 wurde bei allen „Neuen" die altbewährte, aber technisch überholte Pendelachse durch die Schräglenkerachse (auf Wunsch mit Niveauregulierung) ersetzt. Darüber hinaus erhielten die Wagen moderne Handschalt- beziehungsweise Automatikgetriebe. Am 19. Mai 1968 verließ in Sindelfingen als zweimillionster Mercedes-Benz ein 220D die Fertigungsstraße und war – sehr publikumswirksam! – der erste Preis einer Fernseh-Lotterie.

1969 wurden bis zu 5334mm lange Sonderaufbauten für so genannte Pullmann-Versionen des 220D angeboten, um ihn als Hotel- und Airport-Shuttle oder als „Familienkutsche" nutzen zu können. Drei Sitzreihen boten bis zu acht Personen Platz. Das nun 17 Pkw-Modelle umfassende Sortiment von Daimler-Benz erweiterte man im September 1969 um zwei neue Typen mit dem Zusatz „3.5": den 300SEL3.5 sowie die Coupé- und Cabrio-Varianten 280SE3.5. Angetrieben wurden sie durch den nagelneuen 3,5-Liter-V8, dessen 200PS Geschwindigkeiten von rund 210km/h ermöglichten. Dank des kompakteren und kleineren Motors konnte die Stirnfläche flacher und der Kühlergrill kürzer (fast 76mm) gestaltet werden, was die Front der Wagen deutlich aufwertete. Nach wie vor lieferte Bosch die elektronisch gesteuerte Einspritzpumpe, allerdings die modernste Version mit Transistorzündung, die – ausgenommen beim Fiat Dino – bisher nur von Rennwagen bekannt war. Bei diesem neuen Zündsystem war der Unterbrecher wartungsfrei. Dennoch lieferte er auch beim Hochdrehen des Motors stets genügend Zündfunken.

In diesem Jahr „schwamm" Daimler-Benz im Geld. Rund die Hälfte des Profits erwirtschaftete allerdings der – nach kurzer Depression 1967 – inzwischen wieder sehr erfolgreiche Nutzfahrzeug-Bereich. Bei der Pkw-Produktion wurde die 250000-Grenze problemlos übersprungen. Dennoch war keine Zeit, die Hände in den Schoß zu legen, denn Mitbewerber wie BMW, aber auch Opel und Ford wurden zu ernsthaften Konkurrenten. Schon seit Jahren kursierten in Stuttgart Gerüchte über die Entwicklung eines neuen, einzigartigen Sportwagens. Im Unternehmen

Oben: *Zwischen 1963 und 1971 erschienen die „Pagoden" der Typenreihe W113 als 230SL, 250SL und 280SL. Die kompakte Form des originalen 230SL wurde als optisch mangelhaft kritisiert. Dennoch verkaufte er sich gut (19831 Exemplare) und ist heute noch eine Schönheit. Sein 2,3-Liter-Reihensechszylinder leistete 150PS und beschleunigte den Wagen in 11Sekunden auf 100km/h.*

Rechts: *Letzte und erfolgreichste Variante dieser Karosserieform war der 280SL. Von ihm wurden von 1967 bis 1971 23885 Wagen verkauft.*

Unverwüstlich – der Unimog

Seit vielen Jahrzehnten steht der Name „Unimog" für Robustheit, Wertbeständigkeit und absolute Zuverlässigkeit. Ob in Industrie, Land- oder Forstwirtschaft, auf der Straße oder in extremem Gelände, überall hat er sich unter anspruchsvollsten Bedingungen als vielseitiges „Arbeitspferd" bewährt.

Seit 1951 baut Daimler-Benz den Alleskönner „Unimog". Er wurde vom schlichten landwirtschaftlichen Universalgerät zu einem großen, technisch ausgeklügelten, schnellen, mit Elektronik und Hydraulik voll gestopften Gefährt weiterentwickelt. Entworfen wurde der Unimog weder bei Daimler-Benz noch in der Firma Gebrüder Boehringer, Göppingen, wo er zuerst gebaut wurde. Das angesehene Maschinenbau-Unternehmen Boehringer fertigte Drehbänke und Werkzeugmaschinen für die Industrie. Nach Kriegsende 1945 suchte Boehringer händeringend geeignete „friedliche Produkte", die mit Genehmigung der alliierten Militärregierung produziert werden durften. 1948 erwarb man von Erhard und Söhne im benachbarten Schwäbisch Gmünd die Rechte zum Bau eines universell verwendbaren landwirtschaftlichen Geräts.

Bereits 1945 hatte Albert Friedrich, zuvor Leiter der Flugmotorenkonstruktion bei Daimler-Benz, Zeichnungen für ein „Motorgetriebenes Universalgerät für die Landwirtschaft" (den Namen „Unimog" gab es noch nicht) erstellt. Als Entwicklungspartner gewann er seinen ehemaligen Kollegen Heinrich Rößler (früher bei Daimler-Benz in der Pkw- und Motorenentwicklung tätig), einige Ingenieure und die Gold- und Silberwarenfabrik Erhard und Söhne. Nachdem Friedrich von den amerikanischen Besatzern eine Fertigungserlaubnis erhalten hatte, konnte schon im Januar 1946 das erste Allrad-Fahrgestell gebaut und im Oktober mit der praktischen Erprobung begonnen werden. Öffentlich vorstellt wurde der Unimog auf einer Landwirtschaftsausstellung im August 1948 in Frankfurt/Main. Im Frühjahr 1949 begann die Auslieferung der ersten Boehringer-Unimogs, und bis Herbst 1950 waren 600 Exemplare verkauft. Mittlerweile durfte Boehringer auch wieder Werkzeugmaschinen herstellen und suchte, um hohe Investitionen in die Unimog-Produktion zu vermeiden, und wegen fehlender Exporterfahrungen, einen finanzkräftigen Nachfolger. Albert Friedrich trat an seinen „alten" Arbeitgeber Daimler-Benz heran. Schnell waren alle Formalitäten geregelt, und schon am 3. Juni 1951 verließ der erste Daimler-Benz-Unimog das Werk Gaggenau.

Bei Daimler-Benz wurde die Produktion auf monatlich 100 Fahrzeuge gesteigert. 1953 erhielt der Unimog den Mercedes-Stern zusätzlich zum „Ochsenkopf" und ein geschlossenes Führerhaus. Ende Juli lief der Boehringer-Typ 2010 aus, es folgte der Daimler-Benz-Typ 401. 1955 erschien die Baureihe 404, und der „Ochsenkopf" verschwand. Zwei Jahre später löste Typ 411 die ursprüngliche Konstruktion ab. Bis Mai 1961 wurden 50000 Unimogs hergestellt, nur fünf Jahre später waren 100000 Stück verkauft worden. Im Rahmen der stetigen Modernisierung erschienen Typ 406 und 416 mit identischen Blechkleidern für die Gehäuse der Vorder- und Hinterachse sowie mit speziellen Geräteträgern. Auch in vielen Überseemärkten fand der Unimog Käufer. Mit Unterstützung des ehemaligen Rennfahrers Juan Manuel Fangio konnte 1968 in Argentinien ein Unimog-Werk für den südamerikanischen Markt errichtet werden, sodass der neue Typ U80 im Folgejahr nicht nur in Deutschland, sondern auch in Argentinien gebaut werden konnte.

Es folgte Typ U1300, von dem die deutsche Bundeswehr als „Unimog S" 22000 militärische Fahrzeuge beschaffte. 1984 erreichte die Produktion 250000 Stück. Ab 1983 reichte das Unimog-Programm bis zu großen U2450 L 6x6 und einem Dreiachser mit 240 PS. Mit den Typen 408 und 409 zielt das Programm speziell auf die Kommunen ab. Er dient der Feuerwehr, hilft in Katastrophengebieten und rangiert sogar Güterzüge.

Oben: *Der robuste U1300 fand zahllose Verwendungsmöglichkeiten. Hier ein Spezialfahrzeug beim Straßenbau.*

Links: *Varianten des S-Modells dienten für zahlreiche Aufgaben. Abgebildet ist eine militärische Variante.*

__Oben:__ Die Limousinen der Typenreihe W115 gingen im Oktober 1967 in Produktion. Von ihren zahlreichen Varianten wurden insgesamt 1,9 Mio. Wagen verkauft. Preiswertestes und wirtschaftlichstes Modell war der besonders bei Taxifahrern beliebte 200D mit nur 55PS.

__Unten:__ Im April 1969 absolvierte der Versuchswagen C111 seine Jungfernfahrt. Im September wurde er auf der IAA in Frankfurt präsentiert. Herzstück war ein Kreiskolben-Wankelmotor.

war allgemein bekannt, dass Daimler-Benz mit NSU eine Vereinbarung über die Konstruktion und Entwicklung einer eigenen Version des Wankelmotors getroffen hatte; das Kreiskolbenprinzip galt damals als zukunftsträchtig.

Die Geschichte des von Felix Wankel entworfenen Motors ist lang und kompliziert. Wankel verzichtete bei seiner einzigartigen Konstruktion auf Zylinder und Hubkolben und schuf einen Verbrennungsmotor mit rotierenden Scheiben. Verbrennungsgase erzeugen unmittelbar die Drehbewegung des Kolbens. Dieser „Drehkolben" (in Form eines Bogendreiecks) läuft exzentrisch zur Antriebswelle in einer zylindrischen Kammer mit dem Querschnitt eines etwas platt gedrückten Kreises. Während der Drehbewegung liegen die drei Kolbenkanten stets dicht an den Kammerwänden. Die zwischen Kolben und Kammerwand gebildeten drei Arbeitsräume wechseln in ihrer Größe; in ihnen vollziehen sich die Arbeitsphasen eines Viertaktmotors: ansaugen, verdichten, zünden, verbrennen. Die Kolbendrehung wird über eine Innenverzahnung auf die Antriebswelle übertragen. Einer der ganz großen Vorteile des Wankelmotors im Vergleich zum Hubkolbenmotor war seine kompakte Form und sein geringes Gewicht. Die Konstruktion eines größeren Wankelmotors gelang leicht – man brauchte nur eine weitere Kammer hinzuzufügen. Die Leistungsabgabe erfolgte ruhig und stetig. Da zum Bau eines Wankelmotors nur sehr wenige Komponenten benötigt wurden, war er in der Produktion sehr kostengünstig.

Daimler-Benz hätte die Konstruktion des Wankelmotors kostenlos haben können. Sein Erfinder, Felix Wankel, war 1934 und während des Krieges bei Daimler-Benz angestellt und arbeitete schon damals an Entwürfen für Drehscheibenmotoren für die Luftwaffe. Sein erster 1957 vorgestellter „fertiger" Motor war von der Serienreife allerdings noch weit entfernt. Dennoch erkannte NSU, welche Möglichkeiten in der Erfindung steckten, meldete die nötigen Patente an und setzte die Entwicklung fort. Gleichzeitig bot man das Konzept anderen Unternehmen an. Schließlich beteiligte sich General Motors finanziell an der Entwicklung, ebenso Toyo Kogyo in Japan sowie Citroën und Rolls-Royce für militärische Zwecke. Letztendlich hatten sechs Unternehmen Lizenzen erworben. 1960 stieß Daimler-Benz als siebter Lizenznehmer dazu, nachdem eigene Versuche mit einem Zweischeiben-Kreiskolbenmotor zu viel versprechenden Ergebnissen geführt hatten.

Eine der Vertragsbedingungen bestimmte, dass der Lizenznehmer den Wankelmotor entweder in einem Produkt einsetzen oder eine ansehnliche Zusatzgebühr leisten musste. Um diese Kosten zu sparen, tat Daimler-Benz etwas für den Konzern Ungewöhnliches. Man präsentierte seinen Versuchswagen C111 im September 1969 auf der IAA in Frankfurt der Öffentlichkeit. Hätte der Wagen nur dem Zweck gedient, die Aufmerksamkeit der Welt zu erregen, so wäre der C111 über Nacht ein voller Erfolg. Presse und Öffentlichkeit waren überrascht von dem revolutionären Konzept – und dies bei einem Unternehmen, das meistens als bieder und konservativ galt. Daimler-Benz hatte es gewagt, Wankelmotor (vor der Hinterachse als Mittelmotor eingebaut!), Kunststoffkarosserie und Flügeltüren zu vereinen. Das revolutionäre Erscheinungsbild des C111 erhielt als optische Aufwertung einen futuristischen orangefarbenen Anstrich. Das zahlungskräftige Publikum sah im C111 den einzig wahren Nachfolger des 300SL. Bald häuften sich in Stuttgart die Blankoschecks für die ersten seriengefertigten Sportwagen. Alle diese Schecks wurden später zurückgegeben, weil der C111 über den Status eines rollenden Labors nie hinausgelangte.

Trotz ständiger Dementis aus Stuttgart spekulierte die Presse über die Zukunft des C111. Allgemein wurde erwartet, dass die Rückkehr von Daimler-Benz zum Automobilrennsport unmittelbar bevorstand. Zu Beginn des Projekts waren solche Überlegungen auch tatsächlich angestellt worden, wobei man jedoch primär an Sportwagen für Langstreckenrennen wie Le Mans dachte,

Links: Der C111 schien direkt von der Rennstrecke zu kommen. Mit seiner ungewöhnlichen Erscheinung war er ein Novum in der Modellpalette und diente als rollendes Versuchslabor. Der Wankelmotor wurde später durch einen Dieselmotor ersetzt.

Unten: 1969 erschien der C111-II mit modifizierter Karosserie und stärkerem Motor. Trotz Flügeltüren war seine Aerodynamik deutlich verbessert.

Oben: Das Heck des C111-II wurde überarbeitet, die Sicht nach schräg hinten verbessert.

bevor eine Serienfertigung überhaupt in Erwägung gezogen werden konnte. Anfangs soll sogar der Vorstand eine sehr begrenzte Serienproduktion befürwortet haben.

Über den ersten C111 ist bekannt, dass sein Dreischeiben-Wankelmotor je Kammer ein Volumen von 600ccm hatte, insgesamt also 1800ccm aufwies, was mit 3,6Liter eines Hubkolbenmotors vergleichbar war. Dieser Dreischeibenmotor leistete 300PS bei 7000 1/min, besaß ein Drehmoment von 295Nm und beschleunigte das 1150kg schwere Fahrzeug in nur 4,8Sekunden auf 100km/h; die Höchstgeschwindigkeit betrug 261km/h. Dank Mittelmotor war der C111 nur 4230mm lang, 1800mm breit und 1125mm hoch. Zwei bequeme Schalensitze, eine elegante Innenausstattung und die Tatsache, dass es sogar eine Handbremse gab (sucht man in Rennwagen vergebens), ließ die potenziellen Kunden auf eine baldige Serienfertigung hoffen.

Da man mit den Leistungen des Dreischeiben-Wankelmotors unzufrieden war (bei niedrigen Drehzahlen fehlte es ihm an Komfort und Drehmoment), vergrößerte man sein Volumen durch eine vierte Kammer und hob das Drehmoment dadurch um mehr als ein Drittel an. Auch die Karosserie wurde schnittiger und der Luftwiderstand um 8% verringert. Nun waren Motorhaube und Armaturenbrett niedriger und die Windschutzscheibe größer. Dieser „C111-II“ erfüllte alle Erwartungen und bewährte sich auch im dichtesten Stadtverkehr. Bei einem Gewicht von 1240kg erreichte auch er die 100-km/h-Grenze nach 4,8Sekunden und 300km/h Höchstgeschwindigkeit. Zur Serienfertigung kam es aber doch nicht, weil – so hieß es offiziell – die Ersatzteilversorgung nicht gesichert und der Motor nicht ausreichend zuverlässig sei. Noch nicht gelöst waren auch Abgas- und Verbrauchsprobleme. Wirklich entscheidend für den Verzicht auf den Wankelmotor-Sportwagen sollen allerdings unbefriedigende Testergebnisse bei Aufprallprüfungen mit dem Glasfaser-Polyesterharz-Laminat der Karosserie gewesen sein. 1971 zog sich Daimler-Benz endgültig aus der Wankelmotor-Entwicklung zurück.

Damit war die Geschichte des C111 aber noch nicht beendet. Durch die Ölkrise von 1973 blickte die Öffentlichkeit auf den sparsameren Dieselmotor. Daimler-Benz reagierte und offerierte

Oben: *Die Limousinen der Baureihe W116 boten eine große Motorauswahl: vom Sechszylinder 280S über den V8 des 350SE bis hin zum 450SEL6.9 mit 6,8-Liter-V8-Motor. Die 1971 begonnene Serienfertigung dauerte bis 1980.*

dem Dieselfahrer einen Fünfzylinder-Motor mit Abgasturbolader. Aber wie konnte man der Kundschaft beweisen, dass auch Dieselfahrzeuge schnell sein können? Da erinnerte man sich an den C111-II, rüste ihn auf den Diesel-Fünfzylinder um und brachte ihn 1976 zum Hochgeschwindigkeitsrundkurs im italienischen Nardo, wo er prompt drei Welt- und 16 internationale Klassenrekorde aufstellte. Natürlich waren die Ingenieure begeistert, aber längst nicht zufrieden. Sie schufen einen noch leichteren C111 mit einer wirklich stromlinienförmigen Karosserie. Dieser neue C111-III war so windschlüpfrig, dass er einen c_W-Wert von nur noch 0,183 besaß, einer der niedrigsten, jemals gemessenen Luftwiderstands-Beiwerte. Im April 1978 ging auch der C111-III in Nardo auf die Piste und stellte prompt neun Weltrekorde auf. So fuhr er beispielsweise die 500km mit durchschnittlich 321,86km/h.

Auch damit war der C111 noch nicht ausgereizt. Für Versuchsfahrten im aerodynamischen Grenzbereich entstand 1979 der C111-IV mit Front- und Heckspoilern. Zwei auf 4,8 Liter aufgebohrte V8-Turbomotoren leisteten insgesamt 500PS. Mit dem neuen Rundstreckenrekord von 403,9km/h und 367,236km/h über 100Meilen entthronte der CIII-IV den PS-stärkeren Porsche 917/30. Auch dies ist ein Beweis für die Leistungsfähigkeit einer ausgefeilten Aerodynamik.

Global Player – weltweite Aktivitäten

Ende der 1960er-Jahre war Daimler-Benz ein Global Player mit Vertretungen in 200 Ländern und 21 ausländischen „Töchtern". 1968 übernahm der Konzern die defizitäre Lkw-Sparte von Krupp. Anders verlief die Übernahme von Hanomag und Henschel: Die Firma wurde 1969 von den Rheinischen Stahlwerken AG zur „Hanomag-Henschel Fahrzeugwerke GmbH" zusammengefasst.

Rechts: *Kurz nach Erscheinen der neuesten SL-Modelle 1971 wurde ein Coupé mit größerem Radstand enthüllt (C107) und zehn Jahre lang als 280SLC, 350SLC und 450SLC seriengefertigt.*

Oben: *1971 erschien eine neue, größere SL-Serie (Baureihe R107). Erste Variante war der 350SL. Im Verlauf der Serienfertigung erhielten die Wagen der R-107-Baureihe immer stärkere Motoren – vom 2,8- bis zum 5,6-Liter-Motor. Als die Baureihe R107 1989 ersetzt wurde, waren fast 250000 Stück verkauft worden.*

Daimler-Benz war zunächst nur mehrheitlich beteiligt, bevor es sich das Unternehmen zum Jahreswechsel 1970/71 vollends einverleibte.

Aber nicht jedes Geschäft glückte, wie das Beispiel des Aufbaus eines riesigen Nutzfahrzeugwerks in der UdSSR zeigte. Im Werk Kama sollten jährlich bis zu 1,5 Mio. Lastwagen vom Band rollen, doch das erhoffte Geschäft kam trotz langwieriger Verhandlungen und Einschalten höchster politischer Stellen in Moskau nicht zu Stande. Die Stuttgarter kalkulierten ihren Aufwand auf ein absolutes Minimum und präsentierten Moskau eine Rechnung über 220 Mio. DM. Darauf reagierte der Kreml mit dem Angebot, entweder 100 Mio. DM zu zahlen oder das ganze Geschäft platzen zu lassen. Als Daimler-Benz daraufhin von den Sowjets forderte, zur Wahrung der deutschen Interessen keine Kama-Nutzfahrzeuge zu exportieren, trug dies nicht gerade zur Besserung der Beziehungen bei. Schließlich erhielt Daimler-Benz als Trostpflaster die Genehmigung, seine Pkw auf einer großen Industriemesse in Moskau auszustellen. Nachdem sich die Gemüter wieder beruhigt hatten, durfte in der UdSSR ein Händler- und Werkstattnetz für Mercedes aufgebaut werden. Ein Glück für die Russen, denn davor mussten sie ihre Mercedes-Wagen für Wartung und Reparaturen nach Finnland bringen.

Anfang der 1970er-Jahre sah die finanzielle Lage von Daimler-Benz gut aus. So belief sich das Gesamt-Aktienkapital 1972 auf 951269 DM, und mit 323878 Fahrzeugen wurde ein neuer Produktionsrekord aufgestellt. Die Modellpalette war in geradezu vorbildlicher Form auf den Markt ausgerichtet, und zwar nicht nur in Europa, sondern auch in den USA. In diesen Jahren erschienen beispielsweise die langlebigen Modelle 350SL und 450SL sowie im September 1972 die Limousinen der S-Klasse (W116).

Die SL-Sportwagen der Baureihe R107 waren keine „Leichtgewichte" mehr, sondern hatten sich zu schweren „Grand-Touring"-Wagen gemausert. Mit mehr als 1500 kg Leergewicht waren diese Sportwagen luxuriös ausgestattet und boten optimalen Aufprallschutz. Die Bezintanks waren nun sicher oberhalb der Hinterachse platziert. Armaturenträger und Lenkräder waren weich gepolstert, die Schalter versenkt. Ein kräftiges Hardtop schützte die Fahrgäste vor den Unbilden des Winterwetters. Als erstes neues SL-Modell erschien im April 1971 der 350SL mit 3,5-Liter-

Rechts: *Als Automobil eröffnete der 600 neue Dimensionen von Luxus. Trotz 2475 kg Leergewicht war die Leistungsentfaltung beeindruckend.*

Oben: *Im Innenraum des 600 wurden die Fahrgäste verwöhnt. Praktisch jede Sonderausstattung war verfügbar, und der Besitzer konnte den Wagen nach seinem Geschmack einrichten.*

Mercedes-Benz 600

Fertigung:	1964–1981
Motor:	V8, oben liegende Nockenwellen
Bohrung x Hub:	103 mm x 95 mm
Hubraum:	6329 ccm
Leistung:	250 PS bei 4000 1/min
Drehmoment:	500 Nm bei 2800 1/min
Gemisch-aufbereitung:	mechanische Benzineinspritzung, Bosch-Achtstempel-Pumpe
Getriebe:	Viergang-Automatik
Chassis:	selbsttragende Karosserie
Radaufhängung:	automatische Niveauregulierung mit Teleskop-Stoßdämpfern, vorn und hinten: Drehstabfederung, Eingelenk-Pendelachse mit tief liegendem Schwerpunkt
Bremsen:	hydraulisch, 4 Scheibenbremsen mit Druckluftservo
Höchstge-schwindigkeit:	205 km/h
Beschleunigung:	0–100 km/h in 9,7 Sekunden

V8-Motor, dem 1973 eine 4,5-Liter-Variante und – nach der Ölkrise – der sparsamere 280 SL folgte. Ob sein Wagen „durstig“ war oder nicht, war dem typischen SL-Fahrer meistens egal. Dies zeigte sich auch dadurch, dass sofort nach dem Ende der Ölkrise wieder stärkere Motoren gefordert wurden. Ein Wunsch, den Daimler-Benz allerdings nur zu gern erfüllte. Zusätzlich zu den 280 SL, 350 SL und 450 SL erschienen auch 300 SL, 380 SL, 420 SL und 500 SL sowie der 560 SL für den amerikanischen Markt. Bedauerlicherweise konnte der 560 die in ihn gesetzten Hoffnungen als echtes „Kraftpaket“ kaum erfüllen. Viele Länder hatten strenge Abgasbeschränkungen eingeführt, sodass die Leistung dieses 5,6-Liter-Motors durch den Katalysator auf 231 PS absank.

Wenn ein Automobil 18 Jahre lang seriengefertigt wird und 237 837 zufriedene Kunden findet, hat der Hersteller offensichtlich den Kundengeschmack getroffen. Um möglichst viel aus dem Modell herauszuholen und die strengsten Sicherheitsbestimmungen zukünftig auch für Cabrios erfüllen zu können, brachte Daimler-Benz im Februar 1972 eine Coupé-Variante des SL mit längerem Radstand auf den Markt. Es war der viersitzige 350 SLC. Er verband sportliches Fahrvergnügen mit einem Hauch von SL und sollte die Nachfolge der beliebten SE-Coupés antreten. Leider wurde seine elegant fließende Form durch die sehr breite C-Säule gestört; positiv war sein größerer Fahrgast- und Kofferraum.

Der Export dieser Wagen in die USA verminderte sich durch staatliche Vorschriften, die Abgasreinigungsanlagen für die Motoren forderten. So durfte der 450 SLC nicht mit seinem originalen 225 PS starken Motor, sondern nur mit einem „gezähmten“ Antrieb von 190 PS auf den US-Markt gebracht werden. Als die US-Kunden jedoch erkannten, dass die in Europa zugelassenen Wagen sehr viel schneller als deren US-Varianten waren, entwickelte sich ein florierendes „graues“ Importgeschäft, durch dessen verborgene Kanäle auch die amerikanischen Sportfahrer in den Genuss der schnelleren Wagen gelangten.

Im Oktober 1973 beschlossen die arabischen Staaten, ihre Erdölförderung stark zu drosseln, im darauf folgenden Monat kündigten sie sogar einen Lieferboykott für die Niederlande und die USA an. Als Folge dieses „Ölschocks“ stiegen die Benzinpreise in schwindelnde Höhen, Benzin wurde „Mangelware“, und an den Tankstellen bildeten sich lange Schlangen. Als Folge der Ölkrise sank auch die Automobilnachfrage dramatisch. Und in dieser unsicheren Welt mussten sich die Wagen der S-Klasse (Baureihe W116) behaupten. Zuerst erschienen im September 1972 die Modelle 280S, 280SE und der 350SE, im Dezember 1972 folgten ihnen der 450SE und der 450SEL (mit längerem Radstand). Die Sportwagen W107 mit 450SL und 450SLC und 4,5-Liter-V8-Motor wurden zuerst in den USA ausgeliefert.

Die Wagen übernahmen die Hinterradaufhängung von der SL-Familie und vom C111 die Doppelquerlenkeraufhängung und den Bremsnickausgleich für die Vorderräder. Bei der Karosseriegestaltung wurde die bewährte und beliebte Formgebung der vorhergehenden Limousinen beibehalten. Diese großen, verfeinerten, komfortablen Fahrzeuge waren speziell auf einen Markt ausgerichtet, den Daimler-Benz sehr gut kannte. Man berücksichtigte ebenfalls, dass die potenziellen Kunden einen unaufdringlichen Komfort wünschten. Um sie bei Laune zu halten, entwickelten die Stuttgarter als Höhepunkt der W116-Baureihe den 450SEL 6.9. Er verfügte über ein Dreigang-Automatikgetriebe und Luftfederung. Mit ihrem fast 7-Liter-V8-Motor bot diese Limousine Leistungen wie ein Porsche, allerdings bei sehr viel höherem Verbrauch. Tatsächlich konnte die gesamte S-Klasse kaum als sparsam bezeichnet werden, was vor allem die Importe in die USA erschwerte. Seit der Ölkrise legten die Behörden doch gesteigerten Wert auf einen niedrigen Benzinverbrauch. Daimler-Benz reagierte mit dem Turbodiesel 300SD für den amerikanischen Markt, der den Komfort der S-Klasse mit der Ökonomie eines 3-Liter-Fünfzylinder-Dieselmotors verband. Für die auf den US-Straßen herrschenden Geschwindigkeitsbegrenzungen genügten seine 120PS vollauf. Der 300SD erschien im Jahr 1978, wurde bis 1980 seriengefertigt und 28634-mal verkauft. Von der gesamten S-Klasse W116 liefen in acht Jahren insgesamt 473035 Fahrzeuge vom Band.

Trotz des Ölschocks Ende 1973 hatte Daimler-Benz mit 331682 Pkw die Vorjahresproduktion überbieten können und allein durch 215935 Nutzfahrzeuge 13799 Mio. DM auf seinen Bankkonten liegen. In den letzten Jahren konnte der Konzern seine Produktion jährlich um rund 7% steigern, was die Konkurrenz nur neidvoll zur Kenntnis nehmen konnte. Der Vorstand war zufrieden und die Aktionäre außerordentlich glücklich. Aber wie lange noch sollte dieser Zustand in einer sich immer schneller verändernden Welt anhalten?

Oben: *Aus jedem Blickwinkel war der riesige 600 ein beeindruckendes Automobil; mit Chrom ging man nicht sparsam um. Auch dieses Modell trug einen großen Kühler zur Schau.*

Unten: *Eine der erfolgreichsten Varianten der Baureihe W116 war die Limousine 350SE. Von 1972 bis 1976 wurden insgesamt 51100 SE und 4266 SEL gebaut. Der 200PS starke V8 erreichte eine Höchstgeschwindigkeit von 205km/h.*

Die Führung behaupten 1974–1984

Oben: *Die Diesel-Limousinen der Baureihe W115 wurden in großer Zahl bis 1976 verkauft. Den Modellen 200D und 220D folgte 1974 der 240D.*

Vorherige Seite: *Ab 1980 wurde der 350SLC durch den 380SLC abgelöst. Dieses viersitzige Coupé war eine direkte Weiterentwicklung des kleineren SL-Sport-Roadsters; sein Fahrgastraum war größer.*

Unten: *Die Faszination des komfortablen „Offenfahrens" boten die SL-Roadster wie nur wenige Automobile – das Stoffdach verschwand unter einem staubsicheren Metalldeckel.*

Automobile zu bauen war noch nie einfach, aber Anfang der 1970er-Jahre fiel es besonders schwer. Die Ölkrise, eine Folge des „Jom-Kippur"-Krieges (Oktober 1973), und das daraus resultierende Chaos in Verkehr und Wirtschaft alarmierte die Regierungen der westlichen Welt. Deutschland erließ von November 1973 bis Januar 1974 ein Fahrverbot an Sonntagen, während in Großbritannien ein zeitlich begrenztes und in den USA ein unbegrenztes Tempolimit eingeführt wurde. Diese Maßnahmen wurden von Manchen als schlecht durchdachter Aktionismus empfunden!

Neue Gesetze forderten von den Automobilherstellern, den Benzinverbrauch ihrer Fahrzeuge zu senken und die Sicherheitskriterien zum Schutz der Autofahrer zu verbessern. Für die Automobilindustrie war das keine leichte Aufgabe, denn nun mussten die Automodelle nicht nur dem Kunden gefallen, sondern auch gesetzeskonform sein. Geradezu klassisch ist das Beispiel des britischen MGB-Sportwagens: Galt das Fahrzeug bisher als sicher, wurde es gemäß den verschärften US-Importbestimmungen zum potenziellen „Unfallverursacher".

Unter anderem verfügte die US-Regierung, Pkw müssten zukünftig mit Gummipuffern ausgestattet sein, die – vor und hinter den Stoßstangen montiert – Aufprallgeschwindigkeiten von bis zu 8 km/h aushalten, ohne dass sich die Karosserie verformt. Zusätzlich aufgesetzte Stoßstangenhörner verschandelten die bisher eleganten Automobile, ohne einen echten Schutz zu bieten – und dafür musste der Kunde auch noch zahlen! Selbst bei Daimler-Benz, deren Fahrzeuge seit Jahren in ihrer Sicherheitsausstattung vorbildlich waren, machte Washington keine Ausnahme. Auf Anweisung des US-Verkehrsministeriums wurden ab 1982 Airbags Pflicht. Für die Autobauer bedeutete dies, ihre Modelle auf die neue Technologie umzustellen und unter größtem Termindruck zu entwickeln, zu testen und einzubauen. Glücklicherweise konnte der Serien-Airbag sehr viel kleiner und leistungsfähiger realisiert werden, als ursprünglich vorgesehen.

Neben Daimler-Benz hatten seit vielen Jahren nur Volvo und Saab dem Thema „Sicherheit" so große Bedeutung beigemessen, dass ihre Fahrzeuge schon sehr hohen Standards genügten – lange

bevor die Gesetzgeber aktiv wurden. Allein in den 1970er-Jahren investierte Daimler-Benz jährlich rund 200 Mio. DM in sicherheitsrelevante Projekte – von den Zusatzkosten bei Umstellung der Fließbänder auf neue Technologien ganz zu schweigen.

Als 1972 die neue S-Klasse (Baureihe W 116) erschien, liefen bereits die Planungen für die nächste, für 1979 vorgesehene Generation (W 126). Man war sich bei Daimler-Benz bewusst, dass die US-Sicherheitsvorschriften die künftige Modellpolitik entscheidend beeinflussen würden. Um der US-Regierung zu demonstrieren, wie ernst man das Thema „Unfallsicherheit" nahm, enthüllte Daimler-Benz einen seiner Versuchswagen Ende 1972 offiziell in Washington D.C. Dieser ESF.13 (Experimental-Sicherheitsfahrzeug 13) war, wie seine Bezeichnung verrät, der 13. in einer Versuchsreihe. Mit ihm sollte bewiesen werden, dass ein „sicheres" Fahrzeug nicht zwangsläufig hässlich sein muss. Er bestand aus einem 250, dem Teile eines 350 SL eingesetzt wurden, und verfügte über mehr als 80 Sicherheitsmerkmale, wie die bereits erwähnten Gummipuffer und kunststoffgepolsterte Kanten an Motorhaube und Kotflügeln. Um all diese Neuerungen aufnehmen zu können, war der Wagen 254 mm länger als die damalige S-Klasse und wog 1800 kg. Das höhere Gewicht war nötig, um den Wagen mit 113 km/h durch die Prüfung der Überschlagsicherheit zu bringen, einen Seitenaufprall mit 48 km/h zu überstehen und den Aufprallschutz tragen zu können. Obwohl optisch noch ein Mercedes, fuhr sich der Wagen wie ein Panzer. Er war weder verkehrs- noch unfallsicher, sondern eher eine Gefahr für andere Verkehrsteilnehmer.

Nun entwarf man eine neue ESF-Baureihe für die verschiedenen Gewichtsgrenzen. Schließlich konnten die Stuttgarter, die gemeinsam mit BMW am „idealen amerikanischen Automobil" arbeiteten, beweisen, dass das Thema „Sicherheit" in die falsche Richtung steuerte. Man einigte sich, dass es sinnvoller war, ein Auto zu bauen, das dank seiner dynamischen Fähigkeiten Unfälle verhindern konnte und den Insassen dennoch einen hohen Grad an passiver Sicherheit bot.

Oben: *Die Wagen der Baureihe W123 zählten zu den erfolgreichsten Limousinen. Von 1976 bis Produktionsende 1985 wurden sie in verschiedenen Varianten gebaut – vom 200 bis zum 280E.*

Unten: *Um einen leistungsstärkeren Diesel zu bauen, installierte Daimler-Benz einen Fünfzylinder-Diesel mit 88 PS in den W123. Der 300D war sehr erfolgreich, fast 330 000 Stück wurden verkauft.*

***Oben:** Schnellstes Coupé der Baureihe W123 war der 280CE. Er besaß eine elektronische Bosch-Benzineinspritzung, sein Sechszylinder leistete 185 PS bei 6000 1/min.*

***Unten:** Baureihe W123. 1977 begann die Auslieferung des 109 PS starken 230C. Verkauft wurden 18 675 Exemplare. Der Vierzylinder besaß einen Flachstromvergaser Stromberg 175 CDT.*

Wachstum in schwieriger Zeit

Mit der dramatisch steigenden Motorisierung in den 1970er- und 1980er-Jahren wurde die Umweltverschmutzung immer bedrohlicher, während der Straßenbau mit der übermäßig anwachsenden Zahl an Automobilen nicht mehr Schritt halten konnte. Als sehr viel intensiver empfanden Autofahrer und Industrie jedoch die wie ein Damoklesschwert über den Industriestaaten hängende Drohung eines neuen Ölboykotts. Der Nahe Osten blieb politisch ein Pulverfass, und längst war man sich bewusst, dass die Ölreserven langsam, aber sicher zur Neige gingen. „Benzin sparen" war die Devise. Auch Daimler-Benz musste sich dieser Herausforderung stellen, denn die Wagen mit dem Stern bewegten sich im mittleren und oberen Marktbereich, entsprechend hoch war ihr Verbrauch. Wenig „Durst" hatten nur die Dieselmodelle. So war es die logische Folge, dass man bei Daimler-Benz verstärkt auf Diesel setzte und einen verbesserten 240D und den 300D mit Fünfzylinder-Motor auf den Markt brachte. Beide Modelle steigerten den Absatz von Dieselfahrzeugen um rund 25%, obwohl ihr nagelndes Motorgeräusch nicht jedermann gefiel.

Generell schien Daimler-Benz jedoch von der schwankenden Nachfrage unberührt zu bleiben. Anders war die Lage auf dem sehr viel heißer umkämpften Nutzfahrzeugmarkt: Nachdem die Nachfrage schon 1973 bei Kleintransportern und Bussen stagniert hatte, mussten die Werke Düsseldorf und Bremen 1974 Kurzarbeit anmelden. Das Werk in Bremen-Sebaldsbrück war im Rahmen der Übernahme von Henschel und Hanomag seit 1970 Teil des Daimler-Benz-Konzerns. Am alten Standort der glücklosen Firma Borgward baute Hanomag Lkw und Traktoren, Henschel fertigte in Kassel altmodische Nutzfahrzeuge mit riesigen Motoren und entsprechend lang gestreckten Motorhauben. Als die Nachfrage nach Bussen und Kleintransportern in Europa einbrach, öffneten sich für Henschels „Antiquitäten" neue Märkte im Nahen Osten. Dort schätzten die Fahrer riesige Motoren, weil sie bei den häufigen Unfällen Schutz boten. 1975 konnte man erstaunliche 12 750 Stück dieser Lkw verkaufen.

Nach außen vermittelte Daimler-Benz den Eindruck, alle Krisen problemlos zu bewältigen. Im Inneren sah es aber ganz anders aus. Große Unruhe entstand im November 1974, als bekannt wurde, dass ein größeres Aktienpaket den Besitzer gewechselt und die Erben von Herbert und Harald Quandt ihre 14%ige Beteiligung für etwa 800–900 Mio. DM an die Kuwait Investment Company verkauft hatten. Die neuen Aktionäre versicherten jedoch, keinerlei Einfluss auf Daimler-Benz, seine Firmen- oder Modellpolitik nehmen oder einen Bevollmächtigten in den Aufsichtsrat entsenden zu wollen.

Kaum war diese Überraschung „verdaut", als der wichtigste Aktionär, die Friedrich Flick KG, ankündigte, ihre Beteiligung von 39% verkaufen zu wollen. Als möglicher Kaufinteressent wurde der Schah von Persien genannt. Aber dann zog der Vorstand die „Notbremse", um den drohenden Ausverkauf des Unternehmens in ausländische Hände abzuwenden. Franz Heinrich Ulrich, Aufsichtsratsvorsitzender der Deutschen Bank und seit 1970 bei Daimler-Benz, konnte Flick überzeugen, 10% seiner Aktien zu behalten und die restlichen 29% für 1,8 Mrd. DM der Deutschen Bank zu überlassen. Anschließend verkaufte die Deutsche Bank das Aktienpaket in kleinen Portionen und so breit gestreut, dass keiner der neuen Besitzer einen beherrschenden Einfluss auf Daimler-Benz gewinnen konnte. Die größten Aktionäre waren 1976 die Deutsche Bank mit 28%, die Mercedes-Automobil-Holding AG mit 26%, das Fürstentum Kuwait mit 14%, Friedrich Flick mit 10% sowie Bosch und Siemens mit jeweils 2%. Die übrigen 18% befanden sich in den Händen Tausender Kleinaktionäre. Nachdem Flick seinen Anteil 1985 an die Deutsche Bank verkauft hatte, war der Einfluss der Familiendynastien Quandt und Flick endgültig beendet.

Anfang der 1970er-Jahre nahm der Vorstand großen Einfluss auf die Modellpolitik. Erster Schritt war die Entwicklung einer „kleinen" Limousine, womit sich Daimler-Benz im unteren Marktsegment etablieren und neue, jüngere Kunden gewinnen wollte. Denn bis dato lag das Durchschnittsalter des typischen Mercedes-Fahrers bei über fünfzig. Eine weitere Marktlücke wollte man mit der Einführung eines Kombis schließen, außerdem im sehr lukrativen Touristik-

Oben: *29./30. April 1978. Weltrekordfahrt des C111-III in Nardo. Gute Sicht ist bei hohen Dauergeschwindigkeiten von höchster Wichtigkeit, daher wurden Windschutzscheibe und Scheinwerfer bei jedem Tankstopp gesäubert. Bei den Stopps tankte der Wagen 140 Liter Diesel, der Fahrer wechselte, und die Reifen wurden geprüft.*

Unten: *Die 1977 auf der IAA in Frankfurt vorgestellten Kombis der Baureihe W123 waren sehr erfolgreich, denn sie galten als durchdacht, zuverlässig und vielfältig nutzbar.*

Mercedes-Benz 450SLC

Fertigung:	1973–1980
Motor:	V8-Leichtmetallmotor, oben liegende Nockenwellen
Bohrung x Hub:	92mm x 85mm
Hubraum:	4520ccm
Leistung:	225PS bei 5000 1/min
Drehmoment:	376,92Nm bei 3000 1/min
Gemischaufbereitung:	Bosch K-Jetronic
Getriebe:	Dreigang-Automatik mit Drehmomentwandler
Kupplung:	Einscheiben-Trockenkupplung
Chassis:	selbsttragende Karosserie
Radaufhängung:	Einzelradaufhängung; vorn Doppelquerlenker, Schraubenfedern, Stabilisatoren; hinten Längslenker
Bremsen:	hydraulisch, 4 Scheibenbremsen, vorn innen belüftet
Höchstgeschwindigkeit:	210km/h (USA 190km/h)
Beschleunigung:	0–100km/h in 9Sekunden

Oben rechts: *Die Roadster der Baureihe R107 waren recht praktische, ganzjährig nutzbare Fahrzeuge. Mit dem auf Wunsch gelieferten Hardtop war der SL ebenso wetterfest wie eine Limousine.*

Unten: *Mit seinen 72PS war der 240TD von 1978 einer der langsameren Diesel der Baureihe W123, dafür jedoch bei Taxifahrern sehr beliebt. Jährlich wurden rund 5000 Exemplare verkauft.*

und Transportbereich Fuß fassen. Volvos überraschender Erfolg mit Kombiwagen war nicht unbemerkt geblieben. Im Gegensatz zu den Schweden fürchtete Daimler-Benz jedoch um sein Erscheinungsbild in der Öffentlichkeit. Besonders die älteren Vorstandsmitglieder konnten und wollten sich nicht vorstellen, dass ein Mercedes zur voll gepackten „Familienkutsche" degradiert oder von Handwerkern als Kleintransporter genutzt wurde. Die Vorstellung, Mercedes-Kombis würden mit offenen Heckklappen und herausragenden Leitern auf den Straßen erscheinen, bereitete diesen Herren wahre Albträume. So dauerte es bis 1977, dass Daimler-Benz – nach sorgfältigem Abwägen aller Vor- und Nachteile – mit dem T-Modell den ersten Kombi auf den Markt brachte.

Kleiner, länger, kompakter

Der Entwurf eines „kleinen" Mercedes (W201) präsentierte Hans Scherenberg, Leiter „Forschung und Entwicklung", dem Vorstand erstmals 1974. Anfangs taten sich die Herren schwer mit diesem neuen Konzept, denn seine Realisierung bedeutete nicht nur eine immense Investition, sondern auch eine „Neuerscheinung" in der bisherigen Firmenphilosophie. Unter dem Druck des Marktes und den Forderungen der US-Regierung nach einer Senkung des Benzinverbrauchs bei allen Modellen (andernfalls wäre der Export in die USA bedroht) liefen die Entwicklungsarbeiten im Herbst 1976 an. Im Sommer 1978 konnten die ersten Fahrversuche durchgeführt werden. Aber wo konnte das neue Modell gebaut werden? Kurzfristig ausbaufähig war nur das alte Hanomag-Werk in Bremen. Mit Unterstützung der Lokalpolitiker, aber gegen den Widerstand der Bevölkerung, sollten drei große Fertigungshallen mit einer Kapazität für jährlich 120000 „kleine" Mercedes (auch „Baby-Benz" genannt) entstehen. Zum Bau einer ähnlichen Zahl richtete man auch in Sindelfingen neue Fertigungsstraßen ein. Dort liefen die ersten „kleinen" 190 und 190E in der zweiten Jahreshälfte 1982 vom Band. 1983 folgte das Dieselmodell 190D. In Bremen konnte die Produktion erst im folgenden Jahr beginnen.

1977 genehmigte der Vorstand die Entwicklung eines Kombis auf W123-Basis. Obwohl Kombis stets ein Hauch von „Mehrzweck" anhängt, stand die T-Serie (T = Tourismus und Transport) bei Komfort und Ausstattung den Limousinen ihrer Baureihe in nichts nach. Die Wagen fanden auf Anhieb ihre Kunden und entwickelten sich schnell zu einer eigenen Klasse. Während sich die

Konkurrenz abmühte, den Anschluss nicht zu verlieren, wurde der Kombi bei Daimler-Benz – allerdings mit immer wieder verbesserten und neuen Motoren – bis 1985 seriengefertigt.

Die Kombis wurden parallel zur 1976 erschienenen neuen Limousinen-Baureihe W123 gefertigt. Einstiegsmodell war die Limousine 200D, deren 55-PS-Motor jedoch nur einem Taxifahrer gefallen konnte. Andere Zielgruppen lockte man mit den Benzinermodellen 230, 250 und 280. Mit den W123 führte man die neue Radaufhängung mit Doppelquerlenkern ein, der separate Hilfsrahmen (auch als „Fahrschemel" bekannt) verschwand. Äußerlich waren die Einstiegsmodelle leicht an ihren runden Scheinwerfern zu erkennen, während die 280 rechteckige Lichtaustrittsscheiben mit Halogenlampen erhielten – lange bevor diese Form 1982 allgemein eingeführt wurde. Einziges Modell mit neuem Motor war der 250 mit verbessertem 2,5-Liter-Sechszylinder.

Ende 1977 wurden die Kombis der T-Serie durch die neuen Modelle 280TE, 240TD – und etwas später – durch den 250TE verstärkt. Später erschienen im Rahmen der Baureihe W123 die Limousinen 230 und 280 (mit oder ohne Benzineinspritzung) sowie die gestreckten Varianten des 240, 240D und 250 mit um 635 mm verlängertem Radstand. 1980 kamen drei neue Motoren auf den Markt: ein 3-Liter-Fünfzylinder-Diesel mit Abgasturbolader, ein 2-Liter-Vergasermotor mit 109 PS sowie ein 2,3-Liter-Einspritzmotor mit 136 PS. Im September 1976 wurde die Produktion des 220D und des 280 mit Vergasermotor eingestellt.

1982 verschärfte man die Sicherheitsvorschriften weiter. Im Gegensatz zu den USA konnte man in Europa aber immer noch Antiblockiersystem (ABS) und Fahrerairbag als teure Sonderausstattungen bestellen; Servolenkung war serienmäßig. Ende 1985 lief die Serienfertigung der W123-Modelle nur einen Monat vor ihrem zehnten Geburtstag aus. Von dieser Baureihe entstanden 2 696 915 Fahrzeuge, darunter auch 454 679 Exemplare des fast unverwüstlichen 240D.

Oben: *In Zusammenarbeit mit Steyr-Daimler-Puch erschien 1979 der 230G für extreme Ansprüche. Er bot eine geglückte Kombination von Geländegängigkeit und Komfort auf normalen Straßen.*

Unten: *1979 erschien mit dem W126 eine neue S-Klasse. Abgebildet ist der 280SE mit 2,8-Liter-Sechszylinder-Einspritzmotor und 185 PS.*

Oben: *Flaggschiff der Baureihe W126 und ihrer Limousinen der S-Klasse war der 500SEL. Bei einem Hubraum von 4973 ccm leistete sein V8-Motor 231 PS. Höchstgeschwindigkeit: 225 km/h.*

Unten: *Der Turbodiesel 300SD wurde nur in die USA geliefert. Er verband die Ökonomie eines Dieseltriebwerks mit dem Komfort der S-Klasse. Für die dortige Höchstgeschwindigkeit von 88,5 km/h genügten die schwachen 120 PS des W116 allemal.*

Im oberen Bereich der Modellpalette stand die S-Klasse. Leistungssteigernde Maßnahmen und neue Formen waren nach acht Jahren längst überfällig. Neue Modelle mussten sparsamer im Verbrauch sein und ihren Insassen erhöhte Unfallsicherheit bieten – und zwar nicht nur bei Frontalzusammenstößen, sondern auch bei einem Schrägaufprall (45°). Im September 1979 wurde auf der IAA in Frankfurt die neue S-Klasse (W126) enthüllt. Es gab drei Modelle in sechs Varianten: 280SE/SEL, 380SE/SEL, 500SE/SEL. Sie überzeugten durch Ökonomie, Sicherheit, exzellente Handhabung und hervorragendes Design. Ihr Komfort war beispielhaft, der Kofferraum riesig und die Fahrleistung beeindruckend. Entsprechend erfolgreich wurde auch der Produktionsverlauf: 12 Jahre mit 818036 verkauften Exemplaren. Einstiegsmodell dieser neuen S-Klasse war der 280S (156 PS, Sechszylinder-Motor mit Fallstromvergaser), während der 500SEL (240 PS, V8-Motor) mit seinem Radstand von 3070 mm das Topmodell darstellte. Alle Modelle der neuen S-Klasse wurden mit kurzem und langem Radstand angeboten. Die Wagen mit langem Radstand hatten breitere Hecktüren und boten größere Beinfreiheit.

Die S-Klasse entsprach aber nicht nur modernsten Sicherheits- und Komfortstandards, sondern war – im Gegensatz zu ihrer soliden Erscheinung – leicht und aerodynamisch günstig gestaltet. Wo immer möglich, waren Kunststoff und Leichtmetall verwendet worden, beispielsweise beim Kofferraum und bei den Seitenverkleidungen. Bei den Motorblöcken der beiden V8-Triebwerke, des 5-Liter-Motors des SLC und der älteren 3,5-Liter-Maschine (nun auf 3,8 Liter aufgebohrt) kam Leichtmetall zum Einsatz. Modifizierte Ventilsteuerzeiten verbesserten das Drehmoment bei niedrigen Touren, während eine Schubabschaltung im Leerlauf Benzin sparte. Die Leerlauf-Drehzahl wurde ohne Einfluss auf die Nebenaggregate (wie Klimaanlage) elektronisch gesteuert auf 500 l/min eingestellt. Neue Einspritzdüsen gewährleisteten eine effizientere Kraftstoffzerstäubung im Leerlauf und bei Halbgas. Mit seinen rund 1,5 t war der 500 immer noch verhältnismäßig „durstig", jedoch senkten diese Verbesserungen (verglichen mit dem nur zwei Jahre älteren 500SE) den Verbrauch um rund 25 % auf etwa 14 Liter pro 100 km.

So erfolgreich die Limousinen auch waren, einen geradezu triumphalen Erfolg erlebten die 1981 präsentierten „großen" Coupés 380SEC und 500SEC (W126). Diese außergewöhnlich eleganten Fahrzeuge fanden auf Anhieb ein großes Publikum. Vielen galten sie als die besten Autos

Rechts: *Beim 280er der Baureihe W126 konnten die Kunden zwischen zwei Varianten wählen: mit Benzineinspritzung (280SE) oder mit Vergaser 280S (Foto). Ein Drittel der Käufer wählten den 280SE.*

Links: *Die Modelle der G-Serie gehörten nicht zum Pkw-Programm. In Zusammenarbeit mit der österreichischen Steyr-Daimler-Puch AG entstanden ab 1979 Geländewagen mit fünf verschiedenen Karosserieaufbauten mit langem (2850 mm) und kurzem Radstand (2400 mm). Hier der 300GD mit Fünfzylinder-Dieselmotor (88 PS) und langem Radstand.*

Unten: *Speziell für den Deutschlandbesuch des Papstes im November 1980 wurde dieser 230G (Spitzname: Papamobil) mit schusssicheren Scheiben und Klimaanlage konstruiert.*

der Welt. Sie waren keine zweitürigen Ausgaben der Limousinen, sondern erschienen mit zahlreichen technischen Neuheiten, einer aerodynamisch verbesserten und leichteren Konstruktion sowie – verglichen mit den Limousinen – mit noch weniger „Durst".

Absichtlich hat Daimler-Benz niemals ein Auto unter Wert verkauft. Da bildete auch der 500SEC keine Ausnahme, denn mit seinem Basispreis von 73 900 DM war er teurer als der Porsche 928. Im Gegensatz zum Porsche, dessen Rückbank nur zwei bescheidene Sitze für Kinder oder sehr kleine Erwachsene bot, verfügte der Innenraum des 500SEC über schalenförmige Einzelsitze (auch auf der Rückbank!) sowie über eine qualitativ hochwertige und komplette Serienausstattung: von der Klimaanlage bis zu Sicherheitsgurten sowie weiterer umfangreicher sicherheitsrelevanter Attribute wie beispielsweise ABS. Motor-Journalisten suchten Fehler und Mängel und mussten letztendlich begeistert eingestehen, dass Qualität und Sparsamkeit der Fahrzeuge in jeder Beziehung erstklassig und über jeden Zweifel erhaben waren. In einer typischen Zusammenfassung wurde zum Beispiel hervorgehoben, es gäbe zwar schnellere und preiswertere Konkurrenzmodelle, der 500SEC überzeuge jedoch durch überwältigende Effizienz und Vielseitigkeit.

Für all die PS-hungrigen Kunden, die immer mehr Leistung wünschten, verbündete sich das Ingenieurbüro „AMG" Anfang der 1980er-Jahre mit einem britischen Partner. Eines der ersten Produkte dieser Tuningschmiede war ein beeindruckend leistungsgesteigerter 500SEC. 1967 hatte AMG begonnen, serienmäßige Mercedes zu modifizieren; seit Anfang der 1990er-Jahre ist der Tuner von Daimler-Benz offiziell als Partner akzeptiert. Eine sehr ungewöhnliche Kooperation, schließlich war Daimler-Benz nie damit einverstanden gewesen, dass seine Fahrzeuge in irgendeiner Form umgebaut wurden. Extern modifizierte Wagen durften auf Ausstellungen nur ohne

Etwas Vollkommenes verbessern – AMG

Heute beschleunigt der Name „AMG" oder genauer gesagt „Mercedes-AMG GmbH", den Puls vieler Motorsport-Enthusiasten. Rund um den Globus gilt dieses Unternehmen als der „Hochleistungs"-Arm des DaimlerChrysler-Konzerns. Die Geschichte dieser heute weltberühmten Tuningschmiede begann jedoch wie in einem Märchen in einer alten Mühle.

1967 machten sich Hans Werner Aufrecht und Erhard Melcher in Affalterbach mit einem kleinen Ingenieurbüro selbstständig. Aus den Initialen ihrer Familiennamen und des Geburtsorts von Herrn Aufrecht – Großaspach – bildeten sie den Namen „AMG". Ihr Ziel war die „Beschleunigung" der schnellen Rennwagen sowohl für die Straße als auch für die Rennstrecke. Ihre erste Werkstatt befand sich in dem kleinen Dorf Burgstall.

Anfangs spezialisierte sich AMG auf die Weiterentwicklung des 300SE und dessen 6,3-Liter-Variante. Sie konstruierten für die Rennen der Europäischen Tourenmeisterschaft im Jahr 1967 den legendären 300SEL6.8. Schon 1971 fuhr beim 24-Stunden-Rennen in Spa ein von AMG getunter 300SEL in der 6,8-Liter-Klasse auf den ersten und in der Gesamtwertung auf den zweiten Platz. Damit war der Durchbruch gelungen, und immer mehr PS-süchtige Mercedes-Fahrer pilgerten zu AMG.

Offiziell lehnte es Daimler-Benz ab, Externe bei leistungssteigernden Maßnahmen an seinen exzellent konstruierten Fahrzeugen zu unterstützen. So kamen aus Stuttgart auch keinerlei Hilfen für AMG. Man hielt jedoch ein wachsames Auge auf AMGs Modifizierungen, das heißt auf Änderungen, die man bei Daimler-Benz nicht durchführen wollte oder konnte. Mit jedem neu erscheinenden Modell expandierte fast automatisch auch AMG. Die Zahl der Motorsportbegeisterten, die ihre Wagen bei AMG zum „Sportler" frisieren ließen, wurde immer größer. Was immer von den „rennenden" Limousinen bekannt wurde, AMG setzte es praktisch um und schraubte die Limits der Fahrzeuge immer höher. Mit seinem 300SEL6.3 hatte AMG den Grundstein für eine erfolgreiche Zukunft gelegt. Der Wagen leistete 280PS und erzielte ein Drehmoment von 740,28Nm, Fahrgestell und Bremssystem waren natürlich völlig überarbeitet. Mit dem Erfolg stieg auch die Nachfrage, und 1978 zog AMG nach Affalterbach in eine größere, modernere Werkstatthalle um. Wie groß der von AMG erschlossene Tuningmarkt war, wurde im Jahr 1981 bei der Internationalen Automobilausstellung in Frankfurt/Main offenbar, wo sich 176 Aussteller als Spezial-Tuningbetriebe für Daimler-Benz-Produkte darstellten.

1980 siegte ein AMG450SLC beim Europäischen Tourenwagen-Rennen auf dem Nürburgring. Als dann drei Jahre später Daimler-Benz den kompakten 190 konstruierte, öffnete sich den privaten Tuningfirmen eine völlig neue Welt. Das Feld führte AMG mit zwei Siegen des 190E2.3-16 bei der Deutschen Tourenwagen Masters 1986 an. AMG wuchs, eröffnete „Werk II" und vergrößerte die Belegschaft auf über 100 Personen. AMGs einzigartige Straßenfahrzeuge ließen ihre Fangemeinde rund um den Globus ständig wachsen. Aus Affalterbach erschienen immer mehr der auf die persönlichen Wünsche ihrer Besitzer zugeschnittenen Fahrzeuge.

Nachdem AMG 1988 bei den Deutschen Tourenwagen Masters vier Siege eingefahren hatte, war „Mercedes-Tuning" endgültig salonfähig geworden. Daimler-Benz zog die Konsequenzen und vereinbarte mit AMG enge Zusammenarbeit bei allen zukünftigen Tourenwagenrennen. Diese Vereinbarung führte zu AMGs erfolgreichstem Jahr, 1989, als Klaus Ludwig und Johnny Cecotto bei den Deutschen Tourenwagen Masters mit einem 190E Evolution I sieben Siege errangen.

Wichtigster Meilenstein in der Geschichte von AMG wurde jedoch das Jahr 1990, als Daimler-Benz die Zusammenarbeit mit AMG vertraglich regelte. Auf der Grundlage dieses Vertrages durfte AMG seine Modelle über das weltweite Daimler-Benz-Vertriebsnetz verkaufen. Zwei Jahre später wurde der Name „AMG" patentrechtlich geschützt. Das Unternehmen eröffnete „Werk III" und ver-

Links: *Die Ergebnisse der guten Zusammenarbeit zwischen Daimler-Benz und AMG. Im Uhrzeigersinn von oben links: CL55, S55, E30CDI, E55.*

größerte die Belegschaft auf rund 400 Personen. Im gleichen Jahr brachten Daimler-Benz und AMG das erste gemeinsam entwickelte Fahrzeug auf den Markt, den Mercedes-Benz C36 AMG. In vier Jahren Serienfertigung konnten etwa 5000 Stück verkauft werden. Am 1. Januar 1999 ging AMG in der neu geschaffenen DaimlerChrysler AG auf, während gleichzeitig die „Mercedes-AMG GmbH" gegründet wurde. Sie ist seitdem für jede Modifizierung, aber auch für Verkauf und Marketing aller AMG-Fahrzeuge verantwortlich. Im Jahr 2000 wurde die Motorsportabteilung von der neuen, von Hans Werner Aufrecht in Affalterbach gegründeten H.W.A. GmbH „geschluckt". Dort sind 170 Mitarbeiter beschäftigt, die gemeinsamen Aktivitäten bei der Deutschen Tourenwagen Masters werden in enger Kooperation mit Mercedes-Benz Motorsport abgestimmt.

AMGs Erfolg war nicht zu bremsen und wuchs unaufhaltsam vom erfolgreichen C36 über rund 12 000 Exemplare des E55 und erreichte im Jahr 2001 insgesamt 18 700 Fahrzeuge. Kein Modell von Daimler-Benz war mehr sicher vor AMG. 2003 erschien der wundersame C30 AMG-Turbodiesel. Sein 3-Liter-Dieselmotor leistete 231 PS bei einem Drehmoment von 539 Nm und beschleunigte den Wagen in 6,7 Sekunden von 0 auf 100 km/h. Im Jahr darauf kam eine überwältigende Variante des schon sehr schnellen Sportwagens SL55 AMG auf den Markt. Es war der SL65 AMG mit 6-Liter-612-PS-Biturbo-Motor und 320 km/h Höchstgeschwindigkeit. In nur 12,9 Sekunden beschleunigte er von 0 auf 200 km/h!

Dank des Engagements und der Qualität ist das kleine hoch spezialisierte Unternehmen zu einem wichtigen Teil des DaimlerChrysler-Konzerns aufgestiegen. Geheimnis des Erfolgs ist, dass dem kleinsten Detail größte Aufmerksamkeit gewidmet wird. So wie es bei Mercedes-Automobilen seit mehr als 100 Jahren Tradition ist.

Oben: *Das Coupé 450SLC erwies sich für AMG als geradezu ideales Modell – wie geschaffen für Modifizierungen und für Autorennen.*

Mercedes-Stern erscheinen. AMG legte den 500SEC tiefer, baute Bielstein-Stoßdämpfer ein und montierte 16-Zoll-Rialfelgen mit NCT-Reifen von Goodyear. Der 5-Liter-V8-Motor konnte so modifiziert werden, dass er zusätzliche 55 PS lieferte. Viele Fahrer waren schon zufrieden damit, wenn ihr Wagen einfach nur tiefer gelegt wurde. Allein dadurch wirkte er schon viel bissiger und sportlicher. Das AMG-Karosseriezubehör mit Front- und Heckspoiler, Chrom und Farbe genügten bereits, und fertig war der Sportwagen.

Links: *Unter dem Zwang immer strengerer US-Sicherheitsvorschriften musste auch der 450SL 1979 Opfer bringen. Er erhielt Doppelscheinwerfer und Stoßfänger mit aufgesetzten Hörnern.*

Oben: *Einer der erfolgreichsten Achtzylinder der S-Klasse (Baureihe W126) war der 380SE. Bei akzeptablem Kraftstoffverbrauch leistete sein 3,8-Liter-Motor 204 PS.*

1985 wurde die S-Klasse erneut etwas modifiziert. Sie erhielt die kleinste Motorisierung in Form des 2,6-Liter-Motors sowie den leistungsstärkeren 3-Liter-Motor der Mittelklasse-Baureihe W124. Die Front- und Heckpartie wurde überarbeitet. Der 3,8-Liter-Motor wurde auf 4,2 Liter aufgebohrt und der 5-Liter-Motor um 5 PS verstärkt. Eine noch viel stärkere Variante (300 PS, 5,5 Liter) erschien in Form des 560SEC.

Hinaus ins Gelände!

1979 entstand nicht nur die neue S-Klasse, sondern auch ein Fahrzeug, das eine gänzlich andere Zielgruppe im Visier hatte. Die Entwicklungsingenieure müssen Überstunden gemacht haben, denn kaum hatten sie den ersten Kombi entworfen, enthüllten sie auch schon ein Fahrzeug, mit dem Daimler-Benz auf dem gewinnträchtigen und folglich stark umworbenen Markt für Allrad-Geländewagen Fuß fassen wollte. Dieser Marktbereich hatte sich fast unbemerkt von bescheidenen Nutzfahrzeugen für die Land- und Forstwirtschaft zu Wagen entwickelt, die hervorragende Geländeeigenschaften mit Komfort auf normalen Straßen verbanden.

Dem Daimler-Benz-Konzern hatte es noch nie an Fantasie, Wissen und Technologien gemangelt, wenn es galt, ein neues Automobil zu entwickeln. Der unverwüstliche Unimog (Universal-Motorgerät) war das beste Beispiel dafür, wie man auch ungewöhnliche Fahrzeuge erfolgreich vermarkten konnte – selbst dann, wenn sie ursprünglich nicht für den normalen Straßenverkehr gedacht waren. 1979 erkannte Daimler-Benz, dass die Zeit reif war, in den Markt für Geländewagen einzusteigen. So entstand die G-Baureihe (G = Gelände); sie war ein deutsch-österreichisches Gemeinschaftsprojekt, zu dem Daimler-Benz die Komponenten und die in Graz beheimatete Steyr-Daimler-Puch AG (später umbenannt in Magna Steyr) die Fahrgestelle und Aufbauten lieferte. In Österreich, der Schweiz und in Osteuropa wurden die Wagen unter der Puch-Marke verkauft, während sie im übrigen Europa mit dem Mercedes-Stern als 230G und 280G mit Benzinmotoren sowie als 240D und 300D mit Dieselmotoren auf den Markt kamen.

Die Fahrzeuge der G-Reihe wirkten wie aus einem Stück gemeißelt und werden – wie es ihrem unverwüstlichen Äußeren entspricht – heute noch seriengefertigt. Im Lauf dieser mehr als 25 Jahre haben sie mit einer verwirrend großen Zahl von Motoren und unterschiedlichsten Modellbezeichnungen leben müssen. Ständige Veränderungen gab es auch bei der Innenausstattung, als Daimler-Benz das ursprüngliche Modell auch auf den „komfortableren" Sektor des bisher von Range Rover beherrschten Marktes hin modifizierte.

Mit diesem britischen Autobauer konkurriert die G-Serie bis auf den heutigen Tag. Bereits 1970 ist der Range Rover aus dem Land Rover hervorgegangen. Er gilt als erstes echtes Geländefahrzeug überhaupt. Als praktisches Lastentier, das auch auf Langstrecken Tempo macht, war es weltweit sehr gefragt. In der ersten Hälfte der 1980er-Jahre fand eine Modellpflege statt, wodurch ein luxuriöser Viertürer mit guten Fahreigenschaften entstand – im Gelände und auf der Autobahn. Gegen diese Kombination aus britischem Luxus, elegantem Design und legendären Fahreigenschaften hat sich Daimler-Benz mit seiner eher nüchternen und sachlichen G-Serie nie durchsetzen können. Man kämpft eben in zwei verschiedenen Klassen …

Die ersten Modelle der deutsch-österreichischen 460er-Reihe erschienen als Mehrzweckfahrzeuge. Sie waren mit 2400 mm Radstand „offen" erhältlich, als Kombi und Lieferwagen kamen sie entweder auf demselben Fahrgestell oder mit längerem Radstand (2850 mm) in den Handel. Ab Juni 1982 konnte der 230G auch mit Einspritzmotor als 230GE geliefert werden, 1987 löste der Fünfzylinder-Diesel 250GD den 240GD von 1979 ab. 1989 erschien mit der 463er-Serie die neue G-Klasse mit komfortablerer Innenausstattung, denn die spartanische Anmutung der Offroader wurde ständig kritisiert. Der neue Jahrgang hatte eine überarbeitete Front und ABS und wurde in „Cabrio" umbenannt, während die „Lieferwagen" aus der G-Klasse entfielen.

Die Benziner der G-Klasse erwiesen sich als weniger populär als die Dieselvarianten, die hauptsächlich als „Arbeitstiere" und weniger als Transporter zum Einsatz kamen. Für die Kunden

Oben: *Anfang der 1980er-Jahre war der 380SE erfolgreich. Ein echter Verkaufsschlager wurde der 380SEL als schusssichere Spezial-Limousine (Foto).*

Oben: *Nach gründlicher Marktforschung erschien 1981 mit der SEC-Serie das neue „große" Coupé mit 3,8- oder 5-Liter-Motoren. Die außergewöhnliche Eleganz des Sportwagens bescherte gute Verkaufszahlen von mehr als 7000 Stück pro Jahr.*

Links: *Während die Coupés der SEC-Klasse aus einer Limousine hervorgegangen waren, basierten die SLC-Coupés auf dem SL. Hier ein 380SLC von 1981.*

Oben: *Der 500SEC war nicht nur das populärste der SEC-Coupés, sondern mit 133 608 DM auch sehr teuer. Sein 5-Liter-V8-Motor mit Viergang-Automatikgetriebe leistete 245 PS, die Höchstgeschwindigkeit betrug 225 km/h.*

waren demnach Sparsamkeit und Zuverlässigkeit entscheidend. Demgemäß stellte man den „Spritschlucker" 1992 ein, die 460er-Dieselmotoren ersetzte man 1996 durch den modernen, leistungsstärkeren 290GD. Zur 463er-Serie gehörte auch das Modell 350GD mit einem Viergang-Automatikgetriebe, das den 250GD ablöste. 1993 gelangte ein 500GE als leistungsgesteigerte Version zu den Kunden. Im Lauf dieses Jahres ließ man in allen Baureihen die altbewährten Typenbezeichnungen „D" und „E" fallen und setzte das „G" vor die dreistellige Hubraumbezeichnung des Modells. So wurde der 24-Ventil-Sechszylinder-Benziner in G320 umbenannt und das 1995 erschienene leistungsstärkere Modell als G36 AMG bekannt. Ihm folgte ein Jahr später der Turbodiesel G300 mit 177 PS, Servobremsen, vier Ventilen je Zylinder, höherem Drehmoment und neuem Fünfgang-Automatikgetriebe.

1997 erfolgte eine umfangreiche Modellpflege der G-Klasse, das Cabrio erhielt einen effizienteren elektrohydraulischen Dachmechanismus, der das Softtop in knapp 30 Sekunden öffnet beziehungsweise schließt. Neue dreieckige Seitenpanels verdecken jetzt den Überrollbügel, und eine neu gestaltete Dachkonstruktion reduziert die Windgeräusche. Im Folgejahr ersetzte ein neuer V6 den alten Reihen-Sechszylinder des G320, die Hinterräder erhielten Scheibenbremsen.

Als die G-Klasse 2004 ihr 25-jähriges Jubiläum feierte, war das eine der längsten Produktionszyklen in der Daimler-Benz-Geschichte. Diese Klasse hat ihre eigene Nische gefunden, ist längst ein moderner Klassiker und durch viele Innovationen stets auf dem neuesten Stand. Sie hat sogar die Einführung der neuen Geländewagen der M-Klasse 1997 unbeschadet überlebt. 2004 umfasste die G-Klasse die Varianten G270 CDI, G290, G400 CDI und G500 als Kurz- und Langversion sowie als Cabrio. Flaggschiff der Klasse ist der neue G55 AMG. Sein von AMG auf 5439 ccm vergrößerter V8-Kompressormotor leistet 476 PS bei einem Drehmoment von 700 Nm, beschleunigt in 5,6 Sekunden von 0 auf 100 km/h und erreicht – elektronisch abgeregelt – 210 km/h Höchstgeschwindigkeit. Im Inneren wird der Fahrer mit Lederpolstern, Velours-Einlegeteppichen und Satellitennavigation verwöhnt. Dies ist eine Ausstattung, an die man bei den ersten G-Wagen von 1979 nicht im Traum gedacht hatte. Die jährlichen Verkaufszahlen erreichten 2003 7500 Stück, rund 6000 davon wurden exportiert. Seit die G-Klasse 2001 auch in den USA erhältlich ist, lassen sich dort jährlich etwa 2000 Stück absetzen. Bis Ende 2004 waren weltweit rund 175 000 Fahrzeuge der G-Klasse verkauft – dies aber nur in sehr wenigen Ländern!

Hinter den Kulissen war der Daimler-Benz-Vorstand in den 1970er- und 1980er-Jahren eifrig bemüht, seinem Stern weltweit größere Marktanteile zu sichern. Sich in die Polster zurückzulehnen und auf den Lorbeeren auszuruhen, wäre gleichbedeutend mit Stagnation und Niedergang. Das Zauberwort der damaligen Zeit war „Globalisierung", und Daimler-Benz wollte auch bei diesem Trend an der Spitze stehen. Wie zielstrebig man auf Expansionskurs ging und das Produktprogramm aufzufächern versuchte, wurde deutlich, als Daimler-Benz im riesigen nordamerikanischen Lkw-Markt mitmischen wollte. Anfang der 1970er-Jahre war Daimler-Benz noch durch den Export eigener Kleintransporter in die USA und die Stärke der deutschen Währung gehemmt. Der Tochterfirma in Brasilien waren solche Schwierigkeiten fremd, sie lieferte Bauteile an Mercedes-Benz Truck Co. nach Hampton, Virginia – nicht weit entfernt vom Containerhafen Newport, wo Mercedes-Benz North America zu Hause war.

Diese Nutzfahrzeugteile wurden allerdings nur für Kleintransporter verwendet, die mit 9–15 t verhältnismäßig leicht waren und nur auf kurzen und mittleren Entfernungen zum Einsatz kamen. Was Daimler-Benz auf dem nordamerikanischen Markt fehlte, waren die gigantischen, für die US-Wirtschaft so lebenswichtigen Langstrecken-Lkws. Voraussetzung für Entwicklung und Bau solcher Spezialfahrzeuge und die Übernahme einer Spitzenposition im nordamerikanischen Markt war der Einstieg bei einem bereits existierenden starken US-Partner. Der erste Vorstoß war nicht erfolgreich. Im Mai 1979 erwarb Daimler-Benz für 56 Mio. $ Euclid Incorporated, ein Unternehmen der White Motor Corporation und Hersteller großer Lastwagen. Anfangs waren die Verkaufsergebnisse noch viel versprechend, doch nach einem unerwarteten Ertragseinbruch musste man zur Kostendeckung auf das Firmenkapital zurückgreifen. Daimler-Benz sah schließlich keinen anderen Ausweg, als das amerikanische Unternehmen 1984 wieder zu verkaufen.

Schließlich schien man aber doch auf einem Umweg zum Ziel gelangen zu können, als White Motor Corporation Konkurs anmeldete und seine Werksanlagen verkaufte. Aber auch Freightways war interessiert. Im Verlauf der Verhandlungen wurde deutlich, dass Freightways bereit war, seine „Tochter“ Freightliner, einer der besten Lkw-Bauer in den USA, anzubieten. Man telefonierte mit Stuttgart, und der Vorstand traf eine schnelle Entscheidung. Im Juli 1981 wechselte ein Scheck über 260 Mio. $ den Besitzer, und Freightliner Corporation ging in deutsche Hände über. Der uneingeschränkte Zugang zum nordamerikanischen Lkw-Markt erforderte eine Reorganisation der Daimler-Benz-Repräsentanz in den USA. 1982 wurde die Daimler-Benz of North America Holding Company gegründet. Sie kontrollierte die „Töchter“ Freightliner und Mercedes-Benz Truck Co. Inc., während Mercedes-Benz of North America den Pkw-Verkauf steuerte.

Bis Mitte der 1980er-Jahre festigte Daimler-Benz seine globale Position durch Aufbau eines Händler- und Vertriebsnetzes in zahlreichen Ländern. Ab 1985 begannen intensive Bemühungen, auch gänzlich neue Märkte zu erobern und vom Autobauer zum weltweit operierenden Unternehmen („global player“) aufzusteigen. Derartig radikale Umbauten bedeuten natürlich eine große Herausforderung für jedes Unternehmen und erfordern neben starken Nerven eine optimale Zusammenarbeit aller Geschäftsbereiche.

Mercedes-Benz 190E 2.3–16

Fertigung:	1984–1990
Motor:	4-Zylinder-Reihenmotor, 16 Ventile
Bohrung x Hub:	95,5 mm x 80,25 mm
Hubraum:	2299 ccm
Leistung:	185 PS bei 6000 1/min
Drehmoment:	230 Nm bei 4500 1/min
Gemischaufbereitung:	Bosch KE-Jetronic
Getriebe:	Fünfganggetriebe
Kupplung:	Einscheiben-Trockenkupplung
Chassis:	selbsttragende Karosserie
Radaufhängung:	Schraubenfedern; vorn Doppelquerlenker mit Bremsnickausgleich; hinten Längslenker
Bremsen:	hydraulisch, 4 Scheibenbremsen, vorn innen belüftet
Höchstgeschwindigkeit:	235 km/h

Unten: *Perfektes Modell der S-Klasse (W126) war zweifellos der 500SEL. Er wurde auch als Sicherheitslimousine mit gepanzerter Karosserie mit schusssicheren Scheiben und Reifen geliefert.*

Links: *Ab 1982 war der robuste kleine 230G auch mit 125-PS-Einspritzmotor lieferbar und wurde so zum 230GE aufgewertet.*

MERCEDES-BENZ
MERCEDES-BENZ AG

Die ersten 100 Jahre
1985–1995

Oben: *Beim Eröffnungsrennen auf dem neu gestalteten Nürburgring im Mai 1984 gingen die Fahrer mit identischen 190E 2.3-16 an den Start.*

Vorige Seite: *1986 war der V8-Motor des SL500 eine Sensation und eröffnete den Sportwagen-Fans bisher unbekannte Leistungen.*

Unten: *1985. Der 300E war das Spitzenauto der W124-Reihe. Mit 230 km/h Höchstgeschwindigkeit konnte er sich mit den Wagen der S-Klasse messen.*

Da die beiden Erfinder des Automobils zugleich die Gründer der Daimler-Benz AG waren, konnte die Gesellschaft als erster Autohersteller einen Meilenstein in ihrer Geschichte feiern: 100 Jahre Produktion seit dem Tag im Januar 1886, an dem Carl Benz das Patent für das erste „benzingetriebene Automobil" erhielt. Der Zusammenschluss der Gesellschaften von Gottlieb Daimler und Karl Benz erfolgte zwar erst 40 Jahre später, doch die Autos der Marke Mercedes-Benz aus dem Jahr 1986 konnten ihre Abstammung bis ins 19. Jahrhundert zurückverfolgen. Die Gesellschaft hatte Wirtschaftskrisen und die verheerenden Weltkriege überstanden, sie wuchs und florierte dank der soliden technischen Basis, die ihre Gründer gelegt hatten.

Im Jahr 1985 galten Diversifizierung und Globalisierung als die Schlüsselfaktoren für Erfolg, und der riesige Konzern Daimler-Benz plante den Einstieg in ein Expansionsprogramm. Da die Kapazitäten aller Daimler-Benz-Werke ausgelastet waren, beschloss man, neue Produktionsstätten in Ländern mit niedrigen Arbeitskosten aufzubauen, wodurch gleichzeitig die nicht unbeträchtlichen Kosten für die Auslieferung neuer Autos in die ganze Welt reduziert wurden.

Die Aktiengesellschaft war nun so groß, dass sie sich nach Ansicht der Unternehmensleitung nicht länger darauf beschränken konnte, Autos zu bauen. Das Produktionsprogramm wurde erweitert, und 1987 war Daimler-Benz in den Bereichen Flugzeugmotorenbau, Luft- und Raumfahrttechnik, Medizintechnologie und Feinelektronik engagiert. Als Erstes wurde MAN übernommen, der Einstieg in das Flugzeuggeschäft erfolgte mit dem Kauf von 65,5% der Dornier GmbH. Die Übernahme von 56% des Kapitals des Elektronik-Riesen AEG für 1,6 Mrd. DM sicherte den Zugang zu einem Bereich, der in der modernen Autoherstellung eine große Rolle spielt: zur Feinelektronik. Die Abteilung Raumfahrt war zunächst unter der Kontrolle der DASA, die 1995 als Daimler-Benz Aerospace firmierte. 1989 wurde Daimler-Benz Interservices (debis) gegründet, um verschiedene Unternehmensbereiche wie Versicherungen, Finanz- und Immobilienmanagement sowie die Mobilfunk-Branche unter ein Dach zu bringen.

Nach dieser schlagartigen Expansion ließ Daimler-Benz zwölf Jahre bis zur nächsten, höchst umstrittenen Fusion verstreichen, die gleichermaßen die Finanz- wie die Autowelt in Erstaunen versetzte. Die schwerfällige vierteilige Organisation benötigte eine lange Periode der Rationalisierung und eine klare Führung mit neuen Ideen. Es schien so, als würden die Neuerwerbungen die Richtung weisen, die Unternehmensleitung musste Gesellschaften führen, die nichts mit Autoherstellung zu tun hatten. Die Mercedes-Benz AG war nur einer von 35 Zweigen des neu entstandenen Technologiekonzerns. Als kleines Rädchen im Getriebe eines großen Unternehmens musste sie ihre Existenz regelmäßig gegenüber den Aktionären rechtfertigen – am besten durch Gewinne. So hatten jetzt nicht mehr die Ingenieure das Sagen bei Mercedes-Benz, sondern die Buchhalter. Gerade als die Gesellschaft ihre Modellreihe erweiterte, bekam Kostenreduzierung oberste Priorität. Eine Zeit lang sah es aus, als wäre das Herzstück der Marke, die herausragende Technik, gefährdet. Glücklicherweise erkannte man diese Gefahr und wies der Qualität wieder den ihr zustehenden Stellenwert zu. Gleichzeitig begann man, die Expansionsprogramme von 1985 und 1986 zu hinterfragen. Die treibende Kraft hinter dieser Unternehmenspolitik war Edzard Reuter, der seit 1989 an der Spitze von Daimler-Benz stand. Nicht alle Bereiche des Unternehmens waren rentabel, und im wirtschaftlichen Klima nach der Wiedervereinigung Deutschlands stellte sich bald heraus, dass das Konzept eines integrierten Unternehmens nicht mehr uneingeschränkt sinnvoll war, auch in Anbetracht der Unbeständigkeit der Finanzmärkte. Im Lauf des Jahres 1995 verlor der Konzern 5,7 Mrd. DM. Im Mai desselben Jahres löste Jürgen Schrempp Edzard Reuter ab. Der neue Chef setzte vor allem auf „Gesundschrumpfung" des Unternehmens. Von 35 Geschäftszweigen blieben nur 23 übrig. Geopfert wurde unter anderem AEG – zusammen mit einer Vielzahl von Angestellten im mittleren und oberen Management.

Oben: *Zusammen mit dem Hersteller für Formel-1-Motoren, Cosworth, baute Daimler-Benz einen speziellen Motor mit 16 Ventilen und 185 PS für den beliebten 190 E 2.3-16. Markenzeichen war der Heckspoiler.*

Unten: *Die Sicherheit der Fahrgäste bei Unfällen hatte für Mercedes-Benz oberste Priorität. Dieser Workshop zum Thema Sicherheit fand 1988 statt.*

Oben: *Ein Mercedes-Benz 190 2.5-16 aus dem Jahr 1989 neben einem seiner härtesten Konkurrenten, einem BMW-M3-Kabrio.*

Unten: *Kenny Acheson kam 1989 am Steuer des Sauber C9 in Le Mans auf den zweiten Platz, hinter Jochen Mass im gleichen Modell. 1989 und 1990 gewannen die C9 16 von 18 Rennen.*

Zwischen 1985 und 1990 wuchs und florierte das Unternehmen, worauf man erste Schritte in Richtung einer Rückkehr zum Motorsport unternahm. Eine tatsächliche Wiederaufnahme von werksseitigen Rennaktivitäten wurde aber noch durch die wirtschaftliche Lage und die Unternehmenspolitik gebremst. Am Beispiel des Mercedes-Tuners AMG konnte man allerdings sehen, welche Vorteile der Motorsport mit sich brachte: Prestige und Weiterentwicklung der Produkte. AMG entwarf mit den Erfahrungen aus dem Rennsport eine eigene Reihe erfolgreicher und leistungsfähiger Limousinen auf der Basis von Mercedes-Modellen. Die Ingenieure von Mercedes behielten AMG genau im Auge und überwachten daneben die Entwicklung der Rennwagen des Schweizer Teams von Peter Sauber.

Seit der damalige Rennleiter Alfred Neubauer 1955 die zweite Generation der Silberpfeile schweren Herzens ins Museum schicken musste, hatten sich die werksseitigen Aktivitäten auf die sporadische Unterstützung von Rallye-Teams beschränkt. Im Jahr 1955 gewann ein privates Team mit einem 300SL die Tulpen-Rallye, doch erst 1960 unterstützte das Werk offiziell einen Mercedes-Benz 220SEb in einem Straßenrennen. Nach Erfolgen in der Rallye von Monte Carlo sowie der Akropolis- und Polen-Rallye wurde Mercedes Europameister. 1961 war ein erfolgreiches Jahr für die Autos von Mercedes, sie erreichten 133 Gesamt- und Klassensiege in Rallyes von Argentinien bis Zentralafrika. Wegen der mangelnden Berichterstattung nahm die Öffentlichkeit allerdings kaum Notiz davon.

Auch im Jahr darauf blieb Mercedes auf der Gewinnerstraße, denn 1963 präsentierte das Unternehmen den neuen 300SE; der zuverlässige Mercedes 220SE wurde von privaten Teams weitergefahren. Eugen Böhringer gewann 1963 und 1964 die Rallye-Europameisterschaft und das harte Straßenrennen in Argentinien. Der große und schwere Mercedes 300SE mit bis zu 230 PS bekam auf den Rennstrecken starke Konkurrenz von Jaguar und BMW. Erneut schien Mercedes sein

Interesse am Rennsport zu verlieren: 1964 war das letzte Jahr des werksseitigen Engagements, von nun an beschränkte sich das Unternehmen darauf, private Teams zu unterstützen und die Motoren nach den Rennen zu checken. Die Rennwagen von Mercedes beherrschten nicht länger Straßenrennen und Rallyes. 1971 erzielte der Tuning-Spezialist AMG mit seiner beeindruckenden Version des 300SEL 6.3 wieder einen Erfolg. 1968 gewann zwar der Werksfahrer Eric Waxenberger das Tourenwagen-Rennen in Macao mit einer Mercedes-Limousine, doch erst als 1977 die London-Sydney-Marathon-Rallye angekündigt wurde, baute Mercedes einen neuen Rennwagen, einen 280E, den Andrew Cowan und Colin Malkin – offiziell für Mercedes GB – zum Sieg fuhren.

__Oben:__ Mit einem Hardtop verwandelte sich der Roadster 500SL, Baujahr 1989, in eine komfortable zweisitzige Limousine.

__Unten:__ Holz und Leder gehörten zum Charme des 500SL. Cabriofahrer mussten nicht mehr auf die kleinen Annehmlichkeiten des Lebens verzichten.

1978 unternahm das Unternehmen ernsthafte Anstrengungen, um zum Rennsport zurückzukehren. Diese Bemühungen wurden mit einem Sieg des 450SLC Coupé unter Andrew Cowan in der Südamerika-Rallye belohnt. Ein Jahr später erreichte Hannu Mikkola mit einem SLC einen achtbaren zweiten Platz in der mörderischen Ostafrika-Safari-Rallye, in der Bandama-Rallye belegten die Autos von Mercedes sogar die ersten vier Plätze. Für die Saison 1980 wurde der neue 450SLC 5.0 in die Kategorie 4 befördert, die 500SLC mit 300PS erhielten die Einstufung in die Gruppe 2. Gegen die harte Konkurrenz der leichteren Autos Lancia Stratos und Ford Escort reichte es im Codasur-Rennen in Argentinien und in der Safari-Rallye nur für einen zweiten bzw. dritten Platz. Erst zum Saisonende gab es bei der Bandama-Rallye wieder einen Sieg. Die wirklich gute Nachricht war aber, dass der Weltmeister Walter Röhrl einen Vertrag mit Mercedes unterzeichnet hatte und ab 1981 für das Werkteam

Unten: Mit den neuen 3,5-Liter-Motoren waren die Sauber-C11-Wagen in Le Mans am schnellsten, aber nur ein Wagen beendete das Rennen.

fahren sollte. Als das Unternehmen Ende 1980 völlig überraschend seinen Rückzug aus dem Rallye-Sport bekannt gab, wurden der Vertrag mit Walter Röhrl und die neuen 500SL hinfällig. Die 320PS starken Rennwagen wurden an ein händlergestütztes Team abgegeben, das mit den Rennwagen aber nur mäßige Erfolge erzielen konnte.

Unterstützung für Sauber

1982 führte die FIA ein neues Reglement für die Rennwagen der Gruppe C ein. Sie mussten jetzt ein Mindestgewicht von 800kg, einen 100-Liter-Tank und einen Höchstverbrauch von 72,5Liter auf 100km aufweisen sowie mit dem Motor eines anerkannten Herstellers fahren. Zunächst unterstützten die Ingenieure von Mercedes das Sauber-Team „schwarz" bei der Entwicklung eines geeigneten 5-Liter-V8-Motors mit zwei KKK-Turboladern. Mit stillschweigender Billigung des Managements konnte der Wagen im Windkanal von Mercedes getestet werden. Im Jahr 1983 kam es dann zu offiziellen Verhandlungen mit Sauber, doch erst 1985 wurde der erste Mercedes-Motor in einen SauberC8 eingebaut. Dieser Motor war eine Weiterentwicklung des 5-Liter-Motors aus dem 450SLC 5.0 und erreichte satte 700PS. Zunächst waren die Wagen von Sauber bis auf einen Sieg auf dem Nürburgring im Jahr 1986 wenig erfolgreich. Erst mit der Unterstützung der Mercedes-Tochter AEG als Sponsor errangen die verbesserten SauberC9 im Jahr 1988 fünf glatte Siege. Gleichzeitig gab Mercedes-Benz seine offizielle Rückkehr zum Rennsport bekannt, nachdem es 1986 eine Vereinbarung zur Unterstützung von AMG in der Deutschen Tourenwagen-Meisterschaft geschlossen hatte.

Werner Niefer als Vorstandsmitglied und Jürgen Hubbert als technischer Direktor machten sich für eine Rückkehr der echten Silberpfeile stark, also von Fahrzeugen, die von Mercedes für Mercedes entwickelt wurden. Das Projekt sollte frischen Wind in das Unternehmen bringen, das durch den Erfolg seiner Straßenwagen recht bequem geworden war. Die Bemühungen wurden aber durch den Vorstandsvorsitzenden Edzard Reuter gebremst, dessen Hauptinteresse der Übernahme von

Rechts: Im Jahr 1990 führte Mercedes-Benz bei einer Vielzahl von Modellen (hier ein 300E) das 4Matic-System, einen permanenten Vierradantrieb, ein.

Unten: Steve Parrish gewann 1990 die erste von mehreren Meisterschaften im Lastwagenrennen.

anderen Gesellschaften galt. So wurde auch die dritte Generation der Silberpfeile wieder von externen Vertragspartnern entwickelt, während sich Mercedes-Benz weiterhin auf den Bau von Straßenwagen konzentrierte.

In der Rennsaison 1989 wurden die dunkelblauen Sauber-C9-Fahrzeuge silbern lackiert und trugen den Mercedes-Stern auf der Kühlerhaube. Mit der Unterstützung von Mercedes gewannen sie acht Rennen, errangen einen Doppelsieg in Le Mans und trugen bei der Konstrukteursweltmeisterschaft für Sportwagen den Sieg davon; Jean-Louis Schlesser gewann die Fahrerwertung. Nach acht weiteren Siegen von Sauber im Jahr 1990 wurde der C9 durch den C11 ersetzt, und mit Michael Schumacher, Heinz-Harald Frentzen und Karl Wendlinger verstärkte eine neue Riege von jungen, von Mercedes geförderten Fahrern das Team.

Aufgrund einer Regeländerung gewann im Jahr 1991 der Sauber C291 nur ein Rennen. Den Gesamtsieg errangen die Jaguar TWR mit ihren zuverlässigen Cosworth-Motoren, die auf dem Formel-1-Motor basierten. Der V12-Mercedes-Motor M201, dessen Zylinderbänke im Winkel von 180° angeordnet waren, fiel leider wegen Motorproblemen ständig aus. Das Nachfolgemodell, der Sauber C292, kam nie zum Einsatz, da Mercedes seinen Rückzug aus den Sportwagen-Rennen erklärte und seine Fahrzeugserie für die DTM weiterentwickelte, während Sauber in die Formel 1 einstieg. 1992 wurde die Entscheidung für die DTM belohnt: In einer spannenden Saison gewann das AMG-Team 16 von 24 Rennen und damit die Meisterschaft – mit bekannten Fahrern wie Keke Rosberg, Jacques Laffite, Bernd Schneider und Klaus Ludwig sowie der Fahrerin Ellen Lohr, übrigens der ersten Frau, die eine Runde der Meisterschaft gewann. 1993 erwarb Mercedes den Rennmotoren-Hersteller Ilmor Engineering, der die Motoren für die Sauber-Fahrzeuge baute, und stieg damit in die Formel 1 ein. Zunächst wies nur ein dezentes Logo „Konzept von Mercedes-Benz“ auf der Seite der beiden Wagen auf den Mercedes-Motor hin. Durch die Übernahme von

Oben: *Ein Mercedes-Benz 300CE, Baujahr 1993, umgestylt vom Tuning-Spezialisten AMG. Das Auto hat einen neu gestalteten vorderen Lufteinlass, Seiten- und Heckschürzen sowie Leichtmetallfelgen.*

Unten: *Im Jahr 1992 bekamen die Roadster der SL-Reihe einen 6-Liter-V12-Motor mit 408 PS. Sie gehörten damit zu den eindrucksvollsten und schnellsten Autos ihrer Klasse.*

Rechts: *Die neuen Modelle der C-Klasse (Baureihe W202) profitierten von der Einführung der Kompressor-Technik, wie diese Limousine des Typs C230K.*

Ilmor Engineering wurde Mercedes gleichzeitig zum Motorenpartner für das Penske-Team im Indy-Car-Rennen in den USA.

Abseits der teuren Welt des Motorsports arbeitete Mercedes unablässig an der Perfektionierung seiner Straßenwagen. Im Jahr 1985 führte das Unternehmen den Dreiwegekatalysator ein und stellte ein neues 190-Modell mit einem von Cosworth entwickelten Motor vor. Es sollte auf und neben den Rennstrecken mit den erfolgreichen M3 von BMW konkurrieren. Der Mercedes 1902.3-16 war für den Einsatz bei Rallyes gedacht, doch dann ließ der Audi Quattro alle Rallye-Fahrzeuge

Unten: *Die Modelle der S-Klasse (Baureihe W126) waren große, hoch entwickelte Autos. 1991 wurden sie von den noch größeren, geradezu mächtigen Wagen der Baureihe W140 (Foto) abgelöst.*

Links: *1994 stellte Mercedes den Prototypen der Vision-A-Reihe vor, die später als A-Klasse mit leicht verändertem Aussehen in Serie ging.*

Oben: *Im kompakten Vision A befand sich der Motor im Sandwich-Boden. Die Fahrgäste konnten zusammensitzen und hatten eine gute Sicht.*

mit Zweiradantrieb plötzlich alt aussehen. Also wurde der 190 in Tourenwagen-Rennen eingesetzt. Mit seinem nüchternen Aussehen konnte er allerdings nicht mit dem schnittigen M3 von BMW konkurrieren. 1989 bekam der 190 angesichts von fallenden Verkaufszahlen und der immer deutlicheren Dominanz von BMW in der DTM einen stärkeren 2,5-Liter-Motor. Da aber sein Aussehen immer noch nicht überzeugte, nützte Mercedes die DTM-Homologations-Regel aus, nach der die Karosserie eines Modells beliebig verändert werden konnte, wenn davon 500 Exemplare als Serienwagen produziert wurden. Das Ergebnis war der 190 E 2.5-16 Evolution mit tiefer gezoge-

Unten links: *Der C280 Elegance mit 2,8-Liter-Motor bot auch für schmalere Geldbeutel die langjährige Erfahrung von Mercedes.*

Mercedes-Benz 320 CE Kabrio (W 124)

Fertigung:	1992–1997
Motor:	6-Zylinder, 24 Ventile
Bohrung x Hub:	89,9 mm x 84 mm
Hubraum:	3199 ccm
Leistung:	220 PS bei 5500 1/min
Gemischaufbereitung:	vollelektronische Einspritzanlage
Getriebe:	Viergang-Automatik
Radaufhängung:	vorn: unabhängige Dreieckslenker, hydropneumatische Niveau-Regulierung, Federbeine, Quer-Stabilisatoren; hinten: unabhängige Mehrfachlenker, Federbeine, Quer-Stabilisatoren
Bremsen:	Zweikreis-Bremsanlage mit Unterdruck-Servo, innen belüftete Scheibenbremsen mit Schwimmsätteln vorne, innen belüftete Scheibenbremsen mit Festsätteln hinten
Höchstgeschwindigkeit:	225 km/h

Rechts: *Die Wagen der S-Klasse (Baureihe W140) waren, wie diese Limousine aus dem Jahr 1994, große, schwere und beeindruckende Fahrzeuge, die keine Zweifel am Status des Fahrers ließen.*

Oben: *1994. Eine Limousine der C-Klasse mit Extra-Sportausstattung, die eine tiefer gelegte Karosserie mit Niederquerschnitts-Reifen umfasste.*

nen Spoilern und verbreiterten hinteren Kotflügeln, die genügend Platz für Rennreifen ließen. Mit einer neuen Kurbelwelle und kürzeren und leichteren Kolben erreichte der Motor in der Rennausführung 330 PS bei 8700 l/min. 1989 fuhr Mercedes mehr direkte Siege in der DTM ein als BMW oder Ford, es reichte aber wieder nicht für den Titel. Jetzt zeigte Mercedes die Zähne und stellte 1990 den Evolution II vor, den außergewöhnlichsten mit Spoilern versehenen Straßen-/Rennwagen, den Mercedes-Benz je zum Verkauf angeboten hatte. Dabei handelte es sich um einen echten „Homologations-Spezialwagen" mit verstellbaren Front- und Heckspoilern und einem extrabreiten Heck, das gerade noch innerhalb der vorgegebenen Normen lag. Von der Straßenversion mit Linkssteuerung waren nur sechs Autos für den Markt in Großbritannien vorgesehen,

Mercedes-Benz S 600 (W 140)

Fertigung:	1992–1998
Motor:	V12, 48 Ventile
Bohrung x Hub:	89 mm x 80,2 mm
Hubraum:	5987 ccm
Leistung:	394 PS bei 5200 1/min
Drehmoment:	420 Nm bei 3800 1/min
Gemisch-aufbereitung:	doppelte elektronische Einspritzung
Getriebe:	Viergang-Automatik
Radaufhängung:	vorn: Doppel-Dreieckslenker, Dämpferbein, Quer-Stabilisatoren; hinten: unabhängige Mehrfachlenker, Dämpferbein, Quer-Stabilisatoren, Niveau-Regulierung
Bremsen:	innen belüftete Scheibenbremsen mit ABS und Bremsverschleiß-Anzeiger
Höchstgeschwindigkeit:	250 km/h (abgeregelt)
Beschleunigung:	von 0 auf 100 km/h in 6,6 Sekunden

Rechts: *Die Modellpflege mit Neugestaltung der Front ließ das S-Klasse-Coupé weniger wuchtig erscheinen als die Limousine.*

190E 2.5-16 Evolution II (DTM-Touring-Wagen)

Eines der erfolgreichsten Rennautos, das Mercedes-Benz je gebaut hatte, war die häufig unterschätzte Limousine 190E Evolution II, die von 1990 bis 1993 im Kampf um die populäre Deutsche Tourenwagen-Meisterschaft (DTM) mitfuhr.

Der Evo II stand am Ende einer Entwicklung, die 1983 mit dem Einsatz eines 190E mit Cosworth-Motor bei einem Straßenwagenrennen begonnen hatte. Sein erstes Rennen bestritt der Evo II am 16. Juni 1990 auf der Nordschleife des Nürburgrings, sein letztes am 15. Oktober 1993 in Hockenheim: Dazwischen lagen 50 Siege. In diesem Zeitraum fuhren alle Werkteams ausschließlich dieses Auto.

Der Evo II hatte einen Vierzylinder-Reihenmotor (Typ M102); die Zylinder waren mit einer Neigung von 15° nach rechts angeordnet. Dieses 145 kg schwere kleine Wunderwerk der Technik hatte einen Hubraum von 2490 ccm und leistete 373 PS bei 7750 1/min und 300 Newtonmeter (Nm) Drehmoment. Bohrung x Hub betrug 97,8 mm x 82,8 mm; die zwei v-förmig hängenden Ventile pro Zylinder wurden von oben liegenden Nockenwellen gesteuert; das Verdichtungsverhältnis betrug 12,0:1. Die Treibstoffzufuhr aus dem 110-Liter-Tank wurde durch das Multipoint-Einspritzsystem Motronic MS2,7 von Bosch gesteuert, die Kraft wurde über ein Sechsganggetriebe auf die Hinterräder übertragen. Mit dieser Spitzentechnologie erreichte das Auto eine Höchstgeschwindigkeit von 300 km/h.

Unter der Karosserie befanden sich die innen belüfteten Scheibenbremsen mit Vier- oder Sechs-Kolben-Festsätteln und die Kugelumlauf-Servolenkung. Die Vorderradaufhängung war eine Dämpferbein-Vorderachse mit Dreiecksquerlenkern und Quer-Stabilisatoren, die Hinterradaufhängung eine Mehrfachlenker-Konstruktion; der Wagen lief auf 9J x 18 Leichtmetallfelgen, die auf die Reifen von Bridgestone aufgezogen waren. In der Rennausführung wog das Auto 980 kg.

Die Rennsaison 1990 diente der Weiterentwicklung des Wagens und der Vorbereitung der nächsten Saison, in der Klaus Ludwig in der DTM-Serie hinter dem Audi V8 Quattro mit Frank Biela den zweiten Platz belegte. Für das darauf folgende Jahr hatte sich AMG den Sieg zum Ziel gesetzt und setzte vier Evos ein: Zwei davon waren von Sonax Autopflege gesponsert, zwei Autos fuhren für die Olympia-Bewerbung von Berlin für das Jahr 2000. Zwei weitere Wagen fuhren mit den Farben des Zakspeed-Teams für die Sponsoren Diebels Alt und Dekra. Die Fahrer – Klaus Ludwig, Bernd Schneider, Johnny Cecotto, Roland Asch, Kurt Thiim und Jacques Laffite – zählten zu den talentiertesten Werkrennfahrern ihrer Zeit. Zu dem Team stießen noch der Ex-Formel-1-Weltmeister Keke Rosberg und eine der wenigen Frauen, die in diesem Sport ein so hohes Niveau erreichten, Ellen Lohr. Rosberg und Lohr fuhren die „Berlin-2000"-Wagen. Auch verschiedene Privatteams fuhren mit den Evo-Modellen.

In der Saison 1992 wurden zur Entscheidung der Meisterschaft zwölf Runden mit je zwei Rennen gefahren. Am Ende der Saison hatte Klaus Ludwig mit dem Evo II 16 der 24 Rennen gewonnen und holte sich den Fahrertitel, gefolgt von Kurt Thiim und Bernd Schneider. Nachdem Audi sich aus dem Rennsport zurückgezogen hatte, waren die Gegner jetzt der BMW M3 und der Alfa Romeo 155, mit dem Nicola Larini 1993 den Titel gewann. Die Mercedes von Roland Asch und Bernd Schneider wurden ganz knapp geschlagen. Dies war das letzte Wettkampfjahr für den Evo II.

Unten: *Klaus Ludwig gewann 1992 die Deutsche Tourenwagen-Meisterschaft am Steuer dieses von AMG eingesetzten 190E 2.5-16 Evolution II. Der erfolgreiche Wagen war in 16 von 24 Rennen Erster.*

versehen mit einem Preisschild über 55 200 £ (109 440 DM) – sie waren innerhalb von einer Woche verkauft. Die glücklichen Besitzer hatten ein Auto mit 235 PS, das eine Spitzengeschwindigkeit von 250 km/h erreichte; der Motor drehte bis zu 7700 1/min. Die Räder waren auf 17 Zoll gewachsen, die Kotflügel ließen ausreichend Platz für die 19-Zoll-Rennversion. Mit diesem Evo II gewann Klaus Ludwig 1991 und 1992 den Titel in der DTM.

Oben und unten: *Das Interieur des 1995 gebauten E200 Elegance machte dem Namen des Autos mit ergonomisch gestalteten Sitzen alle Ehre. Das äußere Styling des E200 aus der Baureihe W210 ist ein klassisches Beispiel für zurückhaltende Eleganz: Dieses Fahrzeug stand für Qualität.*

Ein neuer SL

Im Straßenwagen-Programm von Mercedes war es dringend notwendig geworden, die seit 1977 bewährten SL-Sportwagen der Baureihe W107 zu ersetzen. Im März 1988 wurde das Nachfolgemodell auf dem Genfer Automobilsalon vorgestellt. Die klassische Eleganz des Designs von Bruno Sacco erhielt schwärmerische Kritiken, aber auch Sicherheit und Komfort hatten oberste Priorität erhalten. Der einzigartige Überrollbügel aus hochfestem Stahl wurde durch ein elektromagnetisches System gesteuert, das den Bügel im Fall eines Überschlags in nur 0,3 Sekunden emporschnellen ließ. Auch der verstärkte Windschutzscheibenrahmen diente als Überrollschutz, die Türen hatten einen seitlichen Flankenschutz und die Sitze integrierte Sicherheitsgurte.

Die modernste SL-Generation mit dem Werkkürzel R129 kam mit drei verschiedenen Motoren auf den Markt: als 300SL, 300SL-24 und als 500SL, der als stärkstes Modell dieser Serie 326 PS hatte. Die Radaufhängung war durch Federbeine von McPherson vorn und Doppel-Querlenker hinten modernisiert worden. Für zusätzlichen Komfort sorgte das neue mikroprozessorgesteuerte Dach, das sich über eine Vielzahl von Endschaltern, Druckzylindern und Magnetventilen innerhalb von 30 Sekunden automatisch öffnete und schloss. Der SL war nach wie vor ein schwerer zweisitziger Touren-Sportwagen. 1992 kam der SL600 zum stolzen Preis von 217740 DM auf den Markt, dessen V12-Motor für eine rasante Beschleunigung sorgte.

Oben: *Das vermutlich begehrteste Modell der E-Klasse war der E320, hier in der Avantgarde-Ausführung.*

1979 wurde die vierte Generation der S-Klasse vorgestellt. Die Limousinen und Coupés waren viele Jahre lang erfolgreich und wurden erst 1991 von der fünften Generation (Baureihe W 140) abgelöst. Den Kunden wurde ein luxuriöses Fahrzeug versprochen, das mit jeder nur erdenklichen Art von elektronischen Systemen ausgerüstet war. Doch Chefdesigner Bruno Sacco hatte die Autos bereits zehn Jahre vorher entworfen, und die Welt hatte sich inzwischen verändert: Das Zur-Schau-Stellen von Reichtum war nicht mehr in, und so verfehlte nach Meinung vieler Leute die neue Baureihe den neuen Zeitgeist. Die Mercedes-Ingenieure mussten auf die übliche Flut von Gratulationen verzichten. Die bulligen Riesen waren zwar eine technische Glanzleistung, doch da ihnen Raffinesse fehlte, zogen viele Kunden ein Modell der E-Klasse mit Sonderausstattung vor.

Für die S-Klasse standen vier Motoren zur Auswahl, darunter zum ersten Mal ein V12-Motor mit 6 Litern und 408 PS. Daneben waren zwei V8-Motoren mit 5 bzw. 4,2 Litern und ein sparsamer 3,2-Liter-Sechszylinder erhältlich. Raffinesse, Komfort und Dynamik standen bei diesen Autos im Vordergrund, man musste allerdings bei flotter Fahrweise einen enormen Verschleiß an Reifen in

Gegenüber: *Die Zweiton-Lackierung verlieh den SL-Cabrios der Baureihe R129 besondere Raffinesse.*

Oben: *Der Innenraum des E320, Baujahr 1995, bot Fahrer und Beifahrern eine behagliche Umgebung.*

Unten: *Einer von 199 769 Wagen der E-Klasse, die Mercedes-Benz im Jahr 1995 baute. Das dezente Styling kam bei vielen treuen Kunden gut an.*

Kauf nehmen und für den 600SEL den stolzen Preis von rund 200 000 DM bezahlen. Ernüchternd war auch, dass Extras wie Sitzheizung, ferngesteuerte Zentralverriegelung und feinste Lederausstattung nicht im Listenpreis inbegriffen waren. Mercedes reagierte auf die Kritiken und führte 1992 verschiedene Verbesserungen ein. Im Zeichen des Benzinsparens wurde die Leistung des V12 auf knapp unter 400 PS reduziert, zusätzlich kamen zwei schwächere Motorversionen auf den Markt: ein 300SE mit 2,8 Liter und ein 300SD (Diesel). Eine Reihe von stilistischen Veränderungen ließ das massige Auto schnittiger erscheinen. Die beiden Coupé-Versionen, der 500SEC und der 600SEC, wurden 1992 vorgestellt und verbesserten das Image dieser Baureihe. Die Karosserie des Zweitürers ohne B-Säule war trotz der Länge von 5,2 Metern und der Breite von fast zwei Metern sehr elegant. 1996 wurden die Autos nach einer Reihe von kleinen Veränderungen in CL500 und CL600 umbenannt; dazu kam noch das Modell CL420.

Jetzt konnte sich das Unternehmen auf die Weiterentwicklung seiner Mittelklasse-Wagen konzentrieren. Verschiedene neue Modelle, die Mitte der 1990er-Jahre Serienreife erreichten, wurden vorgestellt. Die neue C-Klasse (W202) erschien 1993; dieses Modell der zweiten Generation ersetzte die Wagen der Baureihe W210 und bot zum gleichen Preis mehr Komfort, Sicherheit und Raum. Eine Premiere war, dass Mercedes den verschiedenen Ausstattungsvarianten eines Modells eigene Namen gab. Der Esprit war ein leicht tiefer gelegtes Auto mit einem kontrastreichen Interieur, der Elegance war luxuriös ausgestattet, und der Sport versprach mit seinem deutlich strafferen Fahrwerk dynamisches Fahren und exaktes Handling. Wer noch mehr Leistung wünschte, konnte sich für den schnellen C35 AMG mit Leichtmetallfelgen und Niederquerschnitts-Reifen entscheiden, der mit seinem 280-PS-Motor in 6,5 Sekunden von 0 auf 100 km beschleunigte.

Die Entwicklung der C- und E-Klasse

Die Autos der C-Klasse gab es mit vier Benzinmotoren von 1,8 bis 2,5 Litern und drei Diesel-Varianten. 1995 wurden viele technische Details verbessert und die Motoren erneuert. Am stärksten veränderte sich der C230K, er erhielt einen Kompressor von Roots. Der C250 Turbodiesel mit 150 PS machte mit seinem abgasgetriebenen Turbolader und vier Ventilen je Zylinder den Benzinmotoren Konkurrenz. Die 200D und 250D wurden eingestellt, der C230 ersetzte den C220. Von 1996 an hatten alle Modelle ein neues Fünfgang-Automatikgetriebe, das den Treibstoffverbrauch reduzierte. Zu den erfolgreichsten Wagen der Serie zählten die Kombis der T-Klasse.

1995 kündigte Mercedes ein umfangreiches Neudesign der E-Klasse an. Die Autos sollten den Luxus der S-Klasse in einer kompakten Limousine der Mittelklasse bieten. Markenzeichen der Baureihe W210 waren vier elliptische Scheinwerfer und Heckleuchten, die deutlich breiter wurden. Zur Auswahl standen fünf Benzinmotoren zwischen 2,0 und 4,2 Litern und drei Dieselmotoren, darunter ein 2,9-Liter-Turbodiesel mit Zwei-Ventil-Technik.

Da sich die E-Klasse der Herausforderung durch die immer beliebteren BMW- und Lexus-Modelle stellen sollte, gab es Extras wie elektronisches Traktionssystem, Scheibenwischer mit Regensensor und Seitenairbags. Um in einem Markt, der sich in den vergangenen 30 Jahren erheblich verändert hatte, konkurrenzfähig zu bleiben, musste Mercedes Zugeständnisse machen. Ende 1995 wurde eine neue Version des E500, der E50 AMG vorgestellt. Das 347-PS-Auto hatte eine tiefer gelegte Karosserie und eine spezielle aerodynamische Karosserieverkleidung, die die Power des Autos erahnen ließ. Zur Limousine kam noch ein komfortabler Kombi.

Mercedes-Benz C 250 Diesel (W202)

Fertigung:	1993–2000
Motor:	5-Zylinder-Reihenmotor, 20 Ventile
Bohrung x Hub:	87 mm x 84 mm
Hubraum:	2497 ccm
Leistung:	113 PS bei 5000 1/min
Gemisch-aufbereitung:	Reihen-Einspritzpumpe mit elektronischer Regelung
Getriebe:	Fünfgang-Schaltung
Radaufhängung:	vorn: Doppel-Dreieckslenker, Dämpferbein, Quer-Stabilisatoren; hinten: unabhängige Mehrfach-lenker-Konstruktion, Dämpferbein, Quer-Stabilisatoren
Bremsen:	Zweikreis-Bremsanlage mit Servo-unterstützung, innen belüftete Scheibenbremsen mit Schwimm-sätteln vorn, innen belüftete Scheibenbremsen mit Festsätteln hinten
Höchstge-schwindigkeit:	190 km/h
Beschleunigung:	von 0 auf 100 km/h in 14,3 Sekunden

Neue Horizonte
1996–2005

Von 1996 an legte man bei Mercedes in der Entwicklung an Tempo zu, zudem wurde das Unternehmen in neuen Marktsegmenten aktiv. Für große Überraschung sorgte die Ankündigung, dass Mercedes gedachte, in den stark umworbenen Markt der zunehmend gefragten Transporter einzusteigen. Die Modelle der V-Klasse eroberten in zweierlei Hinsicht Neuland für das Unternehmen: Zum einen waren sie die ersten Pkw von Mercedes, die in Spanien gebaut wurden, zum anderen hatten sie Frontantrieb. Um Kosten zu sparen, sollte das Nutzfahrzeug auf der Grundlage des Lieferwagens Vito in Vitoria (Nordspanien) in Produktion gehen. Leider passte das unkomfortable Fahrgestell des Lieferwagen-ähnlichen Pkw nicht zu seiner ausgefeilten Technik und Luxusausstattung, was Kritikern natürlich nicht lange verborgen blieb. In puncto Fahrverhalten, Straßenlage und Fahrdynamik blieb die V-Klasse weit hinter der Konkurrenz zurück. Auf dem inländischen Markt waren die Verkaufszahlen nicht schlecht, doch der hohe Preis der Exportmodelle schreckte viele Interessenten ab. Die Fahrzeuge verfügten über einen großzügigen Innenraum mit einer breiten Palette von Sitzvariationen. Ihre Ausstattung mit Telefon, Fax und Internetanschluss machte sie zum idealen „mobilen Büro" für Manager auf dem Weg zu Meetings oder zum Flughafen. Das Top-Modell Ambiente verfügte über Ledersitze, ein Leder-Lenkrad, Innenausstattung aus Holz, Leichtmetallfelgen und Metallic-Lackierung, doch mit dem massiven Heck, dem kastenartigen Design und den Schiebetüren glich es trotzdem eher einem Lieferwagen als einem Pkw.

Zur gleichen Zeit wurde ein weit wichtigerer Mercedes vorgestellt, der allerdings niemanden mehr überraschte, denn schon außergewöhnlich früh waren Fotos vom Prototypen an die Presse „durchgesickert". Sie zeigten einen kompakten kleinen Sportwagen, der als erschwingliche Version des größeren SL gedacht war. Der SLK, wie das neue Modell hieß, stellte die moderne Version des 190SL aus dem Jahr 1963 dar. Die frühe Veröffentlichung der Fotos hatte den erhofften Effekt: 41 300 potenzielle Käufer wollten den Wagen kaufen; zum Zeitpunkt des Produktionsstarts wurde die Warteliste jeden Tag um 500 Personen länger. Obwohl das Werk in Bremen 600 zusätzliche Arbeiter einstellte, betrug die Lieferzeit über zwei Jahre. Die Käufer wurden für die lange Wartezeit entschädigt, denn der kleine Sportwagen sah schick aus und konnte mit einer neuen Spielerei aufwarten: Auf Knopfdruck verschwand das Hardtop im Kofferraum. Dies verleitete viele Journalisten zu dem Kommentar, dass die Käufer für den besten Faltmechanismus der Welt

Oben: *1996. Die V-Klasse soll hauptsächlich Großfamilien ansprechen, denn sie bietet konkurrenzlos viel Platz im Innenraum.*

Vorige Seite: *Der Innenraum des CLS: Hier können vier Fahrgäste die luxuriöse Ausstattung mit den edelsten Materialien genießen.*

Rechts: *Das Beste aus beiden Welten vereinte 1996 der E50AMG in sich: die Eleganz einer Luxuslimousine, gepaart mit der Leistung eines Sportwagens.*

bezahlten und den Rest des Wagens umsonst bekamen. Allerdings mussten die beim Prototyp noch vorhandenen starren Überrollbügel gestrichen werden, außerdem bot der Kofferraum bei versenktem Dach nur wenig Platz. Für eine längere Fahrt mit Gepäck musste das Dach also oben bleiben. Damit überhaupt etwas Platz im Kofferraum war, fasste der Tank nur 53 Liter, und anstelle eines Reservereifens gab es nur Dichtungsmittel.

In Deutschland kam der SLK im September 1996 auf den Markt, zunächst als SLK 200 (136 PS) und als SLK 230 Kompressor mit einem 2,3-Liter-Kompressormotor (193 PS). Im April 2000 erweiterte Mercedes die Serie um eine 2,0-Liter-Kompressor-Variante und um ein 3,2-Liter-Modell mit V6-Motor. Im SLK 230 war zum ersten Mal seit 1939 wieder ein Kompressor vom Typ Roots eingebaut. Der 16-Ventil-Vierzylinder-Motor leistete bei 2295 ccm 193 PS; das Auto erreichte eine Spitzengeschwindigkeit von 232 km/h und beschleunigte von 0 auf 100 km/h in 7,6 Sekunden. Die klaren Linien des kompakten Fahrzeugs waren ebenso ansprechend wie der Preis: Nach Liste kostete die Grundausstattung des SLK 230 mit 193 PS nur halb so viel wie der SL 280 mit 193 PS: 61 000 DM. In Tests zeigte das Auto ein allgemein gutes Fahrverhalten, wobei Abstriche aufgrund der sehr kurzen Übersetzung und der indirekten Lenkung gemacht werden mussten, da der SLK auf der Grundlage von Komponenten der C-Klasse entworfen worden war. Mercedes wollte sich aber mit dieser Motorenauswahl nicht zufrieden geben und stellte 2001 den SLK 32 AMG (354 PS) vor.

Mit dem SLK hatte Mercedes den Markt richtig eingeschätzt. Der attraktive kleine Sportwagen beherrschte das Marktsegment, bis der lang erwartete Porsche Boxster kam. Mercedes reagierte auf diese Herausforderung und stellte 2004 die zweite Generation des SLK vor.

Der SLK war zum damaligen Zeitpunkt der kürzeste Mercedes, der je gebaut worden war – allerdings nur bis 1997, denn dann wurde, von vielen Gerüchten begleitet, eine neue Serie für den umworbenen Markt der kleinen Kompaktwagen vorgestellt. Die Einführung der A-Klasse war vier

Oben: *Der Kombi E 420 T mit V8-Motor war 1996 die ultimative Kombination aus Laderaum, Komfort und Mercedes-typischen Sicherheitsstandards.*

Unten: *Die SL Roadster der Serie R129, die 1989 auf den Markt kamen, sehen acht Jahre später immer noch beeindruckend aus. Hier der SL 500.*

Mercedes-Benz SLK230 Kompressor

Fertigung:	1996–2004
Motor:	4-Zylinder-Reihenmotor, Aluminiumzylinderkopf, Graugussblock
Bohrung x Hub:	90,9 mm x 88,4 mm
Hubraum:	2295 ccm
Leistung:	193 PS bei 5300 1/min
Drehmoment:	206 Nm bei 2500 1/min
Aufladung:	Eaton M62 Kompressor
Schaltung:	5-Gang, auf Wunsch Automatik
Radaufhängung:	vorn: Doppel-Querlenker, Dämpferbein, Quer-Stabilisatoren; hinten: Mehrfachlenker-Konstruktion, Dämpferbein, Quer-Stabilisatoren
Bremsen:	innen belüftete Scheibenbremsen vorn (Durchmesser 288 mm) und hinten (278 mm)
Höchstgeschwindigkeit:	232 km/h
Beschleunigung:	0 auf 100 km/h in 7,6 Sekunden

Oben rechts: *Ein SLK320 aus dem Jahr 1997. Für diese erfolgreichen Sportwagen wurden bei Mercedes sogar Sonderschichten eingelegt.*

Unten: *Die A-Klasse war ein innovatives Konzept, das am Anfang fast gescheitert wäre. Inzwischen sprechen über 180000 verkaufte Autos pro Jahr für die große Beliebtheit des Kompaktwagens.*

Jahre lang mit intensiver Kundenwerbung sorgfältig vorbereitet worden, wozu auch eine einjährige Show mit verlockenden Einblicken in das Konzept „A-motion“ beigetragen hat. Der Aufwand wurde mit 375 000 Anfragen belohnt, 75 000 davon kamen von fast sicheren Käufern. Völlig neu für Mercedes war das „One-box“-Design. Die A-Klasse war das Ergebnis von intensiven Untersuchungen von Zukunftstrends und Sicherheitsanforderungen.

Die Wagen der A-Klasse waren Raumwunder. Mit 3570 mm Länge boten sie erstaunlich viel Platz für vier Erwachsene mit Gepäck. Gleichzeitig ließen sie sich leicht einparken und waren im Stadtverkehr wendig. Das Raumwunder war möglich, da Tank, Batterie und der größte Teil des Motors nach dem Sandwichprinzip im Boden Platz fanden, wodurch die Passagiere höher als üblich saßen; bei einem Frontalunfall gleitet der Motor unter den Fahrgastraum. Durch den Frontantrieb erübrigte sich die Platz raubende Kardanwelle.

Erweiterung der Produktpalette

Die Fachpresse lobte dieses innovative Fahrzeug. Bald wurde es zum Auto des Jahres in Europa gewählt, obwohl es in einigen Fahrtests, insbesondere beim Slalom, enttäuschte. Einige Journalisten bezweifelten, dass die Fahreigenschaften eines so hohen Autos mit extrem kurzem Radstand im Ernstfall überzeugen konnten. Die Angelegenheit spitzte sich zu, als ein Wagen bei einem Test in Skandinavien zum Umkippen gebracht wurde. Jetzt war die A-Klasse endgültig in den Schlagzeilen („Elchtest“) – allerdings aus nicht beabsichtigten Gründen. Mercedes reagierte schnell und stellte die Produktion drei Wochen lang ein, bis nachgewiesen war, dass das Problem hauptsächlich an der Oberfläche der Straße (einer Rollbahn) gelegen hatte. Durch geringfügige Veränderungen an der Radaufhängung wurde die Seitenneigung der Karosserie verringert, allerdings zu Lasten des Fahrkomforts. Zusätzlich bekam die A-Klasse eine serienmäßige Schleuderhilfe (ESP). Schon bald war das Vertrauen der Käufer wieder hergestellt. Innerhalb von nur sechs Jahren wurden über 1,1 Mio. Wagen verkauft. Im Jahr 2004 kam die Nachfolgerversion auf den Markt.

Kaum waren die größten und die kleinsten Mercedes auf dem Markt, kam eine neue Serie hinzu, die M-Klasse. Alles an diesem Geländefahrzeug mit Vierradantrieb war neu, sogar der Standort des Werks, in dem es gebaut wurde, nämlich Tuscaloosa, Alabama. Die M-Klasse zielte auf den enormen Markt für Geländewagen in den USA ab. Dort waren die großen Fahrzeuge sehr

Links: *1997 zauberten die CLK-Coupés der Baureihe W208 Eleganz und Glanz in die biedere C-Klasse von Mercedes und bewiesen, dass ein elegantes Coupé immer Liebhaber findet.*

gefragt, denn mit ihnen konnte man sowohl durch Flüsse und auf Berge als auch mit den Kindern zum nächsten Fast-Food-Restaurant fahren. Es fehlte auch nicht an komfortabler Ausstattung wie Klimaanlage und Ledersitzen. Die ersten Modelle waren der ML 320 mit einem 3,2-Liter-Sechszylinder-Motor (218 PS) und der 230-Vierzylinder mit 150 PS. Die konventionelle Differenzialsperre war durch ein elektronisches Traktionssystem ersetzt worden.

Anfänglich schwankte die Produktionsqualität der teuren Fahrzeuge stark, da es eine Weile dauerte, bis die Ingenieure von Mercedes die Arbeiter im neuen, etwa 5000 km entfernten Werk intensiv geschult hatten. Trotzdem konnte sich das Modell schon bald auf dem heftig umkämpften Markt etablieren. 2004 hatten die Käufer die Wahl zwischen vier Varianten: dem ML 270 CDI, dem ML 350, dem ML 500 und dem ML 55 AMG. Der Fünfzylinder-Dieselmotor erreicht 163 PS und beschleunigt in 11,9 Sekunden von 0 auf 100 km/h, bei einer Höchstgeschwindigkeit von 185 km/h. Die AMG-Version mit V8-Motor, 5493 ccm Hubraum und 347 PS beschleunigt in 6,8 Sekunden von 0 auf 100 km/h und erreicht eine Spitzengeschwindigkeit von 233 km/h.

Unten: *Das Modell ML 350 aus dem Jahr 2003. Die M-Klasse kam 1997 auf den Markt und bot auch beim Fahren im Gelände den Komfort einer Luxuslimousine.*

1994 begann Mercedes mit einem völlig neuen Projekt: In Kooperation mit dem Schweizer Verband der Industrie für Mikroelektronik und Uhrmacherei sollte ein kleines City-Auto entwickelt werden, das später als Smart bekannt wurde. Nicolas Hayek, der Gründer des erfolgreichen Unternehmens Swatch, hatte das Konzept entwickelt und 1991 Volkswagen vorgestellt. Dort stieß das Projekt auf Ablehnung, da die Ingenieure von VW bezweifelten, dass eine Gruppe von Uhrmachern in der Lage war, ein Auto zu entwerfen; darüber hinaus waren die Marktforscher der Meinung, dass junge Leute kein Interesse an dem kleinen City-Auto hätten. Als Hayek erkannte, dass sein Projekt auf Eis gelegt werden sollte, wandte er sich damit an Daimler-Benz. Dort erkannte man das Potenzial dieses Autos, das noch kleiner werden sollte als die Modelle der kommenden A-Klasse.

Oben: *Die S-Klasse aus dem Jahr 1998 wies die unverwechselbaren Eigenschaften auf, die seit über 50 Jahren, seit die „Ponton"-Gestalt geprägt worden war, typisch für Mercedes sind.*

Unten: *1999 packte die Tuning-Gesellschaft Brabus den starken 7,3-Liter-V12-Motor von Mercedes in die M-Klasse; diese spricht auch in geringerer Motorisierung Fahrer an, die den Komfort auf der Straße mehr schätzen als das Fahren im rauen Gelände.*

Das in Hambach in Lothringen gebaute winzige Fahrzeug war nur 2,5 m lang und hatte einen Dreizylinder-Turbomotor mit einem Hubraum von 600 ccm und 45 oder 55 PS. Alle üblichen Sicherheitsausstattungen von Mercedes wie Doppel-Airbags, höhenverstellbare Lenksäule, ABS und komplette Sicherheits-Fahrgastzelle, waren serienmäßig. Als besonderer Service konnten die farbigen Karosserieteile und Sitze sowie verschiedene Teile der Innenausstattung ausgetauscht werden, wenn der Besitzer die ursprüngliche Farbe nicht mehr sehen wollte.

Zunächst machte der Smart nicht den erhofften Eindruck. Trotz seiner Beliebtheit in Rom und Paris lagen die Verkaufszahlen im ersten Jahr weit unter den angestrebten 200 000 Zulassungen. Bei der Fusionierung von Daimler und Chrysler stellte man dem Smart 1999 ein Ultimatum: Bei weniger als 80 000 verkauften Autos wollte man das Projekt beenden. Zur Überraschung seiner Kritiker erreichte der Smart dieses Ziel, auch wenn er immer noch Verluste einfuhr. Die Zukunft der Serie hing nun von der Erweiterung der Modellpalette ab. Im April 2003 wurde das Smart Cabrio vorgestellt. Mit 20 500 verkauften Exemplaren trug es deutlich zum Anstieg der Verkaufszahlen auf insgesamt 124 700 Stück bei. In Großbritannien stieg der Absatz um 35 % auf 13 000 verkaufte Autos, in Frankreich um 11 % auf 9500 Neuzulassungen. Der ergiebigste Markt blieb Deutschland mit 41 300 verkauften Autos, gefolgt von Italien mit 32 100 verkauften Exemplaren.

Nach der Entscheidung, das Smart-Konzept weiterzuverfolgen, kam 2004 der Smart Forfour auf den Markt. Er war als Ausgangsmodell für die Smart-Nutzfahrzeuge gedacht, die 2006 in den USA vorgestellt werden sollen. Um den Einstieg der Fahrzeuge in den nordamerikanischen Markt zu erleichtern, führte man die Serie 2003 in Mexiko ein, dem 31. Land, in dem der Smart jetzt zu haben war. Wie der Name vermuten lässt, ist der Smart Forfour ein viertüriges und viersitziges Lifestyle-Auto für Smart-Fans, die Platz für mehr als zwei Personen benötigen. Zur Ausrüstung gehören die Sicherheits-Fahrgastzelle, das elektronische Stabilitätssystem (ESP) von Mercedes, ABS (Anti-Blockier-System) und Wegfahrsperre. Es stehen drei Benzin- und zwei Dieselmotoren zur Auswahl, von der Dreizylinder-Version mit 75 PS bis zum Vierzylinder-Motor mit 1,5 Liter und 109 PS. Die zwei Dieselmotoren haben 68 PS bzw. 95 PS und bieten dank des exzellenten Drehmoments guten Durchzug aus den unteren Drehzahlen.

Links: *Die ursprünglichen SLK-Vierzylinder boten bereits viel Fahrvergnügen. Für sportliche Fahrer, die noch mehr Leistung wollten, wurden die stärkeren V6- und V8-Versionen entwickelt.*

Unten: *Immer schon hat es den Wunsch nach maßgefertigten Autos gegeben. Im Jahr 2000 reagierte Mercedes darauf mit dieser teuren sechstürigen Pullman-Version der S-Klasse-Limousine.*

Oben: *In der Pullman-Version der S-Klasse konnten Manager auf dem Weg zu wichtigen Terminen in Kontakt mit Geschäftspartnern via Internet bleiben.*

Während der Smart die wachsende Modellpalette von Mercedes nach unten abrundete, taten dies am oberen Ende die Hochleistungswagen, die aus dem Rennsport stammten. 1997 wurde ein Spitzenvertreter dieser Serie vorgestellt, der Straßenrennwagen CLK-GTR, der aus dem CLK-Straßenmodell hervorging. Tatsächlich beschränkte sich die Ähnlichkeit auf die Scheinwerfer und den Kühlergrill, denn dieser Rennwagen mit Mittelmotor erreichte eine atemberaubende Leistung mit einem 6,9-Liter-Motor, der vom SL600 abgeleitet und der für das Straßenmodell auf 560PS gedrosselt worden war. Nach dem neuen Reglement des FIA mussten wenigstens 25 Exemplare für den Verkauf gebaut werden, damit der Wagen als Produktionsmodell anerkannt wurde.

Damit der Wagen bis zum ersten Rennen 1997 fertig wurde, vertraute man das Projekt im Dezember 1996 der Hochleistungsabteilung AMG an, die wiederum HWA damit beauftragte. Diese spezialisierte Tochtergesellschaft baute für Mercedes die Rennlimousinen für die DTM-Rennen. Nach nur 128 Tagen konnte bereits ein Prototyp getestet werden, Anfang 1998 wurden die ersten Straßenwagen gebaut. Der CLK-GTR machte mehr Zugeständnisse an den Einsatz als Straßenwagen als seine Konkurrenten, etwa der Porsche 911 GT1. Er sah zwar aus wie ein Rennwagen mit Nummernschildern, hatte aber alles, was für die TÜV-Abnahme erforderlich war. Auch auf den üblichen Mercedes-Komfort wie Klimaanlage, Radio, Ledersitze und Lederausstattung, ABS, Airbags, Traktionskontrolle und Parksensoren musste man nicht verzichten.

Die Karosserie aus Carbonfaser war mit einer extrem starken Bodenwanne aus dem gleichen Material verbunden; hinter dem Fahrer befand sich der 6,9-Liter-V12-Motor aus Leichtmetall, der mit einem Drehmoment von 572Nm das Auto in 3,9Sekunden von 0 auf 100km/h bis zu einer abgeregelten Höchstgeschwindigkeit von 320km/h beschleunigte. In nur 9,9Sekunden von 0 auf 200km/h – mehr muss man nicht sagen. Glücklicherweise war mit dieser geballten Kraft ein ebenso leistungsfähiges Bremssystem gepaart, mit dem das Auto abrupt zum Stehen gebracht werden konnte. Diese Technik hatte natürlich ihren Preis: Jeder der 25 glücklichen Besitzer musste 3Mio. DM bezahlen, fast doppelt so viel, wie ein McLaren F1 kostete. Obwohl der CLK-GTR der teuerste Straßenwagen war, der je gebaut worden war, deckten die Verkaufserlöse nur einen Bruchteil der Produktionskosten.

Oben: *Der SL500 aus dem Jahr 2001 legte mit 306PS die Messlatte für Leistung hoch, obwohl er auf eine im Straßenverkehr vertretbare Geschwindigkeit von 250km/h abgeregelt war.*

Unten: *1998 gewann Mika Häkkinen im McLaren-Mercedes die Formel-1-Weltmeisterschaft. Am 5. Februar 1998 wurde der MP4/13 mit dem neuen Zehnzylindermotor FO110G vorgestellt.*

Der Hochleistungssportwagen, der entwickelt worden war, um die FIA-GT-Meisterschaft zu gewinnen, dominierte die Konkurrenz in den Jahren 1997 und 1998 nach Belieben und holte sich zweimal den Titel. 1998 startete er im 24-Stunden-Rennen von Le Mans; damit war Mercedes-Benz dort zum ersten Mal nach 43 Jahren wieder mit einem offiziell gemeldeten Auto vertreten. Da die Gegner in diesem Rennen viel schnellere Sportwagen-Prototypen – vor allem der Marke Toyota – waren, verfiel man bei Mercedes auf die Idee, die Räder im Training mit Carbonfaser-Abdeckungen zu verkleiden, um durch die verbesserte Aerodynamik wertvolle Zehntelsekunden bei der Rundenzeit zu gewinnen. Im Rennen konnte die veränderte Karosserie nicht eingesetzt werden, da sich die Bremsen überhitzten, doch mit einer Rundenzeit von 3 Minuten 35,4 Sekunden hatte sich Bernd Schneider die angestrebte Poleposition gesichert.

Bei Mercedes wusste man, dass das Rennen nicht einfach werden würde. Doch dass beide Autos innerhalb der ersten 90 Minuten mit dem gleichen mechanischen Defekt ausschieden, war ein harter Schlag. Bevor das Rennen zu Ende ging, waren die Wagen schon auf dem Weg zurück in die Werkstatt nach Deutschland. Das konnte man nicht auf sich beruhen lassen, und so entwarf man für das Rennen im nächsten Jahr eine komplett neue Version, den CLR. Außer der silbernen Lackfarbe war nichts gleich geblieben. Wieder war die Poleposition das Ziel, wieder trat ein unvorhergesehenes Problem auf: Um nicht von den Toyotas abgehängt zu werden, gingen die CLR mit einem ganz kleinen Heckflügel ins Rennen. Die daraus resultierende aerodynamische Instabilität wurde durch den Sog der anderen Wagen noch verstärkt. Mark Webber war der Erste, der im Training am Dienstag feststellen musste, dass die Straßenlage des CLR aufgrund des mangelnden Anpressdrucks so schlecht war, dass das

Auto bei 322 km/h wie ein Flugzeug abhob. Zwei Tage später war das reparierte Auto wieder am Start, doch noch vor dem Ende der Aufwärmphase trat das gleiche Problem auf. Dieses Mal überschlug sich der Wagen auf der Mulsanne-Geraden und fiel damit aus dem Rennen. Bei Mercedes setzte man jetzt alle Hoffnungen auf die beiden anderen Autos – und wurde wiederum enttäuscht. Bei Einbruch der Dunkelheit hob der CLR von Peter Dumbreck an einer Steigung ab, stieg senkrecht in die Luft und flog in die Bäume am Rand der Rennstrecke. Der Fahrer blieb wie durch ein Wunder unverletzt, doch der Unfall sorgte weltweit für Schlagzeilen. Den letzten noch verbliebenen Rennwagen zog man zurück. So endete die Rennkarriere des CLK/CLR.

Oben: *Der elegante CK500 Avantgarde aus dem Jahr 2002 mit tiefer gelegter Karosserie, Leichtmetallfelgen (17 Zoll) und Niederquerschnitts-Reifen.*

Rückkehr zum Rennsport

Auch die Partnerschaft mit dem Sauber-Team in der Formel 1 war nicht erfolgreich gewesen. 1994 erlitt Karl Wendlinger in Monaco einen schweren Unfall, und Heinz-Harald Frentzen erreichte in der Fahrerweltmeisterschaft nur Platz 13. Ende des Jahres beendete Mercedes den Vertrag mit Sauber und kündigte gleichzeitig die Zusammenarbeit als Motorenpartner mit dem erfolgreichen Formel-1-Team von McLaren an.

Traditionell wurden die Formel-1-Motoren von Ilmor Engineering entworfen und gebaut. Die Fahrer Mika Häkkinen und Nigel Mansell sollten die Rennwagen mit einem Fahrgestell MP4/10 von McLaren sowie dem Zehnzylinder- und 3-Liter-Motor FO110 von Mercedes-Benz zum Sieg fahren. Der Start war nicht sehr viel versprechend, denn Nigel Mansell beklagte sich, dass er in dem engen Cockpit keinen Platz hatte. Obwohl entsprechende Veränderungen vorgenommen wurden, verlegte er sich nach dem Großen Preis von Spanien auf das Golfspielen. Mark Blundell ersetzte ihn, doch die Saison blieb erfolglos. 1996 kam David Coulthard ins Team. Obwohl die Autos jetzt Erfolg versprechender schienen, erreichten sie nur einen enttäuschenden vierten Platz in der Weltmeisterschaft. Zwei Jahre ohne Sieg hatten nicht im Drehbuch von Mercedes und McLaren gestanden. Erst nach der Überarbeitung des Autos durch den Aerodynamik-Experten

Unten: *Der S55 AMG aus dem Jahr 2002 ist ein Wolf im Schafspelz. Die große Limousine mit atemberaubender Leistung beschleunigt in nur 4,8 Sekunden von 0 auf 100 km/h.*

***Unten:** 63 Jahre nach dem Bau des ersten Maybach trägt jetzt wieder ein Auto diesen Namen. Das neue Modell bietet unvorstellbaren Luxus.*

***Oben:** Das Logo MM (Maybach-Motorenbau) ziert die Motorhaube des Maybach 57. Eine fast vergessene Marke hat ihre Wiedergeburt erlebt.*

Adrian Newey konnte David Coulthard im ersten Rennen der Saison 1997 mit dem silbernen Wagen einen Sieg erringen. Damit begann der Aufstieg der dritten Generation der Silberpfeile. Nach seinem Sieg im Großen Preis von Deutschland kam Mika Häkkinen auf den Geschmack.

1998 gewann Mika Häkkinen mit dem neuen West-McLaren-Mercedes MP4-13 acht Rennen und holte damit den Fahrertitel für sich und den Konstrukteurstitel für McLaren. 1999 konnte er mit fünf weiteren Siegen diesen Titel noch gegen das stärker werdende Ferrari-Team verteidigen. Im Jahr 2000 wurde Ferrari mit Michael Schumacher und einem beachtlichen Budget das dominierende Team, auch wenn Häkkinen noch einmal vier Siege einfahren konnte und Coulthard dreimal Erster war. 2001 lagen die Fahrer mit je zwei Siegen gleichauf, als Häkkinen ankündigte, dass er ab 2002 ein Jahr Auszeit vom Grand-Prix-Rennsport nehmen wollte. Sein talentierter Nachfolger Kimi Räikkönen, ebenfalls Finne, konnte im Jahr 2003 nur ein Rennen gewinnen. Ferrari beherrschte nun endgültig die Szene.

Die Ilmor-Mercedes-Motoren waren ihren Rivalen ganz klar unterlegen, auch die Aerodynamik der Autos ließ zu wünschen übrig. Karosserie und Motor mussten dringend erneuert werden. Bis dies schließlich zur Halbzeit der Rennsaison 2004 erfolgte, waren die Autos nur selten ins Ziel gekommen. Erst im Großen Preis von Belgien im August gelang es Kimi Räikkönen, mit seinem McLaren-Mercedes den Ferrari von Schumacher zu überholen und verdient zu gewinnen.

Ende der 1990er-Jahre enthüllte Mercedes seinen Plan, den ehrwürdigen Namen Maybach, den ein Automobil zuletzt 1941 getragen hatte, wieder aufleben zu lassen. Nach dem Krieg war die Ära der Maybach-Fahrzeuge zu Ende gegangen, die Gesellschaft hatte sich unter der Führung von Wilhelm Maybachs Sohn Karl auf den Motorenbau konzentriert. Nach seinem Tod unterzeichneten die Maybach Motorenbau GmbH und die Daimler-Benz AG 1960 eine Vereinbarung, wonach Maybach Dieselmotoren für Mercedes bauen sollte. Als das Unternehmen, jetzt die Motoren-Turbinen-Union (MTU), von DaimlerChrysler übernommen wurde, ging der Name Maybach auf Mercedes-Benz über. Dort hielt man die Zeit reif, ein Prestige-Automobil zu bauen, das über der S-Klasse stand und für Käufer gedacht war, die nur das Beste wollten und nicht nach dem Preis fragten.

Spitzenmanager aus Finanzwelt und Industrie erhielten diskrete Einladungen zur Besichtigung des Prototyps der Limousine, die in Serie gehen sollte. Mit einem „kleinen" Scheck über mehrere

***Rechts:** Die Crème de la Crème, das Luxuscoupé CL600 aus dem Jahr 2003, bekam mit dem Sportwagen CL65AMG einen Hochleistungs-Sportwagen zur Seite.*

Links: *Für die Mercedes-Fahrer, die in kälteren Regionen leben, gibt es die S-Klasse des Baujahres 2003 mit dem 4Matic-Allradantrieb.*

Unten: *Die Cabrio-Version des erfolgreichen CLK bietet das echte „Wind-in-den-Haaren"-Gefühl für vier Personen – Sonnenschein vorausgesetzt.*

zigtausend Euro war ein Platz auf der Warteliste sicher. Im März 2002 präsentierte man auf dem Genfer Automobilsalon die riesige Limousine Maybach 57 und den noch längeren Pullman Maybach 62. Der 3 t schwere Maybach 57 ist 5,7 Meter lang, der Maybach 62 misst 6,17 Meter. Der handgefertigte Biturbo-Motor in V-Form mit 12 Zylindern und 550 PS beschleunigt die riesigen Wagen in nur 5,4 Sekunden von 0 auf 100 km/h. Die Luftfederung Airmatic DC von Mercedes und die Isolierung des Wageninneren gegenüber Außenlärm garantieren ein geschmeidiges und ruhiges Fahrgefühl. Da nach Schätzungen von Mercedes 40 % der potenziellen Käufer im Finanzzentrum von Manhattan leben und arbeiten, gestaltete man den Maybach mit Blick auf den amerikanischen Markt. Zur entscheidenden Präsentation in den USA reiste ein Maybach 62 per Bahn von der Produktionsstätte in Sindelfingen nach Southampton in England. Dort hievte man die große Limousine in einem eigens entwickelten Glascontainer auf das Sonnendeck der Queen Elisabeth II der Cunard Line. Die Reise nach New York dauerte sechs Tage. Für die offizielle Vorstellung wurde sogar die Wall Street geschlossen.

Wie man es beim Kauf eines Fahrzeugs dieser Klasse erwarten kann, bekommt jeder Käufer einen eigenen Kundenbetreuer. Dieser nimmt sich aller Wünsche und Probleme des Maybach-Eigners an, übernimmt die organisatorischen Aufgaben und stellt sicher, dass das Auto mit der richtigen Ausstattung geliefert wird, auf Wunsch auch mit kugelsicheren Vorhängen mit dem Familienwappen. Die Tür in diese Welt der Extraklasse und des puren Luxus öffnet sich ab 359 000 Euro für den Maybach 57 und 417 000 Euro für den Maybach 62. Der Wagen besitzt zehn Airbags, für die Ausstattung werden nur die hochwertigsten Materialien verwendet: Dazu zählen über 100 Einzelteile aus Holz sowie 210 verschiedene Lederarten. Ein 600-Watt-Sound-System von Bose sorgt für Dolby-Surround-Sound auf jedem Sitz. Der Wagen verfügt über ein Vier-Zonen-Klimakontrollsystem mit zwei Klimaanlagen, zwei DVD-Player, Fernseher, Kühlschrank und Telefon. Mittels elektrischer Motoren neigt sich die Lehne der Rücksitze nach hinten, wobei automatisch Unterschenkelauflagen und Fußstützen ausfahren. Für einen fünfstelligen Aufpreis können die Fahrgäste die Aussicht durch ein elektro-transparentes Panoramaglasdach genießen. Anfang 2003 wurde mit der Auslieferung der Luxusfahrzeuge begonnen, die Käufer in den USA erhielten ihre Autos etwa sechs Monate später. Ende 2003 waren 600 Maybach in Kundenhand.

Am 7. Mai 1998 hatte ein neuer Abschnitt in der Unternehmensgeschichte von Daimler-Benz begonnen. Der Vorstand gab die Fusion mit Chrysler, dem Giganten aus den USA, bekannt. Die bis dato größte Fusion zweier Unternehmen im Umfang von 92 Mrd. $ fand unter der Federführung von Jürgen Schrempp und Bob Eaton statt. Das daraus resultierende Unternehmen DaimlerChrysler beschäftigte 421 000 Angestellte und hatte gemeinsame Jahreseinnahmen in Höhe von 130 Mrd. $. Chrysler erhielt über die Tochtergesellschaften von Daimler-Benz Zugang zu den Bereichen Raumfahrt, Eisenbahn, IT, Telekommunikation und Elektronik, während Daimler-Benz von der enormen Produktvielfalt und den Autoproduktionsstätten von Chrysler profitierte.

Diese „Fusion unter Gleichen" erschütterte die Geschäftswelt und wurde nicht überall positiv aufgenommen. Der milliardenschwere Investor Kirk Kerkorian behauptete, dass Daimler-Benz Chrysler weit unter dem eigentlichen Wert „aufgekauft" hatte, und strengte eine Klage an, die schließlich 2003 gerichtlich abgeschmettert wurde. Zeitweise hatte es allerdings so ausgesehen, als müssten die beiden Konzerne ihre Fusion rückgängig machen.

Die „Ehe" scheiterte fast, als der amerikanische Autohersteller im Jahr 2000 massive Verluste einfuhr und DaimlerChrysler allein im vierten Quartal einen Gesamtverlust von 269 Mio. $ erlitt; im Vergleichszeitraum 1999 hatte man noch einen Gewinn in Höhe von 1,5 Mrd. $ verzeichnet. Zum Glück begann sich die Weltwirtschaft allen Unkenrufen zum Trotz zu erholen. Neue Chrysler-Modelle brachten frischen Wind in das Unternehmen, die Verkaufszahlen stiegen auf 2 774 000 Autos im Jahr 2002 und 2 607 000 Autos im Jahr 2003, sodass sich Chrysler 2004 wieder in der Gewinnzone befand. Im Jahr 2003 hatte die DaimlerChrysler AG insgesamt 3 822 000 Autos verkauft. Mercedes-Benz verkaufte 1 215 000 Pkw (einschließlich der Smart- und Maybach-Modelle) und wurde mit einem Marktanteil von 2,5 % zur weltweit führenden Marke. Trotz beachtlicher Konkurrenz verteidigten die Modelle der S-Klasse mit 67 500 verkauften Autos und 40 % Marktanteil ihre führende Position bei den Luxuswagen. Die SL Roadster wurden 33 300-mal verkauft. Die Modelle der neuen E-Klasse stellten immer neue Rekorde auf und lagen inzwischen bei 305 000 verkauften Pkw. Auch der Kombi der E-Klasse stand dem in nichts nach: Nach seiner Präsentation im April 2003 wurden weltweit bis Ende des Jahres 50 000 Exemplare verkauft.

***Oben:** Die beliebte A-Klasse wurde im Jahr 2004 runderneuert; dazu gehörte auch ein verfeinertes Styling. Im Bild der A200 Elegance als Dreitürer.*

***Rechts:** Bestseller unter den Mercedes-Benz-Modellen des Jahres 2004 waren die Wagen der C-Klasse. Links das Coupé mit Panorama-Glasdach.*

Weitere Expansion

420000 verkaufte Autos sprachen für den Erfolg der C-Klasse, egal, ob es sich um die Limousine (216400 Neuzulassungen), das Coupé (53500) oder den Kombi (64100) handelte. Die CLK-Modelle steuerten 25900 Cabrios und 60000 Coupés zum Gesamtumsatz bei. Die M-Klasse behauptete gegenüber starker Konkurrenz ihren Marktanteil; jährlich fanden etwa 81400 Autos einen Käufer, insgesamt 500000 seit 1997. 2002 verließen noch 8800 Exemplare der 25 Jahre alten G-Klasse-Modelle das Werk, 2003 waren es 7200 der Offroader.

Auch der Hochleistungsbereich entwickelte sich kontinuierlich weiter. Die Mercedes-AMG GmbH stellte den SL 65 AMG und den E 55 AMG Kombi vor. Beide Modelle verkauften sich mehr als 20000-mal. In den USA, dem größten Markt für AMG-Modelle, verdoppelten sich die Verkaufszahlen aufgrund des großen Erfolgs des SL 55 AMG. 2003 war das zehnte Jahr in Folge, in dem der Verkauf von Pkw der Marke Mercedes in den USA gestiegen war – trotz gegenläufiger Tendenz auf dem Markt. In Europa gingen die Zahlen in einigen Ländern zurück, stiegen dafür in anderen an. In Deutschland fiel der Umsatz um 7% auf 348700 Neuzulassungen, während die Nachfrage in Großbritannien stieg: Dort wurden 93365 Modelle verkauft, mehr als zwischen 1974 und 1983 insgesamt. In Westeuropa verkauften sich im Ganzen 693600 Fahrzeuge.

Der aktuelle Wachstumsmarkt ist aufgrund der Zunahme von Pkw-Käufen in China der Asien-Pazifik-Raum. Mercedes verzeichnete einen Anstieg des Umsatzes um 33% auf 9200 verkaufte Autos. Um sich einen größeren Anteil an diesem Markt zu sichern, unterzeichneten die DaimlerChrysler AG und Bejing Automotive Industry Holding Company Ltd. im September 2003 ein Rahmenabkommen, nach dem jährlich 25000 Mercedes der E- und C-Klasse gebaut werden sollen. Selbst auf dem schwachen japanischen Markt stiegen die Verkaufzahlen auf 42500.

Auch mit einer riesigen globalen Organisation als Muttergesellschaft bleiben Autos das Kerngeschäft von Mercedes-Benz. Die Produktpalette wird stetig erweitert, so stellte man 2004 das neue CLS-Modell vor, das das Raumangebot einer Limousine und die Eleganz eines Coupés in sich vereinigt. Die kritischen Stimmen, die in den vergangenen Jahren angesichts des Styling der Mercedes-Modelle laut geworden waren, verstummten plötzlich. Viele Jahre lang hat Mercedes

Oben: *Kompakt, wendig und sparsam. Im Jahr 2002 brachte der Smart Roadster frischen Wind in die Sportwagen-Landschaft.*

Unten: *Nichts für schwache Nerven: Der SL 65 AMG aus dem Jahr 2004 ist für echte Sportwagenfans gedacht, die absolute Höchstleistungen erwarten.*

Oben: *Kritiker bemängelten, dass der SLK nicht der Schnellste seiner Klasse war. Sie wurden 2004 zum Schweigen gebracht: Der SLK55AMG war noch schneller, als er aussah.*

Oben rechts: *Der E320 Avantgarde aus dem Jahr 2004 ist ein Luxustransporter für Hunde oder Möbel; vorn entspannen sich die Passagiere auf Sitzen aus feinstem Leder. Für Nachtfahrten ist das Auto mit den neuen Bi-Xenon-Scheinwerfern gerüstet.*

Unten: *Ursprünglich gebaut, um das Rennen von Le Mans zu gewinnen, wurde der CLK-GTR auch 25-mal als Straßenwagen verkauft. Er war damit eines der schnellsten Autos auf der Straße.*

mit dem Slogan „einzigartige Technik" geworben, der CLS kann „einzigartiges Styling" für sich in Anspruch nehmen. Fotos vermitteln nur einen schwachen Eindruck von den dramatisch geschwungenen Linien der Limousine, die wie ein Coupé aussieht. Das Auto ist fast fünf Meter lang und bietet auch den Fahrgästen im Fond genügend Platz, obwohl es niedriger ist als die anderen Mercedes-Coupés. Der Wagen, der fast wie maßangefertigt erscheint, ist für den Markt in den USA entworfen (die Karosserie wurde größtenteils von dem amerikanischen Designer Michael Fink gezeichnet). Er kam dort 2005 gerade noch rechtzeitig auf den Markt, bevor das Gesetz zur Vermeidung von Unfällen mit Fußgängern in Kraft trat. Von nun an werden die Autohersteller so attraktive Fahrzeuge mit sehr flacher Motorhaube nicht mehr bauen dürfen.

Der CLS erschien im Frühjahr 2005 in drei verschiedenen Versionen: als CLS350, CLS500 und CLS55AMG. Das Basismodell hat einen 3,5-Liter-Motor mit vier Nockenwellen in V6-Form, der das 1655kg schwere Auto mit 272PS in nur 7Sekunden von 0 auf100 km/h bis zu einer abgeregelten Höchstgeschwindigkeit von 250km/h beschleunigt. Nach den ersten Tests äußerte man sich begeistert über die einzigartige Mischung aus Leistung, Sportlichkeit und Eleganz; hinzu kommt eine exakt ansprechende Lenkung und die beeindruckende Siebengang-Automatik. Die Innenausstattung setzt neue Maßstäbe in puncto Komfort und Qualität, so geht das Armaturenbrett fließend in die Türverkleidung über.

Mercedes-Benz SLR McLaren

Schon immer hat es den Wunsch nach exklusiven Hochleistungswagen gegeben und damit auch den Anreiz für die Autohersteller, dieser Nachfrage zu entsprechen. Mercedes-Benz macht da keine Ausnahme. Das Streben nach der ultimativen Power und Leistung führte zum Entwurf der Modelle SSK, 540K und 300SL, die der Konkurrenz ihrer Zeit weit überlegen waren.

Der Wunsch, diese Tradition fortzusetzen, blieb lebendig. Als das Formel-1-Team von McLaren mit dem Vorschlag an Mercedes herantrat, einen Super-Sportwagen für das 21. Jahrhundert zu bauen, rannte es offene Türen ein, da das Unternehmen bereits selbst mit dem Gedanken gespielt hatte. 1998 begann die Arbeit an dem Projekt, und ein Jahr später wurde das Konzept als Vision SLR vorgestellt. Der Wagen sollte kein Show-Wagen sein, sondern in der Fertigung für Serienwagen entstehen. McLaren bekräftigte sein Engagement mit dem Bau eines neuen Werks.

2004 wurde der SLR offiziell vorgestellt. Er war seit Projektbeginn nur wenig verändert worden. Das Ziel war gewesen, einen kompromisslosen Hochleistungs-Sportwagen zu bauen, der auch im normalen Verkehr bequem und praktisch zu fahren war. Um diesen unterschiedlichen Anforderungen gerecht zu werden, entschied man sich für ein Fahrzeug mit Hinterradantrieb. Der vorn liegende Motor war möglichst weit nach hinten gerückt worden, um eine gute Straßenlage und ein perfektes Handling zu gewährleisten. Das Ergebnis war ein Auto mit lang gestreckter Motorhaube, in dem sich die Sitze kurz vor der Hinterachse befanden. Auch bei diesem Modell war das Styling unverkennbar von Mercedes.

Gordon Murray von McLaren wurde zum technischen Direktor ernannt, das letzte Wort hatte jedoch der Chef-Ingenieur im Bereich Pkw von Mercedes, Hans Joachim Schopf. Man entschied sich für ein Chassis aus Carbonfaser, einen V8-Kompressor-Motor von AMG, eine automatisch umschaltbare Übersetzung und Sensotronic-Bremsen aus faserverstärkter Keramik. In Anbetracht der potenziellen Käufer bestand Mercedes auf einer Luxusausstattung. Mit einer Klima-Automatik, sechs Airbags, einem Satelliten-Navigationssystem und einem ausgefeilten Sound-System wog der zweisitzige Wagen schließlich um 55% mehr als McLarens eigene dreisitzige F1-Sportwagen.

Der SLR sollte Eindruck machen, was ihm auch wirkungsvoll gelang. Das Herzstück liegt unter der Motorhaube, jeder der 5,5-Liter-V8-Motoren trägt die Unterschrift des Ingenieurs, der ihn gebaut hat. 626 PS und ein Drehmoment von 575 Nm beschleunigen das Fahrzeug in 10,4 Sekunden von 0 auf 200 km/h, der Vortrieb endet erst bei 335 km/h. Der Wagen betritt auch im Konstruktionsprozess Neuland, da die Produktion der Karosserie aus Carbonfaser, des Chassis und der Crash-Teile teilweise automatisiert erfolgt.

Diese Lösung haben die Ingenieure von Mercedes von der Textilindustrie übernommen.

Mercedes hatte schon immer mit einer Heckflosse geliebäugelt und verwirklichte diesen Traum jetzt beim SLR mit einem automatisch ausfahrbaren Heckspoiler, der sich bei Vollbremsungen in eine Luftbremse verwandelt. Zusammen mit den starken Keramikbremsen wird so eine Bremskraft von 1,3 g erzeugt. Bei einem so schnellen Wagen spielt die Aerodynamik eine große Rolle: Zur Wahrung der Stabilität sind am Unterboden Spoiler und ein Sechskanal-Heckdiffusor angebracht. Das Ergebnis der jahrelangen Mühen ist ein Auto, mit dem man nicht nur bequem weite Reisen unternehmen, sondern auch durch Hollywood oder Monte Carlo flanieren kann. Vielleicht hat der SLR nicht den kompromisslosen Biss eines Porsche Carrera GT oder eines Ferrari Enzo, doch das war auch nie gewollt. Der SLR ist ein Mercedes-Benz für richtige Mercedes-Fans.

Um die Exklusivität des Fahrzeugs zu bewahren, sollen nur 3500 SLR McLaren gebaut werden, jeder davon zum Nettopreis von 435 000 Euro. Auf die Glücklichen, die sich das leisten können, wartet der ultimative Mercedes-Benz.

Links: *Im Bestreben, den ultimativen Sportwagen zu bauen, schlossen sich Mercedes-Benz und McLaren zusammen und entwarfen den kraftvollen SLR, der bis 335 km/h schnell ist. Lediglich der Innenraum (Foto oben) sorgte für negative Schlagzeilen.*

Rechts: *Der CLS erhielt 2004 uneingeschränktes Lob von der Fachpresse; Mercedes hatte ein einzigartiges Auto gebaut, eine Limousine mit vier Türen und der Eleganz eines Coupés.*

Unten: *2004 stellte AMG ein exklusives CLK-DTM-Modell in limitierter Auflage vor, das eine erstaunliche Kraft entfaltete und für den stolzen Preis von 236 000 Euro zu haben war.*

Unten: *Die Modelle der G-Klasse, wie hier der G400 CDI, sind einfache, robuste Fahrzeuge, die sich 25 Jahre lang erfolgreich behaupteten.*

Der verbesserte SLK wurde mit großer Spannung erwartet. Mercedes musste wieder Boden gutmachen, den es in der Sportwagen-Kategorie an den Porsche Boxster verloren hatte. Der ursprüngliche SLK blieb ein beliebtes und wertstabiles Auto mit attraktivem Äußeren und guter Qualität, das aber im Vergleich zu seinen Konkurrenten in puncto Fahrverhalten und Leistung etwas hinterherhinkte. Bestimmt hatte das Mercedes-Team, das für den neuen SLK verantwortlich zeichnete, vor dem Urteil der Fachpresse schlaflose Nächte, doch die Sorgen waren überflüssig: Die Kritiker waren begeistert. Für die Präsentation auf dem Genfer Automobilsalon im März 2004 war der Wagen gründlich überarbeitet worden. Jetzt verfügte er über eine Zahnstangenlenkung, eine neue Siebengang-Automatik mit Temporegler und eine verbesserte Leichtmetall-Radaufhängung. Die Karosserie war verstärkt worden, und das Chassis konnte jetzt die geballte Leistung des SLK 55 AMG auf die Straße übertragen.

Der SLK kam in drei Varianten auf den Markt, als SLK 200 Kompressor mit einem Vierzylinder-Motor mit 1795 ccm Hubraum und 163 PS, als SLK 350 mit 3498 ccm und 272 PS und als SLK 55 AMG mit einem V8-Motor mit 5439 ccm und 355 PS. Der SLK 350 beschleunigt in 5,6 Sekunden von 0 auf 100 km/h, die starke AMG-Version braucht dafür nur 4,9 Sekunden. Das AMG-Modell ist mit der ersten Siebengang-Automatik 7G-Tronic ausgestattet, die beim Kickdown über mehrere Gänge schalten und so die volle Leistung des Motors umsetzen kann.

Neu ist auch die Nackenheizung Airscarf, bei der durch Belüftungsöffnungen im Sitzrahmen warme Luft ausströmt. So kann man auch bei kühler Witterung mit offenem Verdeck fahren. Natürlich hat auch dieses Modell das einzigartige elektrohydraulische Faltdach, das in nur 22 Sekunden geschlossen werden kann und das jetzt erheblich weniger Platz im Kofferraum einnimmt. Nachdem die Dynamik des Autos optimiert worden war, blieb noch die Frage des Stylings. Die an den SLR angelehnte Vorderpartie empfanden manche Kritiker als dynamisch und kraftvoll, während sie anderen als zu aufdringlich erschien. Das Argument, dass die Vorderpartie und das Heck so aussahen, als wären sie von verschiedenen Teams entworfen worden, ist nicht ganz von der Hand zu weisen, doch das ursprüngliche Ziel, das Aussehen grundlegend zu verändern, ist auf jeden Fall geglückt. Die Nachfrage war und ist gewohnt stark, bereits im ersten Monat nach Erscheinen verkauften sich 5700 Autos.

Kaum waren der neue SLK und der CLS auf dem Markt etabliert, stellte Mercedes seine Zukunftspläne in Gestalt von zwei neuen Prototypen vor – Vision R: GST (Grand Sports Tourer) oder R-Klasse und Vision B: CST (Compact Sports Tourer) oder B-Klasse. Mit diesen beiden Modellen bewegt sich Mercedes weg vom traditionellen Konzept einer Limousine oder eines Kombi, hin zu einem Design, das den verschiedenen Ansprüchen der Kunden gerecht wird. Der Vision B, ein fünfsitziger Kompaktvan mit Vorderradantrieb, soll den Luxus-Varianten des Ford Focus C-Max und des Renault Scenic Paroli bieten. Mit 4,27 m ist die B-Klasse um 43,2 cm länger als die A-Klasse, was auch an der ausgeprägten Vorderpartie liegt. Da jedoch wie in der A-Klasse Teile des Motors und des Getriebes nach dem Sandwichprinzip angeordnet sind, nimmt der Innenraum 70 % der Länge des Wagens ein.

Der GST vereint in sich Elemente einer Luxuslimousine, eines Kombi und eines Vans und macht daraus ein faszinierendes Fahrzeug. Mit seinem gewagten Design und Platz für sechs Fahrgäste ist das Auto fast so lang wie die S-Klasse. Es ist auf einem neuen selbsttragenden Chassis in Monocoque-Konstruktion aufgebaut, mit dem das bisherige Leiterrahmen-Konzept der M-Klasse ersetzt wird. Die R-Klasse mit Allradantrieb soll frischen Wind in die Klasse der Luxuswagen bringen. Die Passagiere werden jeden nur erdenklichen Luxus wie Einzelsitze aus feinem Leder und Ausstattung aus Olivenbaumholz und Aluminium vorfinden; in die Rückseite der Kopfstützen kann ein Bildschirm integriert werden. Die Sitze sind in drei Zweierreihen angeordnet, dazwischen befindet sich viel Stauraum. Die beiden hinteren Reihen können flach auf den Boden geklappt werden, sodass eine große Ladefläche entsteht. Der Prototyp wurde mit dem 3-Liter-Dieselmotor der letzten Generation vorgestellt, der für die neue Siebengang-Automatik 7G-Tronic angepasst worden war. In der Entwicklungsabteilung von Mercedes arbeitet man inzwischen an einem neuen Biturbo-6-Liter-V12-Dieselmotor, der angeblich 360 PS und 686 Nm Drehmoment erreichen soll. Mit diesem Motor sollen von 2006 an verschiedene Prestige-Modelle ausgestattet werden.

Aus dem Auf und Ab des vorigen Jahrhunderts ist Mercedes stärker denn je hervorgegangen und verfolgt nach wie vor das Ziel, mit innovativen Autos immer neue Maßstäbe zu setzen. Mit zehn verschiedenen Modellen in 91 Versionen bietet Mercedes etwas für jeden Geschmack und Geldbeutel. Dass Autobegeisterte der Marke Mercedes treu bleiben, ist ein Kompliment für das Konzept der Gründer. Im Lauf der Jahrzehnte entstanden einige der besten Autos. Wenn Mercedes dieser Vision treu bleibt, verspricht die Zukunft noch viele herausragende Autos mit Stern.

Mercedes-Benz CLS 350

Fertigung:	2005–
Motor:	V6, 24 Ventile, vier Nockenwellen
Bohrung x Hub:	92,9 mm x 86 mm
Hubraum:	3498 ccm
Leistung:	272 PS bei 6000 1/min
Drehmoment:	350 Nm bei 2400–5000 1/min
Schaltung:	Siebengang-Automatik
Radaufhängung:	vorn: McPherson-Federbeine, Quer-Stabilisatoren; hinten: unabhängige Mehrfachlenker-Konstruktion, Federbein, Quer-Stabilisatoren
Bremsen:	belüftete Scheibenbremsen vorn (Durchmesser 330 mm) und hinten (300 mm)
Höchstgeschwindigkeit:	250 km/h (abgeregelt)
Beschleunigung:	von 0 auf 100 km/h in 7 Sekunden

Oben: Die M-Klasse ‚Final Edition' 2004 ist eine Sonderversion des erfolgreichen Geländewagens, der vor der Einführung der nächsten Generation von Mercedes vorgestellt wurde.

Links: Ein dynamischer Sportwagen – der Vision SLR war ein fast produktionsreifer Prototyp des SLR-McLaren-Superautos. Da scheint der Preis gar nicht mehr so wichtig zu sein …

Register

Kursiv gesetzte Seitenzahlen beziehen sich auf Abbildungen.